TURING 图灵数学经典 · 12

测度论

[美] 保罗·哈尔莫斯
——著

程晓亮 徐宝 华志强
——译

人民邮电出版社
北京

图书在版编目（CIP）数据

测度论 / （美）保罗·哈尔莫斯
(Paul Richard Halmos) 著；程晓亮，徐宝，华志强译
. -- 北京：人民邮电出版社，2022.1（2024.3重印）
（图灵数学经典）
ISBN 978-7-115-57651-4

Ⅰ．①测…　Ⅱ．①保…　②程…　③徐…　④华…　Ⅲ.
①测度论　Ⅳ．①O174.12

中国版本图书馆 CIP 数据核字 (2021) 第 206057 号

内 容 提 要

测度论是研究一般集合上的测度和积分的理论，近年来在现代分析的应用中已显示出极大的潜力．作为测度论中的"圣经"，本书的主要目的是对测度论进行统一的介绍，内容有：集合与集类、测度与外测度、测度的扩张、可测函数、积分、一般集函数、乘积空间、变换与函数、概率、局部紧空间、哈尔测度、群的测度和拓扑．

本书既可以作为学生的教科书，又可以作为更专业的数学工作者的参考资料．

◆ 著　　　　[美] 保罗·哈尔莫斯
　　译　　　　程晓亮　徐　宝　华志强
　　责任编辑　杨　琳
　　责任印制　周昇亮

◆ 人民邮电出版社出版发行　　北京市丰台区成寿寺路 11 号
　　邮编 100164　　电子邮件 315@ptpress.com.cn
　　网址 https://www.ptpress.com.cn
　　北京七彩京通数码快印有限公司印刷

◆ 开本：700 × 1000　1/16
　　印张：16.25　　　　　2022 年 1 月第 1 版
　　字数：315 千字　　　2024 年 3 月北京第 4 次印刷
　　著作权合同登记号　图字：01-2020-6486 号

定价：89.80 元
读者服务热线：(010)84084456－6009 印装质量热线：(010)81055316
反盗版热线：(010)81055315
广告经营许可证：京东市监广登字 20170147 号

版 权 声 明

前　言

本书的主要目的是对近年来测度论在现代分析中最有用的内容加以统一讲解. 若这个目标得以实现，则本书既可以作为学生的教科书，又可以作为更专业的数学工作者的参考资料.

我尽量少用新的和不常用的术语和符号. 有些地方使用的名词与现有测度论文献中出现的有所不同，这样做是想尝试与数学的其他分支相协调. 例如，对于某些集类，我称其为"格"和"环"，从代数学的角度看，这比豪斯多夫所谓的"环"和"体"更加合理.

对于本书前 7 章，读者只需具备本科阶段的代数和分析知识就够了. 为了方便读者，第 0 节（标号为 §0）详细列出了学习本书各章所需的知识. 初学者应该注意，第 0 节后半部分中的有些术语和符号在前 7 章中才会加以定义，因此，在首次学习第 0 节时，千万不要因为自己没有相关的预备知识而气馁.

几乎每一节的结尾都有一些习题，其中一些是问题，更常见的是要求读者加以证明的命题. 这些可看作结果的推论，也算是对结果更正式的阐述. 它们是本书不可或缺的部分，不仅有理解理论所需的大量正反例子，还有新概念的定义，偶尔还会出现不久前还是研究对象的完整理论.

在正文中，许多基本概念都有详细的讨论；而在习题中，一些相当精练和深刻的问题（例如拓扑空间、超限数、巴拿赫空间等）被假定为已知，这看似不太合理. 但这确实是本书的编排方式：一方面，当初学者在遇到本书中未加定义的术语时，可以直接跳过，而不失内容的连续性；另一方面，对更高阶的级读者来说，可以满足于通过这些习题发现测度论和数学其他分支之间的联系. 这正是如此设置这些习题的目的.

全书中，我们用符号 ■ 表示定理证明的结束.

书后，给出了"参考文献索引"和"参考文献". 这里列出的并不完整，只会提到相关的背景，少数情况下，当所讨论主题的历史不为人熟知时会给出提出问题的原始文献. 有时还会为读者的进一步研究指明方向.

书中，我们使用记号 $u.v$ 表示第 u 节标记为 v 的定理、公式或习题，其中 u 是整数，v 是整数或字母.

致　谢

1947–1948 学年，我离开芝加哥大学到约翰·西蒙·古根海姆基金会做高级研究员，本书的大部分内容是那时完成的.

我非常感谢 D. Blackwell、J. L. Doob、W. H. Gottschalk、L. Nachbin 和 B. J. Pettis，尤其是 J. C. Oxtoby，感谢他们仔细审阅了本书的手稿，提出了诸多宝贵的改进意见.

习题 3.13[①]的结论是我与 E. Bishop 交流后得出的. 习题 31.10 中的条件是在 J. C. Oxtoby 的建议下给出的. 习题 52.10 的例子是 J. Dieudonné 发现的.

保罗·哈尔莫斯

---

① 指第 3 节习题 13，后面都将采取这种表述方式. ——编者注

目 录

§0. 预备知识

阅读和理解本书的前 7 章只需具备代数和分析的基础知识. 具体来说, 就是熟悉下面 (1) 至 (7) 中列出的概念和结果.

(1) 数学归纳法, 代数运算的交换律和结合律, 线性组合, 等价关系, 等价类分解.

(2) 可数集; 可数多个可数集的并集是可数集.

(3) 实数, 实直线的初等度量和拓扑性质 (如: 有理数是稠密的, 每一个开集可以表示成可数的互不相交的开区间的并集), 海涅-博雷尔定理.

(4) 函数的一般概念, 特别是数列 (即定义域为正整数集的函数) 的定义, 函数的和、积、常数倍、绝对值, 等等.

(5) 实数集和实值函数的最小上界 (称为上确界) 和最大下界 (称为下确界), 实数列和实值函数的极限、上极限和下极限.

(6) 符号 $+\infty$ 和 $-\infty$, 以及它们和实数之间的如下代数关系:

$$(\pm\infty) + (\pm\infty) = x + (\pm\infty) = (\pm\infty) + x = \pm\infty;$$

$$x(\pm\infty) = (\pm\infty)x = \begin{cases} \pm\infty, & \text{若 } x > 0, \\ 0, & \text{若 } x = 0, \\ \mp\infty, & \text{若 } x < 0; \end{cases}$$

$$(\pm\infty)(\pm\infty) = +\infty;$$

$$(\pm\infty)(\mp\infty) = -\infty;$$

$$x/(\pm\infty) = 0;$$

$$-\infty < x < +\infty.$$

我们将实数和 $\pm\infty$ 放到一起, 统称为**广义实数**.

(7) 若 x 和 y 为实数, 则

$$x \cup y = \max\{x, y\} = \tfrac{1}{2}(x + y + |x - y|),$$
$$x \cap y = \min\{x, y\} = \tfrac{1}{2}(x + y - |x - y|).$$

类似地, 若 f 和 g 为**实值函数**, 则 $f \cup g$ 和 $f \cap g$ 分别定义为

$$(f \cup g)(x) = f(x) \cup g(x) \quad \text{和} \quad (f \cap g)(x) = f(x) \cap g(x).$$

实数列 $\{x_n\}$ 的**上确界**和**下确界**分别记为

$$\bigcup_{n=1}^{\infty} x_n \quad \text{和} \quad \bigcap_{n=1}^{\infty} x_n.$$

按照这种记法，$\{x_n\}$ 的上极限和下极限分别为

$$\limsup_n x_n = \bigcap_{n=1}^{\infty} \bigcup_{m=n}^{\infty} x_m,$$

$$\liminf_n x_n = \bigcup_{n=1}^{\infty} \bigcap_{m=n}^{\infty} x_m.$$

第 8 章要用到度量空间的概念，以及度量空间的完备性、可分性、度量空间上函数的一致连续性等相关概念；还要用到实分析中稍微复杂的概念，如单侧连续性.

第 9 章最后一节需要使用齐霍诺夫关于乘积空间的紧性的定理（对于可数多个因子，每个因子都是一个区间）.

一般来说，每一章都可以方便地使用前面所有章节的结论，例外的是，最后三章不需要第 9 章的内容.

第 10 章至第 12 章系统地用到了点集拓扑和基本拓扑群论中的概念和结果. 下面，我们给出所有相关的定义与定理，这些内容不能作为拓扑学的教材，而是旨在：(a) 准确地为专家指出我们需要的相关概念和结果的形式；(b) 使初学者明确在学习最后三章之前应该熟悉哪些概念和结果；(c) 说明某些并非普遍使用的术语的意义；(d) 使读者可以很快查阅到所需要的知识.

拓扑空间

拓扑空间是集合 X 及其某些子集所组成的一个集类，这样的集类包含 $\varnothing$ 和 X，并且对有限交和任意（即不一定是有限的或可数的）并运算是封闭的. 拓扑空间中的集合称为 X 中的**开集**. 对于 $E \subseteq X$，若存在一个开集序列 $\{U_n\}$ 使得 $E = \bigcap_{n=1}^{\infty} U_n$，则称 E 为一个 G_δ 集. 所有 G_δ 集构成的集类对于有限并和可数交运算都是封闭的. 若拓扑空间 X 的每个子集都是开的，或者说，X 的每个单点子集都是开的，则拓扑空间 X 是**离散**的. 若 $X - E$ 是开集，则集合 E 是**闭集**. 全体闭集组成的集类包含了 $\varnothing$ 和 X，并且对于有限并和任意交运算是**封闭的**. X 的子集 E 的内部 E^0 是被 E 所包含的最大开集；E 的闭包 $\overline{E}$ 是包含 E 的最小闭集. 集合的内部是开集，集的闭包是闭集. 若 E 是开集，则 $E^0 = E$；若 E 是闭集，则 $\overline{E} = E$. 若对于每一个包含 x 的开集 U，都有 $E \cap U \neq \varnothing$，则所有这样的点 x 组成的集合即为 E 的闭包. 若 $\overline{E} = X$，则称集合 E 在 X 中是**稠密**的. 对于拓扑空间 X 的子集 Y，若 Y 的开子集能通过 X 的开子集和 Y 相交得到，则 Y 本身形成一个拓扑空间（X 的**子空间**），其中的拓扑结构称为**相对**

拓扑. 包含 X 的点 x（或 X 的子集 E）的开集称为 x（或 E）的**邻域**. 若对于 X 的每一个点 x 以及 x 的每一个邻域 U, 在由开集组成的集类 **B** 中都存在一个集合 B, 使得 $x \in B \subseteq U$, 则称 **B** 是 X 的一个**基**. 实直线的拓扑以所有开区间构成的类作为它的一个基. 若一开集类以它的元素的所有有限交组成的集类为一个基, 则称该开集类为**子基**. 若空间 X 有可数的基, 则称空间 X 是**可分的**. 可分空间的子空间是可分的.

对拓扑空间 X 的子集 E 和一开集类 **K**, 若 $E \subseteq \bigcup \mathbf{K}$, 则称 **K** 为 E 的**开覆盖**. 若 X 是**可分的**, 并且 **K** 是 X 的子集 E 的一个开覆盖, 则存在 **K** 的可数子类 $\{K_1, K_2, \cdots\}$ 是 E 的一个开覆盖. 若对于 X 的子集 E 的每一个开覆盖 **K**, 都存在 **K** 的有限子类作为 E 的开覆盖, 则称 E 是**紧的**. 若集类 **K** 的任一有限子类具有非空的交集, 则称 **K** 具有**有限交的性质**. 空间 X 是紧的, 当且仅当每一个具有有限交性质的闭集类有一个非空的交集. 对空间 X 中的集合 E, 若存在一个紧集序列 $\{C_n\}$ 使得 $E = \bigcup_{n=1}^{\infty} C_n$, 则称 E 是 σ **紧的**. 若空间 X 的每个点都具有一个闭包为紧的邻域, 则称 X 是**局部紧的**. 对局部紧空间的子集 E, 若存在一个紧集 C, 使得 $E \subseteq C$, 则称 E 是**有界的**. 局部紧空间中所有有界开集构成的集类是一个基. 有界集的闭子集是紧的. 对局部紧空间中的子集 E, 若存在一个紧集序列 $\{C_n\}$ 使得 $E \subseteq \bigcup_{n=1}^{\infty} C_n$, 则称 E 是 σ **有界的**. 对于任一个局部紧但非紧的拓扑空间 X, 存在一个紧空间 X^*, 包含 X 和 X 以外的恰好一个点 x^*；X^* 正是 X 由这个点 x^* **一点紧化**成的. X 中的开子集以及 X 中的闭紧子集（在 X^* 中）的补构成 X^* 中的开集.

对拓扑空间类 $\{X_i : i \in I\}$, 其笛卡儿积 $X = \bigtimes \{X_i : i \in I\}$ 是定义在 I 上的满足下列性质的所有函数 x 构成的集合：对于每一个 $i \in I$, 有 $x(i) \in X_i$. 对于固定 $i_0 \in I$, 设 E_{i_0} 是 X_{i_0} 的任意一个开子集, 当 $i \neq i_0$ 时, 记 $E_i = X_i$. 笛卡儿积 X 中的开集由如下条件确定：形如 $\bigtimes \{E_i : i \in I\}$ 的所有集合组成的集类构成一个子基. 定义在 X 上且满足 $\xi_i(x) = x(i)$ 的函数 ξ_i 是连续的. 任意紧空间类的笛卡儿积都是紧的.

若拓扑空间中任意两个不同的点都具有不相交的邻域, 则称这个拓扑空间是**豪斯多夫空间**. 在豪斯多夫空间中, 任意两个不相交的紧子集具有不相交的邻域. 豪斯多夫空间的紧子集是闭集. 若一个局部紧空间为豪斯多夫空间或可分空间, 则它的一点紧化空间是豪斯多夫空间或可分空间. 定义在紧集上的实值连续函数是有界的.

对于任何拓扑空间 X, 我们用 $\mathcal{F}$ [或 $\mathcal{F}(X)$] 表示定义在 X 上满足"对于任意 $x \in X$ 有 $0 \leqslant f(x) \leqslant 1$"的所有实值连续函数 f 所组成的类. 若对于豪斯

多夫空间 X 中的每一点 y 和每一不包含 y 的闭集 F，存在 $\mathcal{F}$ 中的函数 f 使得 $f(y) = 0$ 且对于任意 $x \in F$ 有 $f(x) = 1$，则称该豪斯多夫空间是**完备正则空间**. 局部紧豪斯多夫空间是完备正则空间.

对集合 X，若定义在 $X \times X$ 上的实值函数 d（称为距离）满足

$$d(x,y) \geqslant 0,$$

$$d(x,y) = 0 \text{ 当且仅当 } x = y,$$

$$d(x,y) = d(y,x),$$

$$d(x,y) \leqslant d(x,z) + d(z,y),$$

则称 X 为**度量空间**. 若 E 和 F 是度量空间 X 的两个非空子集，则它们之间的距离定义为

$$d(E,F) = \inf\{d(x,y) : x \in E, y \in F\}.$$

若 $F = \{x_0\}$ 是一个单点集，则将 $d(E, \{x_0\})$ 记为 $d(E, x_0)$. 度量空间 X 的子集 $E = \{x : d(x_0, x) < r_0\}$ 称为以 x_0 为**中心**，以 r_0 为**半径**的**球体**，其中 x_0 是一个点，r_0 是一个正数. **度量空间的拓扑**如下确定：所有球体形成的集类构成度量空间的拓扑基. 度量空间是完备正则空间. 度量空间中的闭集是 G_δ 集. 度量空间是可分的，当且仅当它包含可数稠密集. 若 E 是度量空间的子集，并且令 $f(x) = d(E, x)$，则 f 是连续函数，并且 $\overline{E} = \{x : f(x) = 0\}$. 若 X 是实直线，或者是有限条实直线的笛卡儿积，则 X 是局部紧可分的豪斯多夫空间. 若定义 $x = (x_1, \cdots, x_n)$ 和 $y = (y_1, \cdots, y_n)$ 的距离 $d(x,y)$ 为 $\left(\sum_{i=1}^n (x_i - y_i)^2\right)^{1/2}$，则 X 是一个度量空间. 实直线上的闭区间是紧集.

从一个拓扑空间 X 到另个一拓扑空间 Y 的变换 T，若满足每一个开集的逆像都是开的，或者每一个闭集的逆像仍为闭集，则称 T 是**连续的**. 若变换 T 将 X 中的任意开集映射到 Y 中的任意开集，则称 T 是**开变换**. 设 $\mathbf{B}$ 是 Y 中的一个子基，则 T 是连续的充分必要条件是对于任意 $B \in \mathbf{B}$ 有 $T^{-1}(B)$ 是开集. 设 T 是 X 到 Y 上的连续映射，若 X 是紧的，则 Y 是紧的. 设 T 是 X 到 Y 的一对一的连续变换，若它的逆变换也是连续的，则称 T 为一个同胚.

连续的实值函数序列的一致收敛级数的和是连续的. 若 f 和 g 是连续实值函数，则 $f \cup g$ 和 $f \cap g$ 都是连续函数.

拓扑群

对非空集合 X，若它的元素定义了满足如下条件的乘法，对于任意 $a, b \in X$ 方程 $ax = b$ 和 $ya = b$ 可解，则称 X 是一个**群**. 在每个群 X 中都存在唯一的单

位元 e, 使得对于 X 中的每一个 x 都有 $ex = xe = x$. X 中每个元素 x 都有唯一的逆元 x^{-1}, 满足 $xx^{-1} = x^{-1}x = e$. 设 Y 是 X 的非空子集, 若 Y 中的任意两个元素 x, y 满足 $x^{-1}y \in Y$, 则称 Y 是 X 的一个**子群**. 若 E 是群 X 的任意一个子集, 则 E^{-1} 是形如 x^{-1} 的所有元素组成的集合, 其中 $x \in E$; 若 E 和 F 是群 X 的任意两个子集, 则 EF 是形如 xy 的所有元素组成的集合, 其中 $x \in E$, $y \in F$. X 的一个非空集 Y 是一个子群, 当且仅当 $Y^{-1}Y \subseteq Y$. 当 $x \in X$ 时, 习惯上分别用 xE 和 Ex 来代替 $\{x\}E$ 和 $E\{x\}$, 集合 xE 和 Ex 称为 E 的**左平移**和**右平移**. 若 Y 是群 X 的子群, 则集合 xY 和 Yx 分别称为 Y 的**左陪集**和**右陪集**. 设 Y 是群 X 的子群, 若对于 X 中每一个 x, 满足 $xY = Yx$, 则称 Y 是 X 的**不变子群**. 若在 X 的不变子群 Y 中两个陪集 Y_1 和 Y_2 的乘积定义为 Y_1Y_2, 则在这个乘法下, 所有陪集的类构成一个群, 记为 $\hat{X}$, 称 $\hat{X}$ 为 X 对 Y 的**商群**, 记作 X/Y. $\hat{X}$ 的单位元 $\hat{e}$ 是 Y. 若 Y 是 X 的一个不变子群, 对于 X 中每一个 x, 记 $\pi(x)$ 为包含 x 的 Y 的陪集, 则称变换 π 为从 X 映到 $\hat{X}$ 上的**投影**. 设 T 为群 X 到群 Y 的变换, 若对于 X 中的任意两个元素 x 和 y 都有 $T(xy) = T(x)T(y)$, 则称 T 为**同态变换**. 群 X 到商群 $\hat{X}$ 的变换是同态的.

设群 X 是一个豪斯多夫空间, 若将 (x, y) 变成 $x^{-1}y$（从 $X \times X$ 到 X）的变换是连续的, 则称 X 是一个**拓扑群**. 设 **N** 是由拓扑群中包含单位元 e 的开集所组成的集类, 若满足:

(a) 对于每个异于 e 的 x, 存在 **N** 中的一个集合 U, 使得 $x \notin U$,

(b) 对于 **N** 中任意两个集合 U 和 V, 存在 **N** 中的集合 W, 使得 $W \subseteq U \cap V$,

(c) 对于 **N** 中任意集合 U, 存在 **N** 中的一个集合 V, 使得 $V^{-1}V \subseteq U$,

(d) 对于 **N** 中任意集合 U 和 X 中的任意元素 x, 存在 **N** 中的一个集合 V, 使得 $V \subseteq xUx^{-1}$,

(e) 对于 **N** 中的任意集合 U 和 U 中的任意元素 x, 存在 **N** 中的一个集合 V, 使得 $Vx \subseteq U$,

则称 **N** 是一个在 e 处的基. 由 e 的所有邻域组成的集类是一个在 e 处的基. 反之, 若在任何一个群 X 中, **N** 是满足上述条件的集类, 并且取 **N** 中集合的所有平移类为一个基, 则对于这样的拓扑结构, X 就成为一个**拓扑群**. 设 V 是 e 的一个邻域, 若 $V = V^{-1}$, 则称 V 是**对称的**. 由 e 的所有对称邻域组成的集类是一个在 e 处的基. 若 **N** 是一个在 e 处的基, F 是 X 中的任意一个闭集, 则 $F = \bigcap \{UF : U \in \mathbf{N}\}$.

一个拓扑群 X 的子群（或者不变子群）的闭包是 X 的子群（或者不变子群）. 若 Y 是 X 的一个闭的不变子群, 并且群 $\hat{X} = X/Y$ 的一个子集为开集, 即

它在变换 π 下的逆像是 X 中的开集，则 $\hat{X}$ 是一个拓扑群，并且从 X 映到 $\hat{X}$ 上的变换 π 是开的连续变换.

若 C 是一个紧集，U 是拓扑群 X 中的一个开集，并且满足 $C \subseteq U$，则存在 e 的一个邻域 V，使得 $VCV \subseteq U$. 若 C 和 D 是两个不相交的紧集，则存在 e 的一个邻域 U，使得 UCU 和 UDU 是不相交的. 若 C 和 D 是任意两个紧集，则 C^{-1} 和 CD 也是紧集.

设 E 是拓扑群 X 的子集，若对于 e 的每个邻域 U，存在有限集 $\{x_1, \cdots, x_n\}$（当 $E \neq \varnothing$ 时，可以认为该有限集是 E 的子集），使得 $E \subseteq \bigcup_{i=1}^{n} x_i U$，则称 E 是**有界的**；若 X 是局部紧的，则有界性的定义与适用于任意局部紧空间的有界性的定义是一致的（即需要 E 的闭包是紧的）. 若 X 上连续的实值函数 f 能使集合 $N(f) = \{x : f(x) \neq 0\}$ 为有界集，则 f 是**一致连续的**，即对于任意正数 ε，存在 e 的一个邻域 U，使得当 $x_1 x_2^{-1} \in U$ 时有 $|f(x_1) - f(x_2)| < \varepsilon$.

若拓扑群中的单位元素 e 存在有界邻域，则称该拓扑群是**局部有界的**. 对于每一个局部有界拓扑群 X，都存在一个局部紧的拓扑群 X^* 使 X 成为 X^* 的稠密子群，称为 X 的**完备化**（在同构中唯一确定）. 局部紧群的每一个闭子群和每一个商群都是一个局部紧群.

第 1 章　集合与集类

§1.　集合的包含关系

本书中，**集合**这一名词总是被理解为某个给定集合的子集，除非在特殊的场合申明使用不同的记号，我们总是以 X 表示所论的集合．集合 X 中的元素称为**点**．集合 X 也称为**空间**，或称为所考虑的**整个**空间或者**全**空间．本章的目的有两个：一是定义集合论中的一些基本概念，二是给出一些在以后的章节中经常用到的主要结果．

若 x 是集合 X 中的一点，且 E 是 X 的一个子集，则可用记号

$$x \in E$$

表示 x 属于 E（即 E 中的点有一个是 x）；相应地，若 x 不属于 E，则可用记号

$$x \notin E$$

表示．因此，对于 X 中的任意一点 x，都有

$$x \in X,$$

对于 X 中的任意一点 x，都不能有

$$x \notin X.$$

若 E 和 F 都是 X 的子集，则记号

$$E \subseteq F \quad \text{或} \quad F \supseteq E$$

表示 E 是 F 的子集，也就是说，E 中的任意一点都属于 F．因此，对于任意集合 E，都有

$$E \subseteq E.$$

对于集合 E 和 F，当且仅当它们包含相同元素时，称它们是**相等的**，换句话说，当且仅当

$$E \subseteq F \quad \text{且} \quad F \subseteq E,$$

E 和 F 称为相等．这个看似平凡的定义却指出一个重要的原则：要证明两个集合相等，唯一的方法就是分别证明一个集合中的元素都属于另一个集合．

为方便起见，引入不包含任何点的集合，称为**空集**，用符号 $\varnothing$ 表示. 对于任意集合 E，都有

$$\varnothing \subseteq E \subseteq X,$$

对于任意一点 x，都有

$$x \notin \varnothing.$$

除了以点为元素的集合外，我们还会遇到以集合为元素的集合. 例如，若 X 为实直线，则一个区间是一个集合，也就是 X 的一个子集，但所有区间所构成的集合则是一个以集合为元素的集合. 为明确起见，称以集合为元素的集合为**集类**. 集合的相应记号和术语，同样适用于集类. 例如，若 E 为一个集合，而 $\mathbf{E}$ 是一个集类，则记号

$$E \in \mathbf{E}$$

表示集合 E 属于集类 $\mathbf{E}$（或者说 E 是 $\mathbf{E}$ 的一个成员，E 是 $\mathbf{E}$ 的一个元素）；若 $\mathbf{E}$ 和 $\mathbf{F}$ 是两个集类，则记号

$$\mathbf{E} \subseteq \mathbf{F}$$

表示 $\mathbf{E}$ 中的任意一个集合都属于 $\mathbf{F}$，即 $\mathbf{E}$ 是 $\mathbf{F}$ 的一个子类.

在极少数场合中，我们也会考虑以集类为元素的集合，称之为**集族**. 例如，若 X 为欧几里得平面，$\mathbf{E}_y$ 为到原点距离为 y 的水平直线上的所有区间构成的集合，则任意一个 $\mathbf{E}_y$ 都是一个集类，所有这样的集类构成的集合是一个集族.

习题

1. 集合间的关系 $\subseteq$ 具有自反性和传递性，当且仅当全集 X 是空集时，具有对称性.

2. 令 $\mathbf{X}$ 是由 X 的所有子集构成的集类，当然也包括空集 $\varnothing$ 和整个空间 X 在内；设 x 是 X 中的一个点，E 是 X 的一个子集（即 $\mathbf{X}$ 的一个成员），$\mathbf{E}$ 是 X 的某些子集构成的集类（即 $\mathbf{X}$ 的一个子类）. 如果 u 和 v 互不影响地表示 5 个符号 $x, E, X, \mathbf{E}, \mathbf{X}$ 中的一个，则形如

$$u \in v \quad \text{或} \quad u \subseteq v$$

的 50 个关系式中，有些一定成立，有些可能成立，有些一定不成立，有些无意义. 特别地，对于 $u \in v$，仅当 "右端是一个空间的子集，左端是这个空间的点" 时才是有意义的. 对于 $u \subseteq v$，仅当 u 和 v 是同一空间的子集时才有意义.

§2. 并集与交集

设 $\mathbf{E}$ 是 X 的某些子集构成的集类，由 X 中且至少属于 $\mathbf{E}$ 中一个集合的所有点组成的集合，称为 $\mathbf{E}$ 中集合的**并集**，记作

$$\bigcup \mathbf{E} \quad \text{或} \quad \bigcup \{E : E \in \mathbf{E}\}.$$

后一种记号是重要的且经常使用的并集的记法. 对于给定的一个集合，它的一般元素记为 x，若对任意一个 x，$\pi(x)$ 是关于 x 的一个命题，则记号

$$\{x : \pi(x)\}$$

表示使命题 $\pi(x)$ 成立的所有点 x 构成的集合. 若 $\{\pi_n(x)\}$ 是关于 x 的命题的一个序列，则记号

$$\{x : \pi_1(x), \pi_2(x), \cdots\}$$

表示使命题

$$\pi_n(x), \qquad n = 1, 2, \cdots$$

都成立的所有点 x 组成的集合. 更一般地，若对某个指标集 Γ 中的任一元素 γ，都对应着一个关于 x 的命题 $\pi_\gamma(x)$，则可用记号

$$\{x : \pi_\gamma(x), \gamma \in \Gamma\}$$

表示使 Γ 中任一 γ 对应的命题 $\pi_\gamma(x)$ 都成立的所有点 x 组成的集合. 从而有

$$\{x : x \in E\} = E,$$
$$\{E : E \in \mathbf{E}\} = \mathbf{E}.$$

更有启发性的例子有

$$\{t : 0 \leqslant t \leqslant 1\}$$

（= 单位闭区间），

$$\{(x, y) : x^2 + y^2 = 1\}$$

（= 平面上单位圆的圆周），

$$\{n^2 : n = 1, 2, \cdots\}$$

（= 自身为平方数的正整数集）. 根据这种记法，实数集 E 的上确界和下确界分别记为

$$\sup\{x : x \in E\} \quad \text{和} \quad \inf\{x : x \in E\}.$$

花括号 $\{\cdots\}$ 一般用来表示集合的形成. 例如, 若 x 与 y 为两个点, 则 $\{x,y\}$ 表示仅以 x 与 y 为其所有点的集合. 从逻辑上来讲, 正确区分点 x 和仅以 x 为元素的集合 $\{x\}$ 是很重要的. 同样, 也要正确区分集合 E 与仅以 E 为元素的集类 $\{E\}$. 例如空集 $\varnothing$ 不包含任何点, 但集类 $\{\varnothing\}$ 却包含唯一的一个集合, 即空集.

对于不同集类的并集, 可以使用不同的记号表示. 例如, 若

$$\mathbf{E} = \{E_1, E_2\}$$

则

$$\bigcup \mathbf{E} = \bigcup\{E_i : i = 1, 2\}$$

可表示为

$$E_1 \cup E_2.$$

更一般地, 若

$$\mathbf{E} = \{E_1, \cdots, E_n\}$$

是一个有限集类, 则

$$\bigcup \mathbf{E} = \bigcup\{E_i : i = 1, \cdots, n\}$$

可表示为

$$E_1 \cup \cdots \cup E_n \quad \text{或} \quad \bigcup_{i=1}^{n} E_i.$$

类似地, 若 $\{E_n\}$ 是一个无穷集合序列, 则该序列的各项的并集可表示为

$$E_1 \cup E_2 \cup \cdots \quad \text{或} \quad \bigcup_{i=1}^{\infty} E_i.$$

更一般地, 若对于某个指标集 $\varGamma$ 的任意元素 γ, 都对应一个集合 E_γ, 则集类

$$\{E_\gamma : \gamma \in \varGamma\}$$

的并集可表示为

$$\bigcup_{\gamma \in \varGamma} E_\gamma \quad \text{或} \quad \bigcup_{\gamma} E_\gamma.$$

当指标集 $\varGamma$ 是空集时, 我们约定

$$\bigcup_{\gamma \in \varGamma} E_\gamma = \varnothing.$$

空集 $\varnothing$ 和全空间 X 对于并的运算关系由恒等式

$$E \cup \varnothing = E \quad 和 \quad E \cup X = X$$

给出. 更一般地, 关系式

$$E \subseteq F$$

成立, 当且仅当

$$E \cup F = F.$$

设 $\mathbf{E}$ 是由 X 的某些子集构成的集类, 由属于 $\mathbf{E}$ 中每一个集合的所有点组成的集合称为 $\mathbf{E}$ 中集合的**交集**, 记作

$$\bigcap \mathbf{E} \quad 或 \quad \bigcap \{E : E \in \mathbf{E}\}.$$

可用类似于并集表述的相关符号, 通过将符号 $\cup$ 换成符号 $\cap$ 来表示两个集合的交集、有限个或可数无限个集合序列的交集, 以及某一指标集对应的集类中元素的交集. 当指标集 Γ 是空集时, 我们做出如下看似令人惊奇的约定:

$$\bigcap_{\gamma \in \Gamma} E_\gamma = X.$$

这个约定基于几个启发性的动机, 其中一个是: 若 Γ_1 与 Γ_2 是两个非空的指标集, 并且满足 $\Gamma_1 \subseteq \Gamma_2$, 则显然有

$$\bigcap_{\gamma \in \Gamma_1} E_\gamma \supseteq \bigcap_{\gamma \in \Gamma_2} E_\gamma,$$

因此对于最小的指标集 Γ (即空的 Γ), 我们应该以交集中最大的与之对应. 另一个动机是由于等式

$$\bigcap_{\gamma \in \Gamma_1 \cup \Gamma_2} E_\gamma = \bigcap_{\gamma \in \Gamma_1} E_\gamma \cap \bigcap_{\gamma \in \Gamma_2} E_\gamma$$

对于任何非空指标集 Γ_1 与 Γ_2 都成立. 若我们坚信这个等式对于任何指标集 Γ_1 与 Γ_2 都成立, 则必须假定对于任意 Γ, 都有

$$\bigcap_{\gamma \in \Gamma} E_\gamma = \bigcap_{\gamma \in \Gamma \cup \varnothing} E_\gamma = \bigcap_{\gamma \in \Gamma} E_\gamma \cap \bigcap_{\gamma \in \varnothing} E_\gamma.$$

对于 Γ 中的每一个 γ, 令 $E_\gamma = X$, 可以得到

$$\bigcap_{\gamma \in \varnothing} E_\gamma = X.$$

并集可以看成**联合**（union），交集可以看成**相遇**（meet）. 一个巧妙区分并和交的符号的记忆方法是：并集符号 $\cup$ 像一个杯子，开口向上；交集符号 $\cap$ 像一顶帽子，开口向下. 还可以这样记忆：并集符号 $\cup$ 像 union 的首字母，交集符号 $\cap$ 像 meet 的首字母.

空集 $\varnothing$ 与全集 X 的交运算由恒等式

$$E \cap \varnothing = \varnothing \quad 和 \quad E \cap X = E$$

给出. 更一般地，关系式

$$E \subseteq F$$

成立，当且仅当

$$E \cap F = E.$$

若集合 E 与 F 没有公共点，即

$$E \cap F = \varnothing,$$

则称 E 与 F **不相交**. 若集类 $\mathbf{E}$ 中的任意两个相异集合都不相交，则称 $\mathbf{E}$ 为**不相交集类**，称 $\mathbf{E}$ 中集合的并集为**不相交并集**.

在本节的末尾，我们引进一个重要的概念，即特征函数. 设 E 是 X 的任意一个子集，在 X 上定义函数

$$\chi_E(x) = \begin{cases} 1, & 若 \ x \in E, \\ 0, & 若 \ x \notin E, \end{cases}$$

称这个函数为集合 E 的**特征函数**. 集合与其特征函数之间存在一一对应关系，并且集合的性质和运算都可以借助特征函数表示出来. 作为以花括号表示集合的例子，我们指出

$$E = \{x : \chi_E(x) = 1\}.$$

习题

1. 并的运算满足交换律和结合律，即

$$E \cup F = F \cup E \quad 和 \quad E \cup (F \cup G) = (E \cup F) \cup G,$$

交的运算也满足交换律和结合律.

2. 并与交运算中的任意一种满足对于另一种的分配律，即

$$E \cap (F \cup G) = (E \cap F) \cup (E \cap G),$$

$$E \cup (F \cap G) = (E \cup F) \cap (E \cup G).$$

更一般的分配律也成立, 即

$$F \cap \bigcup \{E : E \in \mathbf{E}\} = \bigcup \{E \cap F : E \in \mathbf{E}\},$$
$$F \cup \bigcap \{E : E \in \mathbf{E}\} = \bigcap \{E \cup F : E \in \mathbf{E}\}.$$

3. X 的所有子集组成的集类对于运算 $\cup$ 和 $\cap$ 是否形成一个群?

4. $\chi_\varnothing(x) \equiv 0$, $\chi_X(x) \equiv 1$. 关系式

$$\chi_E(x) \leqslant \chi_F(x)$$

对 X 中所有 x 都成立的充分必要条件是 $E \subseteq F$. 若 $E \cap F = A$ 且 $E \cup F = B$, 则有

$$\chi_A = \chi_E \chi_F = \chi_E \cap \chi_F \quad \text{和} \quad \chi_B = \chi_E + \chi_F - \chi_A = \chi_E \cup \chi_F.$$

5. 在习题 4 中用 χ_E 和 χ_F 表示 χ_A 和 χ_B 的等式是否可以推广到有限个、可数无限个, 以及任意个集合的并集和交集的场合?

§3. 极限、补集、差集

设 $\{E_n\}$ 是由 X 的子集构成的集合序列, 若集合 E^* 是由属于无限个 E_n 的 X 中的所有点组成的集合, 则称之为集合序列 $\{E_n\}$ 的**上极限**, 记作

$$E^* = \limsup_n E_n.$$

若集合 E_* 是由属于除有限个 E_n 外的所有 E_n 的 X 中的所有点组成的集合, 则称之为集合序列 $\{E_n\}$ 的**下极限**, 记作

$$E_* = \liminf_n E_n.$$

若

$$E^* = E_*,$$

则称这个集合为集合序列 $\{E_n\}$ 的**极限**, 记作

$$\lim_n E_n.$$

若

$$E_n \subseteq E_{n+1}, \quad n = 1, 2, \cdots,$$

则称 $\{E_n\}$ 为**递增序列**；若

$$E_n \supseteq E_{n+1}, \quad n = 1, 2, \cdots,$$

则称 $\{E_n\}$ 为**递减序列**. 增序列与减序列统称为**单调序列**. 易证：若 $\{E_n\}$ 为单调序列，则极限 $\lim_n E_n$ 存在，并且，当 $\{E_n\}$ 单调增加时，

$$\lim_n E_n = \bigcup_n E_n;$$

当 $\{E_n\}$ 单调减少时，

$$\lim_n E_n = \bigcap_n E_n.$$

设 E 为 X 的一个子集，由属于 X 但不属于 E 的所有点组成的集合，称为 E 的**补集**，记作 E'. 补集的运算满足下列代数恒等式：

$$E \cap E' = \varnothing, \quad E \cup E' = X,$$
$$\varnothing' = X, \quad (E')' = E, \quad X' = \varnothing,$$
$$若 E \subseteq F 则 E' \supseteq F'.$$

补集对于并集和交集的运算还有一个有趣且非常重要的关系：

$$\left(\bigcup\{E : E \in \mathbf{E}\}\right)' = \bigcap\{E' : E \in \mathbf{E}\},$$
$$\left(\bigcap\{E : E \in \mathbf{E}\}\right)' = \bigcup\{E' : E \in \mathbf{E}\}.$$

用文字表述就是：一列集合的并集的补集等于它们补集的交集；一列集合的交集的补集等于它们补集的并集. 使用这个事实以及补集的基本公式，可以证明下述重要的**对偶原理**.

若某一个由集合的并集、交集以及补集运算形成的关系式成立，将其中的符号

$$\bigcap, \quad \subseteq$$

与

$$\bigcup, \quad \supseteq$$

互换，并将每个集合替换成它的补集（等号和补集运算符保持不变），则所得的新关系式仍然成立.

设集合 E 和 F 是 X 的两个子集，由属于 E 但不属于 F 的所有点组成的集合称为 E 和 F 的**差集**，记为

$$E - F.$$

由于

$$X - F = F',$$

并且

$$E - F = E \cap F',$$

故通常称差集 $E - F$ 为 F 在 E 中的**相对补集**. 对几个集合的并集或交集取相对补集，同对它们取补集一样，将各个集合用它们的相对补集替换，并将符号 $\cap$ 与 $\cup$ 互换，$\subseteq$ 与 $\supseteq$ 互换，例如

$$E - (F \cup G) = (E - F) \cap (E - G).$$

若 $E \supseteq F$，则差集 $E - F$ 称为**正常的**.

最后，介绍一种十分重要的集合的运算，即集合 E 与 F 的**对称差**，记为

$$E\Delta F,$$

其定义为

$$E\Delta F = (E - F) \cup (F - E) = (E \cap F') \cup (E' \cap F).$$

对于集合的极限、补集和差集等运算，需要做一定的练习，才能熟练掌握和应用它们. 下面的练习中列出了这些运算的一些最重要的性质，建议读者完成相应的证明.

习题

1. 对于所有非空指标集 Γ，等式

$$\bigcap_{\gamma \in \Gamma} E_\gamma = \left(\bigcup_{\gamma \in \Gamma} E_\gamma' \right)'$$

成立. 前面约定

$$\bigcap_{\gamma \in \varnothing} E_\gamma = X$$

的另一个启发性的动机就是要使上述等式当 $\Gamma = \varnothing$ 时也成立.

2. 若 $E_* = \liminf_n E_n$，$E^* = \limsup_n E_n$，则

$$E_* = \bigcup_{n=1}^{\infty} \bigcap_{m=n}^{\infty} E_m \subseteq \bigcap_{n=1}^{\infty} \bigcup_{m=n}^{\infty} E_m = E^*.$$

3. 集合序列的上极限、下极限和极限（若存在）不随该集合序列的有限项的改变而改变.

4. 若当 n 为偶数时 $E_n = A$，当 n 为奇数时 $E_n = B$，则

$$\liminf_n E_n = A \cap B \quad 且 \quad \limsup_n E_n = A \cup B.$$

5. 若 $\{E_n\}$ 为互不相交的集合序列，则

$$\lim_n E_n = \varnothing.$$

6. 若 $E_* = \liminf_n E_n$，$E^* = \limsup_n E_n$，则

$$(E_*)' = \limsup_n E_n' \quad 且 \quad (E^*)' = \liminf_n E_n'.$$

更一般地，有

$$F - E_* = \limsup_n (F - E_n) \quad 且 \quad F - E^* = \liminf_n (F - E_n).$$

7.
$$\begin{aligned}
E - F &= E - (E \cap F) = (E \cup F) - F, \\
E \cap (F - G) &= (E \cap F) - (E \cap G), \\
(E \cup F) - G &= (E - G) \cup (F - G).
\end{aligned}$$

8.
$$\begin{aligned}
(E - G) \cap (F - G) &= (E \cap F) - G, \\
(E - F) - G &= E - (F \cup G), \\
E - (F - G) &= (E - F) \cup (E \cap G), \\
(E - F) \cap (G - H) &= (E \cap G) - (F \cup H).
\end{aligned}$$

9.
$$\begin{aligned}
E \Delta F = F \Delta E, \quad E \Delta (F \Delta G) &= (E \Delta F) \Delta G, \\
E \cap (F \Delta G) &= (E \cap F) \Delta (E \cap G), \\
E \Delta \varnothing = E, \quad E \Delta X &= E', \\
E \Delta E = \varnothing, \quad E \Delta E' &= X, \\
E \Delta F &= (E \cup F) - (E \cap F).
\end{aligned}$$

10. X 的所有子集所形成的集类对于运算 Δ 是否形成一个群？

11. 若 $E_* = \liminf_n E_n$，$E^* = \limsup_n E_n$，则

$$\chi_{E_*}(x) = \liminf_n \chi_{E_n}(x) \quad 且 \quad \chi_{E^*}(x) = \limsup_n \chi_{E_n}(x).$$

（上述等式中等号右端指的就是通常意义下数列的上极限和下极限的数值概念. ）

12.
$$\begin{aligned}
\chi_{E'} &= 1 - \chi_E, \quad \chi_{E - F} = \chi_E (1 - \chi_F), \\
\chi_{E \Delta F} &= |\chi_E - \chi_F| \equiv \chi_E + \chi_F \ (\mathrm{mod}\ 2).
\end{aligned}$$

13. 设 $\{E_n\}$ 是一个集合序列，若记

$$D_1 = E_1, \quad D_2 = D_1 \Delta E_2, \quad D_3 = D_2 \Delta E_3,$$

一般地，

$$D_{n+1} = D_n \Delta E_{n+1}, \quad n = 1, 2, \cdots,$$

则集合序列 $\{D_n\}$ 存在极限，当且仅当 $\lim_n E_n = \varnothing$. 若将运算 Δ 看成加法（见上题），则上述结果可表述如下：一般项为集合的无穷级数收敛，当且仅当其一般项趋于 $\varnothing$.

§4. 环与代数

对于一个以集合为元素的非空集类 $\mathbf{R}$，若

$$E \in \mathbf{R}, \quad F \in \mathbf{R},$$

则

$$E \cup F \in \mathbf{R}, \quad E - F \in \mathbf{R},$$

则称集类 $\mathbf{R}$ 为一个**环**（或**布尔环**）. 换句话说，对于并与差运算满足封闭性的非空集类就是一个环.

空集属于任意一个环 $\mathbf{R}$，因为若

$$E \in \mathbf{R},$$

则

$$\varnothing = E - E \in \mathbf{R}.$$

由于

$$E - F = (E \cup F) - F,$$

所以对于并与正常差运算封闭的一个非空集类也是一个环. 由于

$$E \Delta F = (E - F) \cup (F - E),$$
$$E \cap F = (E \cup F) - (E \Delta F),$$

故一个环对于集合的对称差与交这两种运算都是封闭的. 应用数学归纳法以及并与交运算的结合律，可以证明：若 $\mathbf{R}$ 是一个环，并且

$$E_i \in \mathbf{R}, \quad i = 1, 2, \cdots, n,$$

则有

$$\bigcup_{i=1}^{n} E_i \in \mathbf{R} \quad \text{且} \quad \bigcap_{i=1}^{n} E_i \in \mathbf{R}.$$

介绍两个极端且有用的环的例子：一个是仅由空集形成的集类 $\{\varnothing\}$，另一个是由 X 的所有子集形成的集类. 另一个例子是，由任一集合的所有有限子集形成的集类也是一个环. 下面介绍一个更具有启发性的例子：令

$$X = \{x : -\infty < x < +\infty\}$$

为实直线，再令 **R** 为由左闭右开有界区间的所有有限并形成的集类，即由所有形如

$$\bigcup_{i=1}^{n} \{x : -\infty < a_i \leqslant x < b_i < +\infty\}$$

的集合形成的集类，则 **R** 是一个环.

在环的定义中，交与并的地位是不对称的. 环对于交运算是封闭的，但对于交与差运算封闭的集类不一定对于并运算也是封闭的. 不过，若一个非空集类对于交、正常差以及不相交的并运算是封闭的，则该集类是一个环. 证明如下：

$$E \cup F = [E - (E \cap F)] \cup [F - (E \cap F)] \cup (E \cap F).$$

为使并与交运算的地位在环中对称，不难给出环的另一种定义：对于交与对称差运算封闭的非空集类可以定义为环. 证明如下：

$$E \cup F = (E \Delta F) \Delta (E \cap F), \quad E - F = E \Delta (E \cap F).$$

在环的这种形式的定义里，若将交运算换成并运算，则可得到另一个正确的描述：环是对于并与对称差运算封闭的非空集类.

对于一个以集合为元素的非空集类 **R**，若它满足

(a) 当 $E \in \mathbf{R}$ 且 $F \in \mathbf{R}$ 时，有 $E \cup F \in \mathbf{R}$，

(b) 当 $E \in \mathbf{R}$ 时，有 $E' \in \mathbf{R}$，

则称集类 **R** 为**代数**（或**布尔代数**）.

由于

$$E - F = E \cap F' = (E' \cup F)',$$

所以任何一个代数都是一个环. 环的一般概念与代数的特殊概念之间的关系很简单：代数就是包含 X 的环. 事实上，由于

$$E' = X - E,$$

所以任何一个包含 X 的环一定是一个代数. 另外，若设 **R** 是一个代数，并且

$$E \in \mathbf{R}$$

（注意 **R** 是非空的），则有

$$X = E \cup E' \in \mathbf{R}.$$

习题

1. 下面的集类是环与代数的例子.

(1a) X 是 n 维欧几里得空间；**E** 是由形如

$$\{(x_1, \cdots, x_n) : -\infty < a_i \leqslant x_i < b_i < +\infty, \ i = 1, \cdots, n\}$$

的半闭区间的所有有限并组成的集类.

(1b) X 是不可数集；**E** 是 X 的所有可数子集组成的集类.

(1c) X 是不可数集；**E** 是由可数集或补集为可数集的集合组成的集类.

2. 哪些拓扑空间里由所有开集组成的集类 **E** 是一个环？

3. 任意多个环或者代数的交仍然是一个环或者代数.

4. 设 **R** 是一个由集合生成的环，若对于 **R** 中的元素 E 与 F，定义

$$E \odot F = E \cap F \quad \text{且} \quad E \oplus F = E \Delta F,$$

则关于"加法"（$\oplus$）与"乘法"（$\odot$）运算，**R** 是代数意义下的环. 若代数环 **R** 的每一个元素是幂等的，即 $E \odot E = E$，则这种环也称为布尔环. 由于集合的布尔环与一般概念下的布尔环存在非常紧密的关系，所以在集合论中采用环这一术语.

5. 若 **R** 是一个由集合生成的环，设 **A** 是属于 **R** 或补集属于 **R** 的集合 E 所形成的集类，则 **A** 是一个代数.

6. 对于一个以集合为元素的非空集类 **P**，若它满足

(6a) 当 $E \in \mathbf{P}$ 且 $F \in \mathbf{P}$ 时，有 $E \cap F \in \mathbf{P}$，

(6b) 当 $E \in \mathbf{P}$，$F \in \mathbf{P}$，$E \subseteq F$ 时，在 **P** 中必存在有限集类 $\{C_0, C_1, \cdots, C_n\}$ 使得

$$E = C_0 \subseteq C_1 \subseteq \cdots \subseteq C_n = F,$$
$$D_i = C_i - C_{i-1} \in \mathbf{P}, \quad i = 1, \cdots, n,$$

则称 **P** 为一个半环. 空集属于任何一个半环. 若 X 是任意一个集合，则由空集以及所有单点集合（即形如 $\{x\}$ 的集合，其中 $x \in X$）组成的集类 **P** 是一个半环. 若 X 是实直线，则由所有左闭右开有界区间组成的集类是一个半环.

§5.　生成环与 σ 环

定理 A　若 **E** 是任意一个集类，则必存在唯一的环 $\mathbf{R}_0$，使得 $\mathbf{R}_0 \supseteq \mathbf{E}$，并且对于任何其他包含 **E** 的环 **R**，都有 $\mathbf{R}_0 \subseteq \mathbf{R}$.

环 $\mathbf{R}_0$ 是包含 **E** 的最小的环，称为由 **E** 生成的环，记作 **R(E)**.

证明　因为由 X 的所有子集组成的集类是一个环，这说明至少有一个包含 **E** 的环存在. 此外，由于任意多个环的交仍是一个环（见习题 4.3），所以容易看出，包含 **E** 的所有环的交即为所求的环 $\mathbf{R}_0$. ∎

定理 B　若 **E** 是任意一个集类，则 **R(E)** 中的任意一个集合都可以被 **E** 中集合的有限并覆盖.

证明　被 **E** 中集合的有限并覆盖的所有集合组成的集类是一个环. 由于这个环包含 **E**，所以它也包含 **R(E)**. ∎

定理 C　若 **E** 是由集合组成的可数集类，则 **R(E)** 也是可数的.

证明　对于任意一个集类 **C**，记 $\mathbf{C}^*$ 为由 **C** 中集合的差集的所有有限并组成的集类. 显然，若 **C** 是可数的，则 $\mathbf{C}^*$ 也是可数的，并且当

$$\varnothing \in \mathbf{C}$$

时有

$$\mathbf{C} \subseteq \mathbf{C}^*.$$

为了证明这一定理，不失一般性，我们假定

$$\varnothing \in \mathbf{E},$$

并且记

$$\mathbf{E}_0 = \mathbf{E}, \qquad \mathbf{E}_n = \mathbf{E}_{n-1}^*, \qquad n = 1, 2, \cdots.$$

容易知道

$$\mathbf{E} \subseteq \bigcup_{n=0}^{\infty} \mathbf{E}_n \subseteq \mathbf{R}(\mathbf{E}),$$

并且集类

$$\bigcup_{n=0}^{\infty} \mathbf{E}_n$$

是可数的. 若能证明 $\bigcup_{n=0}^{\infty} \mathbf{E}_n$ 是一个环，就可以完成定理的证明. 由于

$$\mathbf{E} = \mathbf{E}_0 \subseteq \mathbf{E}_1 \subseteq \mathbf{E}_2 \subseteq \cdots,$$

所以，若 A 与 B 是 $\bigcup_{n=0}^{\infty} \mathbf{E}_n$ 中任意两个集合，则必存在一个正整数 n，使得 A 与 B 都属于 $\mathbf{E}_n$. 我们有

$$A - B \in \mathbf{E}_{n+1},$$

并且，由于

$$\varnothing \in \mathbf{E}_0 \subseteq \mathbf{E}_n,$$

从而有

$$A \cup B = (A - \varnothing) \cup (B - \varnothing) \in \mathbf{E}_{n+1}.$$

我们已经证明了 $A - B$ 与 $A \cup B$ 都属于 $\bigcup_{n=0}^{\infty} \mathbf{E}_n$，也就是说 $\bigcup_{n=0}^{\infty} \mathbf{E}_n$ 在并与差运算下确实是封闭的. ∎

对于一个以集合为元素的非空集类 $\mathbf{S}$，若它满足如下条件：

(a) 当 $E \in \mathbf{S}$，$F \in \mathbf{S}$ 时，有 $E - F \in \mathbf{S}$，

(b) 当 $E_i \in \mathbf{S}$，$i = 1, 2, \cdots$ 时，有 $\bigcup_{i=1}^{\infty} E_i \in \mathbf{S}$，

则称 $\mathbf{S}$ 为 σ 环. σ 环相当于对于可数并运算封闭的环. 若 $\mathbf{S}$ 是一个 σ 环，并且

$$E_i \in \mathbf{S}, \quad i = 1, 2, \cdots, \quad E = \bigcup_{i=1}^{\infty} E_i,$$

则等式

$$\bigcap_{i=1}^{\infty} E_i = E - \bigcup_{i=1}^{\infty} (E - E_i)$$

表明

$$\bigcap_{i=1}^{\infty} E_i \in \mathbf{S},$$

也就是说，σ 环对于可数交运算是封闭的. 由此可知（见习题 3.2），若 $\mathbf{S}$ 是一个 σ 环，并且

$$E_i \in \mathbf{S}, \quad i = 1, 2, \cdots,$$

则 $\liminf_i E_i$ 与 $\limsup_i E_i$ 都属于 $\mathbf{S}$.

由于在定理 A 及其证明中，用 "σ 环" 替换 "环"，定理 A 及其证明仍然成立，所以我们可以将包含集类 $\mathbf{E}$ 的最小 σ 环称为由 $\mathbf{E}$ 生成的 σ 环，记作 $\mathbf{S(E)}$.

定理 D　若 **E** 是任一集类，E 是 **S** = **S(E)** 中任意一个集合，则存在 **E** 的一个可数子类 **D**，使得 $E \in$ **S(D)**.

证明　由 **E** 的可数子类产生的 **S** 的所有 σ 子环的并仍是 σ 环，该 σ 环包含 **E** 且被 **S** 包含，因此这个 σ 环就是 **S**.　∎

对于由 X 的子集组成的任意一个集类 **E**，以及 X 的任意一个固定的子集 A，可用记号

$$\mathbf{E} \cap A$$

表示由所有形如 $E \cap A$ 的集合组成的集类，其中 $E \in$ **E**.

定理 E　若 **E** 是任一集类，A 是 X 的任意一个子集，则

$$\mathbf{S(E)} \cap A = \mathbf{S(E} \cap A).$$

证明　记 **C** 是由所有形如 $B \cup (C - A)$ 的集合组成的集类，其中

$$B \in \mathbf{S(E} \cap A), \quad C \in \mathbf{S(E)}.$$

容易证明 **C** 是一个 σ 环. 若 $E \in$ **E**，则关系式

$$E = (E \cap A) \cup (E - A),$$
$$E \cap A \in \mathbf{E} \cap A \subseteq \mathbf{S(E} \cap A)$$

表明 $E \in$ **C**，因此

$$\mathbf{E} \subseteq \mathbf{C}.$$

从而有

$$\mathbf{S(E)} \subseteq \mathbf{C},$$

因此

$$\mathbf{S(E)} \cap A \subseteq \mathbf{C} \cap A.$$

又由于等式

$$\mathbf{C} \cap A = \mathbf{S(E} \cap A)$$

显然成立，所以

$$\mathbf{S(E)} \cap A \subseteq \mathbf{S(E} \cap A).$$

另外，由于 **S(E)** $\cap A$ 是一个 σ 环，并且

$$\mathbf{E} \cap A \subseteq \mathbf{S(E)} \cap A,$$

所以

$$\mathbf{S(E} \cap A) \subseteq \mathbf{S(E)} \cap A.$$　∎

习题

1. 在下面的例子中，指出由所述集类 **E** 生成的环.

   (1a) E 是 X 的一个固定的子集，**E** $= \{E\}$ 是只包含 E 的集类.

   (1b) E 是 X 的一个固定的子集，**E** 是由包含 E 的所有集合组成的集类，即

   $$\mathbf{E} = \{F : E \subseteq F\}.$$

   (1c) **E** 是由恰好包含两个点的所有集合组成的集类.

2. 对于一个集类 **L**，若它满足：$\varnothing \in \mathbf{L}$，当 $E \in \mathbf{L}$ 且 $F \in \mathbf{L}$ 时有 $E \cup F \in \mathbf{L}$ 且 $E \cap F \in \mathbf{L}$，则称 **L** 为**格**（也称为**集格**）. 若 **P** $= \mathbf{P}(\mathbf{L})$ 是由所有形如 $F - E$ 的集合组成的集类，其中 $E \in \mathbf{L}$，$F \in \mathbf{L}$，并且 $E \subseteq F$，则 **P** 是一个半环（见习题 4.6）. **P** 是一个环吗？
   提示：若 **P** 中的集合 D_1 与 D_2 可由 **L** 中的集合的正常差表示，即

   $$D_i = F_i - E_i, \quad i = 1, 2,$$

   并且 $D_1 \supseteq D_2$，记

   $$C = (F_1 \cap F_2) - (E_1 \cap F_2)$$

   或者

   $$C = F_1 - [E_1 \cup (F_1 \cap E_2)],$$

   则

   $$F_2 - E_2 \subseteq C \subseteq F_1 - E_1.$$

3. 令 **P** 是一个半环，**R** 是由所有形如 $\bigcup_{i=1}^{n} E_i$ 的集合组成的集类，其中 $\{E_1, \cdots, E_n\}$ 是 **P** 中互不相交的集合组成的一个有限集类.

   (3a) **R** 对于有限交运算以及不相交的并运算是封闭的.

   (3b) 若 $E \in \mathbf{P}$，$F \in \mathbf{P}$，并且 $E \subseteq F$，则 $F - E \in \mathbf{R}$.

   (3c) 若 $E \in \mathbf{P}$，$F \in \mathbf{R}$，并且 $E \subseteq F$，则 $F - E \in \mathbf{R}$.

   (3d) 若 $E \in \mathbf{R}$，$F \in \mathbf{R}$，并且 $E \subseteq F$，则 $F - E \in \mathbf{R}$.

   (3e) **R** $= \mathbf{R}(\mathbf{P})$，因此，对于并运算封闭的半环是一个环.

4. 与定理 A 类似的关于代数的定理也是成立的，可在定理 A 的证明中将"环"替换为"代数"或者用习题 4.5 得到这一事实.

5. 若 **P** 是一个半环，并且 **R** $= \mathbf{R}(\mathbf{P})$，则 $\mathbf{S}(\mathbf{R}) = \mathbf{S}(\mathbf{P})$.

6. 若一个非空集类对于对称差与可数交运算是封闭的，则这个集类是一个 σ 环，这种说法成立吗？

7. 若 **E** 一个非空集类，则 $\mathbf{S}(\mathbf{E})$ 中的每一个集合都可以被 **E** 中可数多个集合的并集覆盖（见定理 B）.

8. 若 **E** 是一个无限集类，则 **E** 与 $\mathbf{R}(\mathbf{E})$ 具有相同的基数（见定理 C）.

9. 用下述方法可以得到与定理 C 类似的关于 σ 环的定理（见上题）. 设 **E** 是包含 $\varnothing$ 的任意一个集类，令 $\mathbf{E}_0 = \mathbf{E}$，对于任意一个序数 $\alpha > 0$，令

$$\mathbf{E}_\alpha = \left(\bigcup \{ \mathbf{E}_\beta : \beta < \alpha \} \right)^*,$$

其中 $\mathbf{C}^*$ 表示由 **C** 中集合的差集的所有有限并组成的集类.

(9a) 若 $0 < \alpha < \beta$，则 $\mathbf{E} \subseteq \mathbf{E}_\alpha \subseteq \mathbf{E}_\beta \subseteq \mathbf{S(E)}$.

(9b) 若 Ω 是第一个不可数的序数，则 $\mathbf{S(E)} = \bigcup \{ \mathbf{E}_\alpha : \alpha < \Omega \}$.

(9c) 若 **E** 的基数不超过连续统的基数，则 $\mathbf{S(E)}$ 的基数不超过连续统的基数.

10. 对于环而不是 σ 环，有什么类似于定理 D 和定理 E 的结论吗？

§6.　单调类

用一种构造性的方法由一个集类生成 σ 环通常是不可能的. 但是通过对另外一种比 σ 环限制更少的集类进行研究，可以得到由某一集类生成 σ 环的、在技术上很有用的构造定理.

对于一个集类 **M**，若 **M** 中的集合的任意一个单调序列 $\{E_n\}$ 都满足

$$\lim_n E_n \in \mathbf{M}$$

则称 **M** 是单调的.

正如前面对环与 σ 环的讨论一样，同样的结论对单调类也成立. 由 X 的所有子集组成的集类也是一个单调类，并且任意多个单调类的交仍然是一个单调类，所以我们也称包含 **E** 的最小单调类为由 **E** 生成的单调类，记为 $\mathbf{M(E)}$.

定理 A σ 环是单调类；单调环是 σ 环.

证明　定理的第一部分是显然的. 为了证明第二部分，我们必须证明单调环对于可数并运算是封闭的. 若 **M** 是一个单调环，且

$$E_i \in \mathbf{M}, \quad i = 1, 2, \cdots,$$

则由于 **M** 是一个环，所以

$$\bigcup_{i=1}^{n} E_i \in \mathbf{M}, \quad n = 1, 2, \cdots.$$

由于 $\{\bigcup_{i=1}^{n} E_i\}$ 是一个单调增加序列，并且它的并为 $\bigcup_{i=1}^{\infty} E_i$，又已知 **M** 是一个单调类，从而有

$$\bigcup_{i=1}^{\infty} E_i \in \mathbf{M}. \qquad \blacksquare$$

定理 B　若 **R** 是一个环，则 $\mathbf{M(R)} = \mathbf{S(R)}$. 因此，包含环 **R** 的单调类也一定包含 $\mathbf{S(R)}$.

证明 由于 σ 环是单调类，并且 $\mathbf{S(R)} \supseteq \mathbf{R}$，从而有

$$\mathbf{S(R)} \supseteq \mathbf{M} = \mathbf{M(R)}.$$

若能证明 $\mathbf{M}$ 是一个环，再根据 $\mathbf{M(R)} \supseteq \mathbf{R}$ 蕴涵 $\mathbf{M(R)} \supseteq \mathbf{S(R)}$，则可完成定理的证明.

对于任意一个集合 F，令 $\mathbf{K}(F)$ 为由满足如下条件的所有集合 E 组成的集类：$E-F$，$F-E$，$E \cup F$ 都属于 $\mathbf{M}$. 我们注意到，在 $\mathbf{K}(F)$ 的定义中，E 和 F 的地位是对称的，所以关系式

$$E \in \mathbf{K}(F) \quad \text{与} \quad F \in \mathbf{K}(E)$$

是等价的. 若 $\{E_n\}$ 是 $\mathbf{K}(F)$ 中的单调集合序列，则有

$$\lim_n E_n - F = \lim_n (E_n - F) \in \mathbf{M},$$
$$F - \lim_n E_n = \lim_n (F - E_n) \in \mathbf{M},$$
$$F \cup \lim_n E_n = \lim_n (F \cup E_n) \in \mathbf{M},$$

因此，若 $\mathbf{K}(F)$ 非空，则它是一个单调类.

若 $E \in \mathbf{R}$ 且 $F \in \mathbf{R}$，则由环的定义可知，$E \in \mathbf{K}(F)$. 对于 $\mathbf{R}$ 中的任意一个集合 E，上述关系式都成立，因此，$\mathbf{R} \subseteq \mathbf{K}(F)$. 又因为 $\mathbf{M}$ 是包含 $\mathbf{R}$ 的最小单调类，所以

$$\mathbf{M} \subseteq \mathbf{K}(F).$$

于是，若 $E \in \mathbf{M}$ 且 $F \in \mathbf{R}$，则有 $E \in \mathbf{K}(F)$，从而 $F \in \mathbf{K}(E)$. 又由于这个关系式对于 $\mathbf{R}$ 中的任意一个集合 F 都成立，因此如前所述，有

$$\mathbf{M} \subseteq \mathbf{K}(E).$$

由于上述关系式对于 $\mathbf{M}$ 中的任意一个集合 E 都成立等价于 $\mathbf{M}$ 是一个环，再根据定理 A，可知 $\mathbf{M}$ 是一个 σ 环. ∎

对于给定的环 $\mathbf{R}$，这个定理没有告诉我们如何由它生成 σ 环. 但它告诉我们，要想研究由环 $\mathbf{R}$ 生成的 σ 环，只要研究由 $\mathbf{R}$ 生成的单调类就足够了. 这在很多场合下是容易做到的.

习题

1. 定理 B 对于半环是否成立?

2. 对于一个集类 $\mathbf{N}$，若它对于单调减少的可数交以及不相交的可数并运算都是封闭的，则称 $\mathbf{N}$ 是正规的. σ 环是正规类，正规环是 σ 环.

3. 若记 **N(E)** 为包含集类 **E** 的最小正规类，则对于任意一个半环 **P** 有 **N(P) = S(P)**.

4. 对于一个非空集类，若它对于补集以及可数并运算是封闭的，则称该集类为 σ 代数. σ 代数是包含 X 的 σ 环. 若 **R** 是一个代数，则 **M(R)** 与包含 **R** 的最小 σ 代数相等. 若 **R** 是一个环，该结论是否正确？

5. 对于下面的例子，请指出由 **E** 生成的 σ 代数、σ 环和单调类.

(5a) 设 X 是任意一个集合，P 是 X 中点的任意一个排列，即 P 是 X 与它自身的一一变换. 若 E 是 X 的一个子集，当 $x \in E$ 时有 $P(x) \in E$ 且 $P^{-1}(x) \in E$，则称 E 对于 P 是**不变的**. **E** 是由所有不变集合组成的集类.

(5b) 设 X 和 Y 是任意两个集合，T 是从 X 到 Y 的一个变换（不必是一一变换）. 对于 Y 的一个子集 E，用记号 $T^{-1}(E)$ 表示使得 $T(x) \in E$ 的 X 中所有点 x 组成的集合. **E** 是由所有形如 $T^{-1}(E)$ 的集合组成的集类，其中 E 遍历 Y 的所有子集.

(5c) X 是一个拓扑空间. **E** 是由属于第一范畴的集合组成的集类.

(5d) X 是三维欧几里得空间. 令 E 是 X 的子集，若 $(x, y, z) \in E$，对任意实数 $\hat{z}$，都有 $(x, y, \hat{z}) \in E$，则称 E 为柱面. **E** 是由所有柱面组成的集类.

(5e) X 是欧几里得平面. **E** 是由所有被可数多条水平直线覆盖的集合组成的集类.

第 2 章 测度与外测度

§7. 环上的测度

定义域为集类的函数称为**集函数**. 若 μ 是定义在集类 **E** 上的广义实值集函数, 对于

$$E \in \mathbf{E}, \quad F \in \mathbf{E}, \quad E \cup F \in \mathbf{E}, \quad E \cap F = \varnothing$$

总有

$$\mu(E \cup F) = \mu(E) + \mu(F),$$

则称 μ 具有**可加性**. 若 μ 是定义在集类 **E** 上的广义实值集函数, 对于 **E** 中任意一个不相交的有限子类 $\{E_1, \cdots, E_n\}$, 其并集也属于 **E**, 总有

$$\mu\left(\bigcup_{i=1}^{n} E_i\right) = \sum_{i=1}^{n} \mu(E_i),$$

则称 μ 具有**有限可加性**. 若 μ 是定义在集类 **E** 上的广义实值集函数, 对于 **E** 中任意一个不相交的序列 $\{E_n\}$, 其并集也属于 **E**, 总有

$$\mu\left(\bigcup_{n=1}^{\infty} E_n\right) = \sum_{n=1}^{\infty} \mu(E_n),$$

则称 μ 具有**可数可加性**. 若定义在环 **R** 上的非负广义实值集函数 μ 具有可数可加性, 并且满足 $\mu(\varnothing) = 0$, 则称 μ 为**测度**.

我们注意到

$$\bigcup_{i=1}^{n} E_i = E_1 \cup \cdots \cup E_n \cup \varnothing \cup \varnothing \cup \cdots,$$

由这个等式可知测度具有有限可加性. 下面给出测度的一个十分简单的例子. 设 f 是一个定义在某一集合 X 的点上的非负广义实值函数, 再记 **R** 是由 X 的所有有限子集所组成的环. 测度定义如下

$$\mu(\{x_1, \cdots, x_n\}) = \sum_{i=1}^{n} f(x_i), \quad \mu(\varnothing) = 0.$$

比较重要的例子将在后面的章节中给出.

设 μ 是环 **R** 上的一个测度，若集合 $E \in \mathbf{R}$ 满足 $\mu(E) < \infty$，则称 E 具有有限测度；若存在 **R** 中的一个集合序列 $\{E_n\}$ 使得

$$E \subseteq \bigcup_{n=1}^{\infty} E_n, \quad \mu(E_n) < \infty, \quad n = 1, 2, \cdots,$$

则称 E 的测度是 σ 有限的. 若 **R** 中每一个集合 E 的测度都是有限（或 σ 有限）的，则称测度 μ 在 **R** 上是有限（或 σ 有限）的. 若 $X \in \mathbf{R}$（即 **R** 是一个代数），并且 $\mu(X)$ 是有限的或 σ 有限的，则分别称 μ 是**全有限的**或**全 σ 有限的**. 若测度 μ 满足当

$$E \in \mathbf{R}, \quad F \subseteq E, \quad \mu(E) = 0$$

时总有 $F \subseteq \mathbf{R}$，则称 μ 为**完备测度**.

习题

1. 设 μ 是定义在环 **R** 上满足可加性的非负广义实值集函数，若至少存在一个集合 $E \in \mathbf{R}$ 使得 $\mu(E) < \infty$，则 $\mu(\varnothing) = 0$.

2. 设 **E** 是一个非空集类，μ 是定义在 **R(E)** 上的一个测度. 若对于任意 $E \in \mathbf{E}$ 都有 $\mu(E) < \infty$，则 μ 在 **R(E)** 上是有限的（见定理 5.B）.

3. 若 μ 是某个 σ 环上的一个测度，则具有有限测度的所有集合所组成的集类是一个环，具有 σ 有限测度的所有集合所组成的集类是一个 σ 环. 此外，若 μ 是 σ 有限的，则具有有限测度的所有集合所组成的集类是 σ 环的充分必要条件是 μ 为有限的. 若 μ 不是 σ 有限的，上述结论是否成立？

4. 设 μ 是某个 σ 环 **S** 上的一个测度，E 是 **S** 中具有 σ 有限测度的一个集合. 若 **D** 是 **S** 中的集合组成的一个不相交的集类，则在 **D** 中最多有可数多个集合 D 满足 $\mu(E \cap D) \neq 0$. 提示：首先假设 $\mu(E) < \infty$. 对于每一个正整数 n，考虑集类

$$\left\{ D : D \in \mathbf{D}, \, \mu(E \cap D) \geqslant \tfrac{1}{n} \right\}.$$

5. 设 μ 是定义在环 **R** 上且满足可加性的非负广义实值集函数，若 $\mu(\varnothing) = 0$，则 μ 具有有限可加性. 对于半环 **P**，相同论述的证明却不简单，可由下列想法完成. 对于 **P** 中的一个由互不相交的集合组成的有限集类 $\{E_1, \cdots, E_n\}$，若它的并集 E 也在 **P** 中，则称此集类为 E 的一个分割. 设 $\{E_i\}$ 是 E 的一个分割，若对于任意 $F \in \mathbf{P}$ 都有

$$\mu(E \cap F) = \sum_{i=1}^{n} \mu(E_i \cap F),$$

则称 $\{E_i\}$ 是一个 **μ 分割**. 设 $\{E_i\}$ 和 $\{F_j\}$ 是 E 的两个分割，若任意一个 E_i 都被某个 F_j 所包含，则称 $\{E_i\}$ 是 $\{F_j\}$ 的一个**子分割**.

(5a) 若 $\{E_i\}$ 和 $\{F_j\}$ 是 E 的两个分割，则它们的**乘积**（即由所有形如 $E_i \cap F_j$ 的集合组成的集类）也是 E 的一个分割.

(5b) 若分割 $\{E_i\}$ 的一个子分割是 μ 分割，则 $\{E_i\}$ 是一个 μ 分割.

(5c) 两个 μ 分割的乘积还是一个 μ 分割.

(5d) 若 $E = C_0 \subseteq C_1 \subseteq \cdots \subseteq C_n = F$，其中 $C_i \in \mathbf{P}$，$i = 0, 1, \cdots, n$，并且

$$D_i = C_i - C_{i-1} \in \mathbf{P}, \quad i = 1, \cdots, n,$$

则 $\{E, D_1, \cdots, D_n\}$ 是 F 的一个 μ 分割.

(5e) $\mathbf{P}$ 中的一个集合 E 的任意一个分割都是 μ 分割.

§8. 区间上的测度

为了给出并且说明测度论的基本概念，我们现在打算讨论一个十分重要的典型测度问题. 本节中的空间 X 总是代表实直线. 我们将以 $\mathbf{P}$ 表示由所有左闭右开有界区间所组成的集类，即由所有形如

$$\{x : -\infty < a \leqslant x < b < \infty\}$$

的集合组成的集类. 以 $\mathbf{R}$ 表示由 $\mathbf{P}$ 中所有不相交集合的有限并组成的集类，即由所有形如

$$\bigcup_{i=1}^{n} \{x : -\infty < a_i \leqslant x < b_i < \infty\}$$

的集合组成的集类.（容易验证：任何具有这种形式的并集都可以写成具有相同形式的不相交集合的并集.）

为了语言表述的简便，我们用"半闭区间"代替"左闭右开有界区间". 使用半闭区间，而不是开区间或闭区间，是出于技术上的设计. 例如，若 a, b, c, d 是四个实数，且 $-\infty < a < b < c < d < \infty$，则开区间

$$\{x : a < x < d\} \quad \text{和} \quad \{x : b < x < c\}$$

的差集既不是一个开区间，也不是开区间的有限并. 对于闭区间，相似的否定叙述也成立. 但对于半闭区间却不会有这样的结论，正是具有这样的优点，半闭区间才得以被广泛使用.

通常，我们以 $[a, b]$ 表示闭区间：

$$[a, b] = \{x : a \leqslant x \leqslant b\},$$

以 $[a, b)$ 表示半闭区间：

$$[a, b) = \{x : a \leqslant x < b\},$$

以 (a,b) 表示开区间：

$$(a,b) = \{x : a < x < b\}.$$

书写这些符号时，我们总是假定 $a \leqslant b$.

在由半闭区间组成的集类 $\mathbf{P}$ 上定义一个集函数 μ：

$$\mu([a,b)) = b - a.$$

注意，当 $a = b$ 时，区间 $[a,b)$ 退化为为空集，使得

$$\mu(\varnothing) = 0.$$

现在我们着手来研究集函数 μ 对于 $\mathbf{P}$ 中集合的关系.

定理 A 若 $\{E_1, \cdots, E_n\}$ 是 $\mathbf{P}$ 中互不相交的集合组成的有限集类，并且对给定的集合 $E_0 \in \mathbf{P}$，都有 $E_i \subseteq E_0$，$i = 1, \cdots, n$，则

$$\sum_{i=1}^{n} \mu(E_i) \leqslant \mu(E_0).$$

证明 令 $E_i = [a_i, b_i)$，$i = 0, 1, \cdots, n$，不失一般性，假定

$$a_1 \leqslant \cdots \leqslant a_n.$$

由定理中的关于 $\{E_1, \cdots, E_n\}$ 性质的假定，有

$$a_0 \leqslant a_1 \leqslant b_1 \leqslant \cdots \leqslant a_n \leqslant b_n \leqslant b_0,$$

因此

$$\begin{aligned}
\sum_{i=1}^{n} \mu(E_i) &= \sum_{i=1}^{n} (b_i - a_i) \\
&\leqslant \sum_{i=1}^{n} (b_i - a_i) + \sum_{i=1}^{n-1} (a_{i+1} - b_i) \\
&= b_n - a_1 \leqslant b_0 - a_0 = \mu(E_0).
\end{aligned}$$

定理 B 若闭区间 $F_0 = [a_0, b_0]$ 包含于有限个有界开区间

$$U_i = (a_i, b_i), \quad i = 1, \cdots, n$$

的并集，则

$$b_0 - a_0 < \sum_{i=1}^{n} (b_i - a_i).$$

证明 取自然数 k_1 使得 $a_0 \in U_{k_1}$. 若 $b_{k_1} \leqslant b_0$, 则取自然数 k_2 使得 $b_{k_1} \in U_{k_2}$; 若 $b_{k_2} \leqslant b_0$, 则取自然数 k_3 使得 $b_{k_2} \in U_{k_3}$, 以此类推. 这一过程直到出现 $b_{k_m} > b_0$ 时停止. 不失一般性, 可以假定 $m = n$ 且 $U_{k_i} = U_i$, $i = 1, \cdots, n$, 因为这只需要略去那些多余的 U_i, 并改记号就可以完成. 换句话说, 我们可以假定

$$a_1 < a_0 < b_1, \quad a_n < b_0 < b_n,$$

且当 $n > 1$ 时有

$$a_{i+1} < b_i < b_{i+1}, \quad i = 1, \cdots, n-1,$$

从而有

$$b_0 - a_0 < b_n - a_1 = (b_1 - a_1) + \sum_{i=1}^{n-1}(b_{i+1} - b_i) \leqslant \sum_{i=1}^{n}(b_i - a_i). \quad \blacksquare$$

定理 C 若 $\{E_0, E_1, E_2, \cdots\}$ 是 $\mathbf{P}$ 中的一个集合序列, 使得

$$E_0 \subseteq \bigcup_{i=1}^{\infty} E_i,$$

则

$$\mu(E_0) \leqslant \sum_{i=1}^{\infty} \mu(E_i).$$

证明 令 $E_i = [a_i, b_i)$, $i = 0, 1, 2, \cdots$. 若 $a_0 = b_0$, 则定理显然成立. 若 $a_0 < b_0$, 任取一个满足 $\varepsilon < b_0 - a_0$ 的正数 ε. 对于任意正数 δ, 若记

$$F_0 = [a_0, b_0 - \varepsilon] \quad \text{且} \quad U_i = \left(a_i - \frac{\delta}{2^i}, b_i\right), \quad i = 1, 2, \cdots,$$

则

$$F_0 \subseteq \bigcup_{i=1}^{\infty} U_i.$$

因此, 根据海涅-博雷尔定理, 存在正整数 n 使得 $F_0 \subseteq \bigcup_{i=1}^{n} U_i$. 根据定理 B, 有

$$\mu(E_0) - \varepsilon = (b_0 - a_0) - \varepsilon < \sum_{i=1}^{n}\left(b_i - a_i + \frac{\delta}{2^i}\right) \leqslant \sum_{i=1}^{\infty} \mu(E_i) + \delta.$$

由于 ε 和 δ 的任意性, 定理的结论成立. $\quad \blacksquare$

定理 D　集函数 μ 在 **P** 上具有可数可加性.

证明　若 $\{E_i\}$ 是 **P** 中互不相交的集合序列，且它的并集 E 也在 **P** 中，则由定理 A 知

$$\sum_{i=1}^{n} \mu(E_i) \leqslant \mu(E), \quad n = 1, 2, \cdots.$$

从而

$$\sum_{i=1}^{\infty} \mu(E_i) \leqslant \mu(E),$$

再应用定理 C 即可完成定理的证明.　　　　　　　　　　　　　　　　　　■

定理 E　在环 **R** 上存在唯一的有限测度 $\bar{\mu}$，当 $E \in$ **P** 时，总有 $\bar{\mu}(E) = \mu(E)$.

证明　我们知道，**R** 中任意一个集合 E 都可表示为 **P** 中有限个不相交的集合的并集. 设

$$E = \bigcup_{i=1}^{n} E_i \quad \text{和} \quad E = \bigcup_{j=1}^{m} F_j$$

是同一集合 E 的两种不同表示. 于是，**P** 中的集合 E_i 都可以表示成 **P** 中有限个不相交集合的并集，即

$$E_i = \bigcup_{j=1}^{m} (E_i \cap F_j), \quad i = 1, \cdots, n.$$

又由于 μ 具有有限可加性，于是

$$\sum_{i=1}^{n} \mu(E_i) = \sum_{i=1}^{n} \sum_{j=1}^{m} \mu(E_i \cap F_j).$$

同理有

$$\sum_{j=1}^{m} \mu(F_j) = \sum_{j=1}^{m} \sum_{i=1}^{n} \mu(E_i \cap F_j).$$

于是，对于任意 $E \in$ **R**，当 **P** 中一个不相交的有限集类 $\{E_1, \cdots, E_n\}$ 的并集为 E 时，由等式

$$\bar{\mu}(E) = \sum_{i=1}^{n} \mu(E_i)$$

可以清楚地定义一个在 **R** 上的集函数 $\bar{\mu}$.

由 $\bar{\mu}$ 的定义可以看出，$\bar{\mu}$ 与定义在 **R** 上的 μ 相一致，并且都具有有限可加性. 由于满足这两条性质的集函数在 **P** 上一定具有有限可加性，显然 $\bar{\mu}$ 是唯一的. 现在只需证明 $\bar{\mu}$ 具有可数可加性.

令 $\{E_i\}$ 是 $\mathbf{R}$ 中一个互不相交的集合序列，且其并集 E 也在 $\mathbf{R}$ 中，则任意一个 E_i 都可以表示为 $\mathbf{P}$ 中有限个不相交集合的并集，即

$$E_i = \bigcup_j E_{ij} \quad \text{且} \quad \bar{\mu}(E_i) = \sum_j \mu(E_{ij}).$$

若 $E \in \mathbf{P}$，因为由所有 E_{ij} 组成的集类是可数多个且互不相交的，再根据 μ 具有可数可加性，则有

$$\bar{\mu}(E) = \mu(E) = \sum_i \sum_j \mu(E_{ij}) = \sum_i \bar{\mu}(E_i).$$

在一般场合下，当 E 可以表示为 $\mathbf{P}$ 中有限个不相交集合的并集时，即

$$E = \bigcup_k F_k,$$

利用刚刚得到的结果，我们有

$$\bar{\mu}(E) = \sum_k \bar{\mu}(F_k) = \sum_k \sum_i \bar{\mu}(E_i \cap F_k) = \sum_i \sum_k \bar{\mu}(E_i \cap F_k) = \sum_i \bar{\mu}(E_i). \quad \blacksquare$$

根据定理 E，即使对于在 $\mathbf{R}$ 中而不在 $\mathbf{P}$ 中的集合 E，我们也可以用 $\mu(E)$ 来代替 $\bar{\mu}(E)$，而不会导致混淆.

习题

1. 对于定理 D 证明中的记号，令 E_{n_1} 为序列 $\{E_i\}$ 中左端点与 E 的左端点重合的那一项，E_{n_2} 为左端点与 E_{n_1} 的右端点重合的那一项，以此类推，不应用定理 A、定理 B 和定理 C 也能证明

$$\bigcup_{i=1}^{\infty} E_{n_i} \in \mathbf{P} \quad \text{且} \quad \mu\left(\bigcup_{i=1}^{\infty} E_{n_i}\right) = \sum_{i=1}^{\infty} \mu(E_{n_i}).$$

2. 定理 D 不依赖定理 A、定理 B 和定理 C 的另一种证明，可通过将序列 $\{E_i\}$ 中各项按照其左端点的值由小到大的顺序重新排列，然后应用超穷归纳法完成. 见上题.

3. 令 g 是一元实变量连续有限增函数，记

$$\mu_g\big([a,b)\big) = g(b) - g(a).$$

若将 μ 替换成 μ_g，则定理 D 和定理 E 仍然成立.

4. 若将"区间"看成形如

$$E = \{(x_1, \cdots, x_n) : a_i \leqslant x_i < b_i, \ i = 1, \cdots, n\}$$

集合，并由

$$\mu(E) = \prod_{i=1}^{n}(b_i - a_i)$$

定义函数 μ，则定理 D 和定理 E 可以推广到 n 维欧几里得空间.

5. 若 μ 是定义在半环 **P** 上的具有可数可加性的非负广义实值集函数，并且 $\mu(\varnothing) = 0$，则在环 **R(P)** 上存在唯一的测度 $\bar{\mu}$，使得对于任意 $E \in \mathbf{P}$ 都有 $\bar{\mu}(E) = \mu(E)$. 若 μ 是（全）有限或 σ 有限的，则 $\bar{\mu}$ 也是（全）有限或 σ 有限的. 见习题 5.3 和本节定理 E 的证明.

§9.　测度的性质

对于定义在集类 **E** 上的广义实值集函数 μ，若对 $E \in \mathbf{E}$, $F \in \mathbf{E}$, $E \subseteq F$ 都有

$$\mu(E) \leqslant \mu(F),$$

则 μ 称是**单调的**. 对于定义在集类 **E** 上的广义实值集函数 μ，若对 $E \in \mathbf{E}$, $F \in \mathbf{E}$, $E \subseteq F$, $F - E \in \mathbf{E}$ 都有

$$\mu(F - E) = \mu(F) - \mu(E),$$

则称 μ 具有**可减性**.

定理 A　若 μ 是环 **R** 上的测度，则 μ 具有单调性和可减性.

证明　若 $E \in \mathbf{R}$, $F \in \mathbf{R}$, $E \subseteq F$，则 $F - E \in \mathbf{R}$，并且

$$\mu(F) = \mu(E) + \mu(F - E).$$

根据 μ 的非负性，可以推出 μ 是单调的. 若 $\mu(E)$ 是有限的，则可以在上式两端各减去 $\mu(E)$，可以推出 μ 具有可减性. ■

定理 B　若 μ 是环 **R** 上的测度，$E \in \mathbf{R}$，$\{E_i\}$ 是 **R** 中的有限或无限集合序列，且 $E \subseteq \bigcup_i E_i$，则

$$\mu(E) \leqslant \sum_i \mu(E_i).$$

证明　我们使用下述简单却很重要的事实：若 $\{F_i\}$ 是环 **R** 中的任意一个集合序列，则存在 **R** 中互不相交的集合序列 $\{G_i\}$ 使得

$$G_i \subseteq F_i \quad \text{且} \quad \bigcup_i G_i = \bigcup_i F_i.$$

（令 $G_i = F_i - \bigcup\{F_j : 1 \leqslant j < i\}$.）对序列 $\{E \cap E_i\}$ 应用这一结果，再根据 μ 的可数可加性与单调性，即可得到定理的结论. ■

定理 C   若 μ 是环 $\mathbf{R}$ 上的测度，$E \in \mathbf{R}$，$\{E_i\}$ 是 $\mathbf{R}$ 中的有限或无限且互不相交的集合序列，使得 $\bigcup_i E_i \subseteq E$，则

$$\sum_i \mu(E_i) \leqslant \mu(E).$$

证明   若 $\{E_i\}$ 是有限集合序列，则 $\bigcup_i E_i \in \mathbf{R}$，于是

$$\sum_i \mu(E_i) = \mu\left(\bigcup_i E_i\right) \leqslant \mu(E).$$

上式对无限序列的任意有限子序列都成立，因此对无限序列也成立. ∎

定理 D   若 μ 是环 $\mathbf{R}$ 上的测度，$\{E_i\}$ 是 $\mathbf{R}$ 中递增的集合序列，并且 $\lim_n E_n \in \mathbf{R}$，则

$$\mu\left(\lim_n E_n\right) = \lim_n \mu(E_n).$$

证明   若记 $E_0 = \varnothing$，则

$$\mu\left(\lim_n E_n\right) = \mu\left(\bigcup_{i=1}^{\infty} E_i\right) = \mu\left(\bigcup_{i=1}^{\infty}(E_i - E_{i-1})\right)$$
$$= \sum_{i=1}^{\infty} \mu(E_i - E_{i-1}) = \lim_n \sum_{i=1}^{n} \mu(E_i - E_{i-1})$$
$$= \lim_n \mu\left(\bigcup_{i=1}^{n}(E_i - E_{i-1})\right) = \lim_n \mu(E_n). \qquad ∎$$

定理 E   若 μ 是环 $\mathbf{R}$ 上的测度，$\{E_i\}$ 是 $\mathbf{R}$ 中递减的集合序列，该序列中至少有一项具有有限测度，并且 $\lim_n E_n \in \mathbf{R}$，则

$$\mu\left(\lim_n E_n\right) = \lim_n \mu(E_n).$$

证明   若 $\mu(E_m) < \infty$，当 $n > m$ 时，则有 $\mu(E_n) < \mu(E_m) < \infty$，因此 $\mu(\lim_n E_n) < \infty$. 由于 $\{E_m - E_n\}$ 是递增序列，根据定理 A 和定理 D，有

$$\mu(E_m) - \mu\left(\lim_n E_n\right) = \mu\left(E_m - \lim_n E_n\right)$$
$$= \mu\left(\lim_n(E_m - E_n)\right)$$
$$= \lim_n \mu(E_m - E_n)$$
$$= \lim_n\big(\mu(E_m) - \mu(E_n)\big)$$

$$= \mu(E_m) - \lim_n \mu(E_n).$$

由于 $\mu(E_m) < \infty$，定理证毕.　　　　　　　　　　　　　　　　　　　■

设 μ 为定义在集类 **E** 上的广义实值集函数，若对于 **E** 中任意一个递增集合序列 $\{E_n\}$，都有 $\lim_n \mu(E_n) = \mu(E)$，其中 $\lim_n E_n = E \in \mathbf{E}$，则称 μ 在 E 上是**下连续**的. 类似地，若对于 **E** 中任意一个递减集合序列 $\{E_n\}$（其中至少存在一个数 m 使得 $|\mu(E_m)| < \infty$），都有 $\lim_n \mu(E_n) = \mu(E)$，其中 $\lim_n E_n = E \in \mathbf{E}$，则称 μ 在 E 上是**上连续**的. 定理 D 和定理 E 断言：若 μ 是一个测度，则 μ（在使得 μ 有定义的环中的每一个集合上）既是上连续又是下连续的. 反方向的定理如下所述.

定理 F　设 μ 是定义在环 **R** 上且具有可加性的非负有限实值集函数，若对于任意 $E \in \mathbf{R}$，μ 在 E 上是下连续的，或者在 $\varnothing$ 上是上连续的，则 μ 是 **R** 上的一个测度.

证明　首先，我们注意到，μ 具有可加性，并且 **R** 是一个环，这意味着使用数学归纳法可以证明 μ 具有有限可加性. 设 $\{E_n\}$ 是 **R** 中互不相交的集合序列，且其并集 E 也属于 **R**. 记

$$F_n = \bigcup_{i=1}^{n} E_i, \quad G_n = E - F_n.$$

若 μ 是下连续的，又由于 $\{F_n\}$ 是 **R** 中递增的集合序列，并且 $\lim_n F_n = E$，则有

$$\mu(E) = \lim_n \mu(F_n) = \lim_n \sum_{i=1}^{n} \mu(E_i) = \sum_{i=1}^{\infty} \mu(E_i).$$

若 μ 在 $\varnothing$ 上是上连续的，又由于 $\{G_n\}$ 是 **R** 中递减的集合序列，并且 $\lim_n G_n = \varnothing$，同时注意到 μ 是有限的，则有

$$\mu(E) = \left(\sum_{i=1}^{n} \mu(E_i) \right) + \mu(G_n) = \lim_n \sum_{i=1}^{n} \mu(E_i) + \lim_n \mu(G_n) = \sum_{i=1}^{\infty} \mu(E_i). \quad ■$$

习题

1. 在定理 A～E 中把环替换为半环结论也成立，这些定理可以直接证明，也可以借助于习题 8.5 将它们转换为关于环的结果来证明.

2. 若 μ 是环 **R** 上的测度，则对于任意集合 $E, F \in \mathbf{R}$ 有

$$\mu(E) + \mu(F) = \mu(E \cup F) + \mu(E \cap F).$$

对于任意集合 $E, F, G \in \mathbf{R}$ 有

$$\mu(E) + \mu(F) + \mu(G) + \mu(E \cap F \cap G) = \mu(E \cup F \cup G) + \mu(E \cap F) + \mu(F \cap G) + \mu(G \cap E).$$

上述结论可以推广到任意有限个集合的并集.

3. 若 μ 是环 $\mathbf{R}$ 上的测度, 集合 $E, F \in \mathbf{R}$, 当 $\mu(E \Delta F) = 0$ 时记为 $E \sim F$, 则关系 "$\sim$" 具有自反性、对称性和传递性. 若 $E \sim F$, 则 $\mu(E) = \mu(F) = \mu(E \cap F)$. $\mathbf{R}$ 中具有性质 $E \sim \varnothing$ 的所有集合形成的集类是否是一个环?

4. 沿用上题中的记号, 若记 $\rho(E, F) = \mu(E \Delta F)$, 则 $\rho(E, F) \geqslant 0$, $\rho(E, F) = \rho(F, E)$, $\rho(E, F) \leqslant \rho(E, G) + \rho(G, F)$. 若 $E_1 \sim E_2$, $F_1 \sim F_2$, 则 $\rho(E_1, F_1) = \rho(E_2, F_2)$.

5. 定理 D 和定理 E 可作如下推广. 若 μ 是环 $\mathbf{R}$ 上的测度, $\{E_i\}$ 是 $\mathbf{R}$ 中的集合序列, 并且

$$\bigcap_{i=n}^{\infty} E_i \in \mathbf{R}, \quad n = 1, 2, \cdots \quad \text{且} \quad \liminf_n E_n = \bigcup_{n=1}^{\infty} \bigcap_{i=n}^{\infty} E_i \in \mathbf{R},$$

则 $\mu(\liminf_n E_n) \leqslant \liminf_n \mu(E_n)$. 类似地, 若

$$\bigcup_{i=n}^{\infty} E_i \in \mathbf{R}, \quad n = 1, 2, \cdots \quad \text{且} \quad \limsup_n E_n = \bigcap_{n=1}^{\infty} \bigcup_{i=n}^{\infty} E_i \in \mathbf{R},$$

并且至少存在一个 n 使得 $\mu\left(\bigcup_{i=n}^{\infty} E_i\right) < \infty$, 则 $\mu(\limsup_n E_n) = 0$.

6. 在上题的第二部分中, 若 $\sum_{n=1}^{\infty} \mu(E_n) < \infty$, 则 $\mu(\limsup_n E_n) = 0$.

7. 令 X 是区间 $0 \leqslant x \leqslant 1$ 中所有有理数 x 组成的集合, $\mathbf{P}$ 为形如 $\{x : x \in X, a \leqslant x < b\}$ 的所有 "半闭区间" 组成的集类, 其中 a 和 b 是有理数且 $0 \leqslant a \leqslant b \leqslant 1$. 在 $\mathbf{P}$ 上定义集函数 μ 如下

$$\mu\{x : a \leqslant x < b\} = b - a.$$

这个集函数 μ 具有有限可加性, 并且具有上连续性和下连续性, 但不具有可数可加性, 因此定理 F 对于半环来说并不成立.

8. 令 X 是正整数集, $\mathbf{R}$ 是由 X 的子集中所有有限集及其补集组成的集类. 对于集合 $E \in \mathbf{R}$, 当 E 是有限集时令 $\mu(E) = 0$, 当 E 是无限集时令 $\mu(E) = \infty$, 这个集函数 μ 在 $\varnothing$ 上是上连续的, 但不具有可数可加性, 因此, 在定理 F 第二部分中, 如果 μ 可以取无限值则定理不成立.

9. 在定理 E 中, 若没有 "至少有一项具有有限测度" 这一条件, 定理是否仍成立?

10. 设 X 是一个可分的完备度量空间, 若 μ 是定义在 X 中的博雷尔集上的测度, 使得 $\mu(X) = 1$, 则存在 $E \subseteq X$, 使得 E 为可数个紧集的并集, 并且 $\mu(E) = 1$. 提示: 设 $\{x_n\}$ 为 X 中稠密的点组成的序列, 令 U_n^k 为以 x_n 为中心、以 $1/k$ 为半径的闭球体. 对于 $0 < \varepsilon < 1$ 及 $F_m^k = \bigcup_{n=1}^{m} U_n^k$, 令 m_k 为使得

$$\mu\left(\bigcap_{i=1}^{k} F_{m_i}^i\right) > 1 - \varepsilon$$

成立的最小正整数. 若 $C = \bigcap_{i=1}^{\infty} F_{m_i}^i$, 则 C 是紧集, 并且 $\mu(C) \geqslant 1 - \varepsilon$.

§10. 外测度

对于非空集类 $\mathbf{E}$, 若对于 $E \in \mathbf{E}$ 且 $F \subseteq E$ 有 $F \in \mathbf{E}$, 则称 $\mathbf{E}$ 是**可传递的**.

由 X 中某一子集 E 的所有子集形成的集类是可传递类的一个典型例子. 这需要用到关于可传递类的代数方面的理论, 这些理论很简单, 并且与前面已经用过的关于环、σ 环及其他集类的理论类似. 特别地, 任意一列可传递类的交仍是一个可传递类, 因此, 对于任意一个集类, 存在包含它的最小可传递类. 我们特别感兴趣的是那些本身是 σ 环的可传递类. 容易看出, 对于一个可传递类, 当且仅当其在可数并运算下是封闭的, 该可传递类是一个 σ 环. 对于任意集类 $\mathbf{E}$, 可以用 $\mathbf{H}(\mathbf{E})$ 表示由 $\mathbf{E}$ 生成的可传递 σ 环, 即包含 $\mathbf{E}$ 的最小可传递 σ 环. 事实上, 由 $\mathbf{E}$ 生成的可传递 σ 环就是能被 $\mathbf{E}$ 中可数多个集合所覆盖的集合组成的集类. 若 $\mathbf{E}$ 是对于可数并运算封闭的非空集类 (例如是一个 σ 环), 则 $\mathbf{H}(\mathbf{E})$ 是由 $\mathbf{E}$ 中某个集合的所有子集组成的集类.

若 μ^* 为定义在集类 $\mathbf{E}$ 上的广义实值集函数, 对 $E \in \mathbf{E}$, $F \in \mathbf{E}$, $E \cup F \in \mathbf{E}$ 都有

$$\mu^*(E \cup F) \leqslant \mu^*(E) + \mu^*(F),$$

则称 μ^* 具有**次可加性**. 若 μ^* 为定义在集类 $\mathbf{E}$ 上的广义实值集函数, 对于 $\mathbf{E}$ 中集合组成的任意有限集类 $\{E_1, \cdots, E_n\}$, 其并集也属于 $\mathbf{E}$, 都有

$$\mu^* \left(\bigcup_{i=1}^n E_i \right) \leqslant \sum_{i=1}^n \mu^*(E_i),$$

则称 μ^* 具有**有限次可加性**. 若 μ^* 为定义在集类 $\mathbf{E}$ 上的广义实值集函数, 对于 $\mathbf{E}$ 中的任意集合序列 $\{E_i\}$, 其并集也属于 $\mathbf{E}$, 都有

$$\mu^* \left(\bigcup_{i=1}^\infty E_i \right) \leqslant \sum_{i=1}^\infty \mu^*(E_i),$$

则称 μ^* 具有**可数次可加性**. 若定义在可传递 σ 环 $\mathbf{H}$ 上的非负广义实值单调集函数 μ^* 具有可数次可加性, 并且使得 $\mu^*(\varnothing) = 0$, 则称 μ^* 为**外测度**. 注意, 外测度必定具有有限次可加性. 测度的（全）有限或 σ 有限的相应术语, 同样适用于外测度.

在将测度的概念从环扩展到较广泛的集类的尝试中, 自然地产生了外测度的概念. 关于这方面最初论述的某些细节包含在下面的定理中.

定理 A　若 μ 是环 $\mathbf{R}$ 上的测度, 对于任意 $E \in \mathbf{H}(\mathbf{R})$, 记

$$\mu^*(E) = \inf \left\{ \sum_{n=1}^\infty \mu(E_n) : E_n \in \mathbf{R}, \ n = 1, 2, \cdots; \ E \subseteq \bigcup_{n=1}^\infty E_n \right\},$$

则 μ^* 是 μ 扩张到 $\mathbf{H}(\mathbf{R})$ 的一个外测度. 若 μ 是（全）σ 有限的，则 μ^* 也是（全）σ 有限的.

口头上，$\mu^*(E)$ 可以描述为和式 $\sum_{n=1}^{\infty}$ 的下确界，其中 $\{E_n\}$ 是 $\mathbf{R}$ 中的集合序列，它的并集包含 E. 外测度 μ^* 称为**由测度 μ 导出的外测度**.

证明 若 $E \in \mathbf{R}$，则 $E \subseteq E \cup \varnothing \cup \varnothing \cup \cdots$，因此

$$\mu^*(E) \leqslant \mu(E) + \mu(\varnothing) + \cdots = \mu(E).$$

另外，若 $E \in \mathbf{R}$，$E_n \in \mathbf{R}$（$n = 1, 2, \cdots$），$E \subseteq \bigcup_{n=1}^{\infty} E_n$，则由 9.B 可知 $\mu(E) \leqslant \sum_{n=1}^{\infty} \mu(E_n)$，因此 $\mu(E) \leqslant \mu^*(E)$. 这就证明了 μ^* 确实是 μ 的扩张，即若 $E \in \mathbf{R}$，则 $\mu(E) = \mu^*(E)$. 特别地，有 $\mu^*(\varnothing) = 0$.

若 $E \in \mathbf{H}(\mathbf{R})$，$F \in \mathbf{H}(\mathbf{R})$，$E \subseteq F$，$\{E_n\}$ 是 $\mathbf{R}$ 中覆盖 F 的集合序列，则 $\{E_n\}$ 也覆盖 E，因此 $\mu^*(E) \leqslant \mu^*(F)$.

为了证明 μ^* 具有可数次可加性，假设 $E \in \mathbf{H}(\mathbf{R})$，$E_i \in \mathbf{H}(\mathbf{R})$，并且 $E \in \bigcup_{i=1}^{\infty} E_i$，任意选取正数 ε，对于每一个 $i = 1, 2, \cdots$，在 $\mathbf{R}$ 中选择一个集合序列 $\{E_{ij}\}$，使得

$$E_i \subseteq \bigcup_{j=1}^{\infty} E_{ij} \quad \text{且} \quad \sum_{j=1}^{\infty} \mu(E_{ij}) \leqslant \mu^*(E_i) + \frac{\varepsilon}{2^i}.$$

（根据 $\mu^*(E_i)$ 的定义，上述序列是能选择到的.）由于所有这样的 E_{ij} 形成了 $\mathbf{R}$ 中的一个集类，该集类覆盖 E，所以

$$\mu^*(E) \leqslant \sum_{i=1}^{\infty} \sum_{j=1}^{\infty} \mu(E_{ij}) \leqslant \sum_{i=1}^{\infty} \mu^*(E_i) + \varepsilon.$$

根据 ε 的任意性，我们有

$$\mu^*(E) \leqslant \sum_{i=1}^{\infty} \mu^*(E_i).$$

最后，假设 μ 是 σ 有限的，任意选取 $E \in \mathbf{H}(\mathbf{R})$. 根据 $\mathbf{H}(\mathbf{R})$ 的定义，在 $\mathbf{R}$ 中存在集合序列 $\{E_i\}$ 使得 $E \in \bigcup_{i=1}^{\infty} E_i$. 由于 μ 是 σ 有限的，对于每一个 $i = 1, 2, \cdots$，在 $\mathbf{R}$ 中存在集合序列 $\{E_{ij}\}$ 使得

$$E \subseteq \bigcup_{j=1}^{\infty} E_{ij} \quad \text{且} \quad \mu(E_{ij}) < \infty.$$

因此

$$E \subseteq \bigcup_{i=1}^{\infty} \bigcup_{j=1}^{\infty} E_{ij} \quad \text{且} \quad \mu^*(E_{ij}) = \mu(E_{ij}) < \infty. \qquad \blacksquare$$

习题

1. 在定理 A 的假设条件下，若 μ 是有限的，μ^* 也一定是有限的吗？

2. 对于任意集类 **E**，记 **J(E)** 为包含 **E** 的最小可传递环. 若 μ 是定义在环 **R** 上的非负有限实值集函数，且具有有限可加性. 对于任意 $E \in \mathbf{J(R)}$，记

$$\mu^*(E) = \inf\{\mu(F) : E \subseteq F \in \mathbf{R}\},$$

则 μ^* 是定义在 **J(R)** 上的非负有限实值集函数，并且具有有限次可加性. 对于 $E \in \mathbf{R}$，等式 $\mu^*(E) = \mu(E)$ 是否成立？

3. 设 **H** 是由集合 X 的子集组成的集类，要使集类 **H** 是由 X 所有子集组成的布尔环中的理想，一个充分必要条件是 **H** 是一个可传递环. 见习题 4.4.

4. 下面是定义在可传递 σ 环上几个的集函数的例子，它们当中有的是外测度，有的则恰好违反了定义外测度的条件之一.

(4a) X 是任意一个集合，**H** 是由 X 的所有子集组成的集类. 对于 X 中任意一个固定的点 x_0，令 $\mu^*(E) = \chi_E(x_0)$.

(4b) X 和 **H** 的意义同 (4a)，对于任意 $E \in \mathbf{H}$，令 $\mu^*(E) = 1$.

(4c) $X = \{x, y\}$ 是恰好包两个不同点 x 和 y 的集合，**H** 是由 X 的所有子集组成的集类，μ^* 由下列关系式确定：

$$\mu^*(\varnothing) = 0, \quad \mu^*(\{x\}) = \mu^*(\{y\}) = 10, \quad \mu^*(X) = 1.$$

(4d) 集合 X 由 100 个点组成，这 100 个点排成每列 10 个点、共计 10 列的方阵，**H** 是由 X 的所有子集组成的集类，$\mu^*(E)$ 是含有 E 中至少一个点的列的个数.

(4e) X 是正整数集，**H** 是由 X 的所有子集组成的集类，对于 X 的任意一个有限子集 E，记 $\nu(E)$ 为 E 中的点的个数，

$$\mu^*(E) = \limsup_n \frac{1}{n}\nu(E \cap \{1, \cdots, n\}).$$

(4f) X 是任意一个集合，**H** 是由 X 的所有可数子集组成的集类，$\mu^*(E)$ 是 E 中的点的个数（当 E 为无限集时，$\mu^*(E) = \infty$）.

5. 若 μ^* 是定义在可传递 σ 环 **H** 上的一个外测度，对于 **H** 中任意一个固定的集合 E_0，由 $\mu_0^*(E) = \mu^*(E \cap E_0)$ 确定的集函数 μ_0^* 是 **H** 上的一个外测度.

6. 若 λ^* 和 μ^* 是定义在可传递 σ 环 **H** 上的两个外测度，由 $\nu^*(E) = \lambda^*(E) \cup \mu^*(E)$ 确定的集函数 ν^* 是 **H** 上的一个外测度.

7. 若 $\{\mu_n^*\}$ 是定义在可传递 σ 环 **H** 上的外测度序列，$\{a_n\}$ 是正数序列，由

$$\mu^*(E) = \sum_{n=1}^{\infty} a_n \mu_n^*(E)$$

确定的集函数 μ^* 是 **H** 上的一个外测度.

§11. 可测集

设 μ^* 是定义在可传递 σ 环 $\mathbf{H}$ 上的外测度. 假设集合 $E \in \mathbf{H}$, 若对于任意集合 $A \in \mathbf{H}$ 都有

$$\mu^*(A) = \mu^*(A \cap E) + \mu^*(A \cap E'),$$

则称集 E 为 μ^* **可测的**.

μ^* 可测性是外测度理论中极为重要的一个概念. 下面我们将阐明 μ^* 可测性的含义, 要不然直观地理解 μ^* 可测性是相当困难的. 下面的描述可能会有帮助. 外测度这一集函数未必具有可数可加性, 甚至未必具有有限可加性 (见习题 10.4d). 为了尝试满足可加性的合理要求, 我们选出那些能够可加地分割任何其他集合的集合, μ^* 可测集的定义就是这种模糊阐述的精确表达. 这个看似十分复杂的概念很令人惊讶, 但作为工具在第 13 节中证明有关测度扩张的重要定理时是十分有成效的.

定理 A 若 μ^* 是可传递 σ 环 $\mathbf{H}$ 上的外测度, 则由所有 μ^* 可测集组成的集类 $\overline{\mathbf{S}}$ 是一个环.

证明 若 $E, F \in \overline{\mathbf{S}}$, 并且 $A \in \mathbf{H}$, 则

(a) $\qquad \mu^*(A) = \mu^*(A \cap E) + \mu^*(A \cap E'),$

(b) $\qquad \mu^*(A \cap E) = \mu^*(A \cap E \cap F) + \mu^*(A \cap E \cap F'),$

(c) $\qquad \mu^*(A \cap E') = \mu^*(A \cap E' \cap F) + \mu^*(A \cap E' \cap F').$

将 (b) 和 (c) 代入 (a) 中, 得到

(d) $\mu^*(A) = \mu^*(A \cap E \cap F) + \mu^*(A \cap E \cap F') + \mu^*(A \cap E' \cap F) + \mu^*(A \cap E' \cap F').$

若在等式 (d) 中将 A 替换为 $A \cap (E \cup F)$, 则右端的前三项保持不变, 而最后一项因其为零可以去掉, 从而有

(e) $\mu^*(A \cap (E \cup F)) = \mu^*(A \cap E \cap F) + \mu^*(A \cap E \cap F') + \mu^*(A \cap E' \cap F).$

由于 $E' \cap F' = (E \cup F)'$, 将 (e) 代入 (d) 中, 就有

(f) $\qquad \mu^*(A) = \mu^*(A \cap (E \cup F)) + \mu^*(A \cap (E \cup F)'),$

这就证明了 $E \cup F \in \overline{\mathbf{S}}$.

类似地, 若在等式 (d) 中将 A 换为 $A \cap (E - F)' = A \cap (E' \cup F)$, 则可得到

(g) $\mu^*(A \cap (E - F)') = \mu^*(A \cap E \cap F) + \mu^*(A \cap E' \cap F) + \mu^*(A \cap E' \cap F').$

由于 $E \cap F' = E - F$, 将 (g) 代入 (d) 中, 可以得到

(h) $\qquad\qquad \mu^*(A) = \mu^*(A \cap (E - F)) + \mu^*(A \cap (E - F)')$,

这就证明了 $E - F \in \overline{\mathbf{S}}$. 又由于 $E = \varnothing$ 显然满足等式 (a), 因此 $\overline{\mathbf{S}}$ 是一个环. ∎

　　在继续研究 μ^* 可测性的较深性质之前, 我们先指出以下基本但很有用的事实.

　　　　若 μ^* 是可传递 σ 环 $\mathbf{H}$ 上的外测度, 集合 $E \subseteq \mathbf{H}$, 对于任意集合 $A \in \mathbf{H}$ 都有

$$\mu^*(A) \geqslant \mu^*(A \cap E) + \mu^*(A \cap E'),$$

　　　则 E 是 μ^* 可测的.

这一事实的证明非常容易证明: 由于 μ^* 具有次可加性, 可以立即得到反方向的不等式 $\mu^*(A) \leqslant \mu^*(A \cap E) + \mu^*(A \cap E')$.

　　定理 B　若 μ^* 是可传递 σ 环 $\mathbf{H}$ 上的外测度, 则由所有 μ^* 可测集组成的集类 $\overline{\mathbf{S}}$ 是 σ 环. 若 $A \in \mathbf{H}$, $\{E_n\}$ 是 $\overline{\mathbf{S}}$ 中互不相交的集合序列, 并且满足 $\bigcup_{n=1}^{\infty} E_n = E$, 则

$$\mu^*(A \cap E) = \sum_{n=1}^{\infty} \mu^*(A \cap E_n).$$

　　证明　在等式 (e) 中, 分别将 E 和 F 替换为 E_1 和 E_2, 有

$$\mu^*(A \cap (E_1 \cup E_2)) = \mu^*(A \cap E_1) + \mu^*(A \cap E_2).$$

应用数学归纳法可以证明, 对于任意正整数 n, 都有

$$\mu^*\left(A \cap \bigcup_{i=1}^{n} E_i\right) = \sum_{i=1}^{n} \mu^*(A \cap E_i).$$

若记

$$F_n = \bigcup_{i=1}^{n} E_i, \quad n = 1, 2, \cdots,$$

则由定理 A 可得

$$\mu^*(A) = \mu^*(A \cap F_n) + \mu^*(A \cap F_n') \geqslant \sum_{i=1}^{n} \mu^*(A \cap E_i) + \mu^*(A \cap E').$$

由于上式对于每一个 n 都成立，我们得到

$$(i) \quad \mu^*(A) \geqslant \sum_{i=1}^{n} \mu^*(A \cap E_i) + \mu^*(A \cap E') \geqslant \mu^*(A \cap E) + \mu^*(A \cap E').$$

从而 $E \in \overline{\mathbf{S}}$（这也说明 $\overline{\mathbf{S}}$ 对于不相交的可数并运算是封闭的），因此有

$$(j) \quad \sum_{i=1}^{n} \mu^*(A \cap E_i) + \mu^*(A \cap E') = \mu^*(A \cap E) + \mu^*(A \cap E').$$

在 (j) 中将 A 替换为 $A \cap E$，这就完成了定理第二部分的证明.（由于 $\mu^*(A \cap E')$ 可能是 ∞，所以不能从等式 (j) 的两端减去它.）因为环中集合的可数并可以表示为该环中集合的不相交的可数并，所以 $\overline{\mathbf{S}}$ 是一个 σ 环. ■

定理 C 若 μ^* 是可传递 σ 环 $\mathbf{H}$ 上的外测度，$\overline{\mathbf{S}}$ 是由所有 μ^* 可测集组成的集类，则外测度为零的集合都属于 $\overline{\mathbf{S}}$. 对于 $E \in \overline{\mathbf{S}}$，由 $\bar{\mu}(E) = \mu^*(E)$ 定义的集函数 $\bar{\mu}$ 是 $\overline{\mathbf{S}}$ 中的一个完备测度.

测度 $\bar{\mu}$ 称为**由外测度 μ^* 导出的测度**.

证明 若 $E \in \mathbf{H}$，并且 $\mu^*(E) = 0$，则有

$$\mu^*(A) = \mu^*(E) + \mu^*(A) \geqslant \mu^*(A \cap E) + \mu^*(A \cap E'),$$

因此 $E \in \overline{\mathbf{S}}$. 在等式 (j) 中将 A 替换为 E，可得 $\bar{\mu}$ 在 $\overline{\mathbf{S}}$ 上具有可数可加性. 若

$$E \in \overline{\mathbf{S}}, \quad F \subseteq E, \quad \bar{\mu}(E) = \mu^*(E) = 0,$$

则 $\mu^*(F) = 0$，从而有 $F \in \overline{\mathbf{S}}$，这就证明了 $\bar{\mu}$ 是一个完备测度. ■

习题

1. 在习题 10.4d 中，集合 E 是 μ^* 可测集的充分必要条件是：对于任意 $x \in E$，x 所在的那一列点全部都在 E 中. 在习题 10.4f 中，哪些集合是 μ^* 可测的？

2. 对于可传递 σ 环 $\mathbf{H}$ 上的外测度 μ^*，再加上什么附加条件，才能使得所有 μ^* 可测集形成的集类是一个代数？

3. 在定理 A 的证明中，将等式 (d) 中的 A 替换为 $A \cap (E' \cup F')$，可以直接证明 $\overline{\mathbf{S}}$ 对于交的运算是封闭的. 若将 A 替换为 $A \cap (F - E)' = A \cap (E \cup F')$，用同样的方法可以得出什么结论？

4. 令 μ^* 是定义在可传递环 $\mathbf{J}$ 上的非负有限单调的实值集函数，具有有限次可加性，使得 $\mu^*(\varnothing) = 0$，见习题 10.2. 所有 μ^* 可测集形成的集类是一个环，集函数 μ^* 在这个环上具有可加性.

5. 设 μ^* 是定义在 σ 环 $\mathbf{H}$ 上的外测度，$\overline{\mathbf{S}}$ 为所有 μ^* 可测集组成的集类．若 $A \in \mathbf{H}$，$\{E_n\}$ 是 $\overline{\mathbf{S}}$ 中的递增集合序列，则

$$\mu^*\left(\lim_n (A \cap E_n)\right) = \lim_n \mu^*(A \cap E_n).$$

类似地，若 $A \in \mathbf{H}$，$\{E_n\}$ 是 $\overline{\mathbf{S}}$ 中的递减集合序列，至少存在一个 m 使得 $\mu^*(A \cap E_m) < \infty$，则

$$\mu^*\left(\lim_n (A \cap E_n)\right) = \lim_n \mu^*(A \cap E_n).$$

6. 若 μ^* 是可传递 σ 环 $\mathbf{H}$ 上的外测度，$E \in \mathbf{H}$，$F \in \mathbf{H}$，且二者中至少有一个是 μ^* 可测集，则（见习题 9.2）

$$\mu^*(E) + \mu^*(F) = \mu^*(E \cup F) + \mu^*(E \cap F).$$

7. 本节中的结论也可以利用分割（见习题 7.5）得到．若互不相交的有限或无限集合序列 $\{E_i\}$ 使得 $\bigcup_i E_i = X$，则 $\{E_i\}$ 称是一个**分割**．若 μ^* 是可传递 σ 环 $\mathbf{H}$ 上的外测度，$\{E_i\}$ 是一个分割，且对于任意 $A \in \mathbf{H}$ 都有

$$\mu^*(A) = \sum_i \mu^*(A \cap E_i),$$

则称 $\{E_i\}$ 是 $\boldsymbol{\mu^*}$ **分割**．若分割 $\{E, E'\}$ 是 μ^* 分割，则称 E 是 $\boldsymbol{\mu^*}$ **集**．若 $\{E_i\}$ 和 $\{F_j\}$ 是两个分割，任意一个 E_i 被一个 F_j 包含，则称 $\{E_i\}$ 是 $\{F_j\}$ 的**子分割**．我们称所有形如 $E_i \cap F_j$ 的集合组成的分割为两个分割 $\{E_i\}$ 和 $\{F_j\}$ 的**乘积**．我们注意到，$\mathbf{H}$ 中的集合是 μ^* 集的充分必要条件是它是在本节意义下的 μ^* 可测集．

(7a) 两个 μ^* 分割的乘积还是 μ^* 分割．

(7b) 若分割 $\{E_i\}$ 有一个子分割是 μ^* 分割，则 $\{E_i\}$ 是 μ^* 分割．

(7c) 分割 $\{E_i\}$ 是 μ^* 分割当且仅当每一个 E_i 是 μ^* 集．

(7d) 由所有 μ^* 集组成的集类是 σ 环．提示：由 μ^* 集组成的集类是一个对于互不相交可数并运算封闭的环．

8a. 设 μ^* 是定义在由度量空间 X 的所有子集组成的集类 $\mathbf{H}$ 上的外测度，若对于 X 上的一个度量 ρ，当 $\rho(E, F) > 0$ 时有

$$\mu^*(E \cup F) = \mu^*(E) + \mu^*(F),$$

则称 μ^* 是**度量外测度**．设 μ^* 是一个度量外测度，若 E 是 X 中一个开集 U 的子集，并且

$$E_n = E \cap \left\{x : \rho(x, U') \geqslant \frac{1}{n}\right\}, \quad n = 1, 2, \cdots,$$

则 $\lim_n \mu^*(E_n) = \mu^*(E)$．提示：注意到 $\{E_n\}$ 是一个递增序列且其并集为 E．令 $E_0 = \varnothing$，$D_n = E_{n+1} - E_n$，若 D_{n+1} 和 D_n 都是非空的，则 $\rho(D_{n+1}, D_n) > 0$，从而有

$$\mu^*(E_{2n+1}) = \sum_{i=1}^n \mu^*(D_{2i}) \quad \text{且} \quad \mu^*(E_{2n}) = \sum_{i=1}^n \mu^*(D_{2i-1}).$$

若级数

$$\sum_{i=1}^{\infty} \mu^*(D_{2i}) \quad \text{和} \quad \sum_{i=1}^{\infty} \mu^*(D_{2i-1})$$

中有一个发散，则结论显然成立；若这两个级数都收敛，则结论可由下面的关系式得出：

$$\mu^*(E) \leqslant \mu^*(E_{2n}) + \sum_{i=n}^{\infty} \mu^*(D_{2i}) + \sum_{i=n+1}^{\infty} \mu^*(D_{2i-1}).$$

8b. 若 μ^* 是度量外测度，则每一个开集（因此，每一个博雷尔集）都是 μ^* 可测的．提示：设 U 是开集，A 是 X 的任意一个子集，对 $E = A \cap U$ 应用习题 8a 的结论．因为 $\rho(E_n, A \cup U') > 0$，从而有

$$\mu^*(A) \geqslant \mu^*(E_n \cup (A \cap U')) = \mu^*(E_n) + \mu^*(A \cap U').$$

8c. 若 μ^* 是定义在度量空间 X 的所有子集形成的集类上的外测度，使得任意一个开集是 μ^* 可测的，则 μ^* 是度量外测度．提示：若 $\rho(E, F) > 0$，令 U 是使得 $E \subseteq U$ 和 $F \cap U = \varnothing$ 成立的开集，然后以 $A = E \cup F$ 来验证 U 的 μ^* 可测性．

第 3 章　测度的扩张

§12.　导出测度的性质

我们已经知道，由一个测度可以导出一个外测度，由一个外测度也可以导出一个测度，它们都以自然的方式进行. 若从一个测度 μ 开始研究，先建立由它导出的外测度 μ^*，再建立由 μ^* 导出的测度 $\bar{\mu}$，这两个测度 μ 和 $\bar{\mu}$ 之间的关系是什么? 本节的主要目的就是回答这一问题. 本节中我们假定:

μ 是某个环 $\mathbf{R}$ 上的一个测度，μ^* 是由 μ 在 $\mathbf{H}(\mathbf{R})$ 上导出的外测度，$\bar{\mu}$ 是由 μ^* 在所有 μ^* 可测集组成的 σ 环 $\bar{\mathbf{S}}$ 上导出的测度.

定理 A $\mathbf{S}(\mathbf{R})$ 中的任意一个集合都是 μ^* 可测集.

证明 若 $E \in \mathbf{R}$，$A \in \mathbf{H}(\mathbf{R})$，$\varepsilon > 0$，则由 μ^* 的定义，在 $\mathbf{R}$ 中存在集合序列 $\{E_n\}$ 使得 $A \subseteq \bigcup_{n=1}^{\infty} E_n$，并且

$$\mu^*(A) + \varepsilon \geqslant \sum_{n=1}^{\infty} \mu(E_n) = \sum_{n=1}^{\infty} \big(\mu(E_n \cap E) + \mu(E_n \cap E')\big) \geqslant \mu^*(A \cap E) + \mu^*(A \cap E').$$

由于对于任意正数 ε 上述不等式都成立，因此 E 是 μ^* 可测的. 换句话说，我们已经证明了 $\mathbf{R} \subseteq \bar{\mathbf{S}}$；又已知 $\bar{\mathbf{S}}$ 是 σ 环，所以 $\mathbf{S}(\mathbf{R}) \subseteq \bar{\mathbf{S}}$. ∎

定理 B 若 $E \in \mathbf{H}(\mathbf{R})$，则

$$\mu^*(E) = \inf\{\bar{\mu}(F) : E \subseteq F \in \bar{\mathbf{S}}\} = \inf\{\bar{\mu}(F) : E \subseteq F \in \mathbf{S}(\mathbf{R})\}.$$

这个定理也可以等价地表述为: 由 $\bar{\mu}$ 在 $\mathbf{S}(\mathbf{R})$ 上导出的外测度以及由 $\bar{\mu}$ 在 $\bar{\mathbf{S}}$ 上导出的外测度都与 μ^* 一致.

证明 由于当 $F \in \mathbf{R}$ 时有 $\mu(F) = \bar{\mu}(F)$（根据 $\bar{\mu}$ 的定义和 10.A），从而有

$$\mu^*(E) = \inf\left\{\sum_{n=1}^{\infty} \mu(E_n) : E \subseteq \bigcup_{n=1}^{\infty} E_n,\ E_n \in \mathbf{R},\ n = 1, 2, \cdots\right\}$$

$$\geqslant \inf\left\{\sum_{n=1}^{\infty} \bar{\mu}(E_n) : E \subseteq \bigcup_{n=1}^{\infty} E_n,\ E_n \in \mathbf{S}(\mathbf{R}),\ n = 1, 2, \cdots\right\}.$$

由于 $\mathbf{S}(\mathbf{R})$ 中的任一集合序列 $\{E_n\}$ 当满足关系式

$$E \subseteq \bigcup_{n=1}^{\infty} E_n = F$$

时，可以替换为具有同样性质的一个互不相交的集合序列，而不增加序列各项的测度之和；再根据 $\bar{\mu}$ 的定义，对于 $F \in \overline{\mathbf{S}}$ 有 $\bar{\mu}(F) = \mu^*(F)$，从而有

$$\mu^*(E) \geqslant \inf\{\bar{\mu}(F) : E \subseteq F \in \mathbf{S}(\mathbf{R})\} \geqslant \inf\{\bar{\mu}(F) : E \subseteq F \in \overline{\mathbf{S}}\} \geqslant \mu^*(E). \qquad \blacksquare$$

设 $E \in \mathbf{H}(\mathbf{R})$，$F \in \mathbf{S}(\mathbf{R})$，$E \subseteq F$，若对于任意集合 $G \in \mathbf{S}(\mathbf{R})$，当 $G \subseteq F - E$ 时总有 $\bar{\mu}(G) = 0$，则称 F 是 E 的一个**可测覆盖**. 不严格地说，$\mathbf{H}(\mathbf{R})$ 中集合 E 的可测覆盖是 $\mathbf{S}(\mathbf{R})$ 中覆盖 E 的最小集合.

定理 C 若 E 是 $\mathbf{H}(\mathbf{R})$ 中具有 σ 有限外测度的集合，则存在 $F \in \mathbf{S}(\mathbf{R})$ 使得 $\mu^*(E) = \bar{\mu}(F)$，并且使得 F 为 E 的可测覆盖.

证明 若 $\mu^*(E) = \infty$，$E \subseteq F \in \mathbf{S}(\mathbf{R})$，则显然有 $\bar{\mu}(F) = \infty$，等式 $\mu^*(E) = \bar{\mu}(F)$ 成立. 因此只需在 $\mu^*(E) < \infty$ 的场合下证明等式 $\mu^*(E) = \bar{\mu}(F)$ 成立. 又由于具有 σ 有限外测度的集合可以表示成具有有限外测度的可数多个不相交集合的并集，因此在附加假设条件 $\mu^*(E) < \infty$ 下足以证明整个定理.

根据定理 B，对于每一个 $n = 1, 2, \cdots$，存在 $F_n \in \mathbf{S}(\mathbf{R})$ 使得

$$E \subseteq F_n \quad \text{且} \quad \bar{\mu}(F_n) \leqslant \mu^*(E) + \frac{1}{n}.$$

若令 $F = \bigcap_{n=1}^{\infty} F_n$，则有

$$E \subseteq F \in \mathbf{S}(\mathbf{R}) \quad \text{且} \quad \mu^*(E) \leqslant \bar{\mu}(F) \leqslant \bar{\mu}(F_n) \leqslant \mu^*(E) + \frac{1}{n}.$$

由于 n 是任意的，从而有 $\mu^*(E) = \bar{\mu}(F)$. 若 $G \in \mathbf{S}(\mathbf{R})$，$G \subseteq F - E$，则 $E \subseteq F - G$，于是

$$\bar{\mu}(F) = \mu^*(E) \leqslant \bar{\mu}(F - G) = \bar{\mu}(F) - \bar{\mu}(G) \leqslant \bar{\mu}(F),$$

由 $\bar{\mu}(F)$ 的有限性可知，F 是 E 的一个可测覆盖. $\qquad \blacksquare$

定理 D 若 $E \in \mathbf{H}(\mathbf{R})$，且 F 是 E 的可测覆盖，则 $\mu^*(E) = \bar{\mu}(F)$；若 F_1 和 F_2 都是 E 的可测覆盖，则 $\bar{\mu}(F_1 \triangle F_2) = 0$.

证明 由于关系式 $E \subseteq F_1 \cap F_2 \subseteq F_1$ 蕴涵 $F_1 - (F_1 \cap F_2) \subseteq F_1 - E$，又由于 F_1 是 E 的可测覆盖，从而有

$$\bar{\mu}(F_1 - (F_1 \cap F_2)) = 0.$$

类似地，也有

$$\bar{\mu}(F_2 - (F_1 \cap F_2)) = 0.$$

因此

$$\bar{\mu}(F_1 \Delta F_2) = 0.$$

若 $\mu^*(E) = \infty$，则等式 $\mu^*(E) = \bar{\mu}(F)$ 显然成立；若 $\mu^*(E) < \infty$，则由定理 C 可知，存在 E 的可测覆盖 F_0 使得

$$\bar{\mu}(F_0) = \mu^*(E).$$

由前面所得结果可知，任意两个可测覆盖都具有相同的测度，定理证明完毕. ■

定理 E   若 μ 在 **R** 上是 σ 有限的，则 **S(R)** 上的测度 $\bar{\mu}$ 和 $\bar{\mathbf{S}}$ 上的测度 $\bar{\mu}$ 都是 σ 有限的.

证明   根据定理 10.A，若 μ 是 σ 有限的，则 μ^* 也是 σ 有限的. 因此对于任意集合 $E \in \bar{\mathbf{S}}$，在 **H(R)** 中存在一个集合序列 $\{E_i\}$ 使得

$$E \subseteq \bigcup_{i=1}^{\infty} E_i, \quad \mu^*(E_i) < \infty, \quad i = 1, 2, \cdots.$$

对于每一个 E_i 应用定理 C，即可得到定理的结论. ■

本节开头所提出的问题也可以从另外一个角度提出，假如我们从一个外测度 μ^* 开始，先形成由它导出的测度 $\bar{\mu}$，再形成由 $\bar{\mu}$ 导出的外测度 $\bar{\mu}^*$，这两个测度 μ^* 和 $\bar{\mu}^*$ 之间存在什么关系？一般情况下，这两个集函数是不相同的；但是，若导出的外测度 $\bar{\mu}^*$ 与原来的外测度 μ^* 一致，则称 μ^* 是**正则**的. 定理 B 的论断说明了由环上的测度导出的外测度总是正则的. 反之亦然：若 μ^* 是正则外测度，则 $\mu^* = \bar{\mu}^*$ 是由环上的一个测度导出的外测度，即由测度 $\bar{\mu}$ 在 μ^* 可测集类上导出的外测度. 因此，导出的外测度与正则外测度这两个概念是同等宽广的.

习题

1. 定理 D 说明，若可测覆盖存在，在忽略测度为零的集合的情况下，可测覆盖是唯一确定的；定理 C 说明，具有 σ 有限外测度的集合必存在可测覆盖. 下面的例子表明，定理 C 中的关于 σ 有限性的假设条件是不可去掉的.

   设 L 是欧几里得平面 X 内的一条直线，$E \subseteq X$，若 $L - E$ 是可数的，则称 E 是**满**的. 设集合 E 能被可数条水平直线覆盖，而在每一条水平直线上，E 或者是可数的，或者是满的，令 $\mathbf{R}_0$ 是由所有这样的集合 E 组成的集类. 设 **R** 是由 $\mathbf{R}_0$ 生成的代数（见习题 4.5）. 若对于任意集合 $E \in \mathbf{R}$，当 E 是可数集合时定义 $\mu(E) = 0$，当 E 是不可数集

合时定义 $\mu(E) = \infty$，则 μ 是 $\mathbf{R}$ 上的一个测度. 容易验证，在这种情况下有 $\mathbf{R} = \mathbf{S}(\mathbf{R})$，并且 $\bar{\mathbf{S}} = \mathbf{H}(\mathbf{R})$ 是 X 的所有子集形成的集类. 若 E 是 y 轴并且 $E \subseteq F \in \mathbf{S}(\mathbf{R})$，则在 $\mathbf{S}(\mathbf{R})$ 中存在集合 G，使得 $G \subseteq F - E$ 且 $\mu(G) \neq 0$.

2. 设 E 是实直线 X 的一个子集，若在每一个有限区间外有 E 的不可数个点，则称 E 具有无限凝聚点. 设 X 是实直线，在 X 的任意子集上定义集函数 μ^* 如下：若 E 为有限或可数集合，则 $\mu^*(E) = 0$；若 E 为不可数集合但没有无限凝聚点，则 $\mu^*(E) = 1$；若 E 具有无限凝聚点，则 $\mu^*(E) = \infty$. 这样的 μ^* 是一个全 σ 有限外测度；但因只有可数集及其补集是 μ^* 可测集，所以导出测度 $\bar{\mu}$ 并非 σ 有限的. μ^* 是否具有正则性? 当集合 E 具有无限凝聚点时，定义 $\mu^*(E) = 17$，可以得到怎样的结论?

3. 令 n 是一个固定的正整数，$\aleph_0, \aleph_1, \cdots, \aleph_n$ 是无限集合的按照良序排列的前 $n + 1$ 个基数. 令 X 是基数为 $\aleph_n$ 的集合，E 是 X 的子集，μ^* 是定义在 E 上的集函数，若 E 是有限集，则 $\mu^*(E) = 0$；若 E 具有无穷基数 $\aleph_k$，$0 \leqslant k \leqslant n$，则 $\mu^*(E) = k$. μ^* 是一个外测度，μ^* 是否具有正则性?

4. 若 μ^* 是可传递 σ 环 $\mathbf{H}$ 上的正则外测度，$\{E_n\}$ 是 $\mathbf{H}$ 中的一个递增的集合序列，$\lim_n E_n = E$，则 $\mu^*(E) = \lim_n \mu^*(E_n)$. （提示：若 $\lim_n \mu^*(E_n) = \infty$，则结论显然成立. 若 $\lim_n \mu^*(E_n) < \infty$，则对于 $n = 1, 2, \cdots$ 令 F_n 为 E_n 的一个 μ^* 可测覆盖，于是 $\{F_n\}$ 是一个递增序列，记 $F = \lim_n F_n$. 因为 $\mu^*(F_n) = \mu^*(E_n) \leqslant \mu^*(E)$，所以 $\lim_n \mu^*(F_n) = \mu^*(F) \leqslant \mu^*(E)$；又由于 $E \subseteq F$，所以有 $\mu^*(E) \leqslant \mu^*(F)$. 因此 F 是 E 的可测覆盖.）对于非正则外测度，上述结论不成立；基于习题 2 可以建立一个反例.

5. 设 X 是任意一个集合，对于 X 的任意子集 E，按照 E 为空集与否定义 $\mu^*(E) = 0$ 或 1. 这个集函数 μ^* 是 X 的所有子集所成的集类上的正则外测度. 若 $\{E_n\}$ 是递减的非空集合序列，且其各项的交集为空集（当 X 为无限集合时这样的集合序列是存在的），则

$$\lim_n \mu^*(E_n) = 1 \quad \text{且} \quad \mu^*\left(\lim_n E_n\right) = 0.$$

换句话说，即使对于全有限正则外测度，上题中关于递减序列的命题也是不成立的.

6. 设 μ_1^* 和 μ_2^* 是在 X 的所有子集形成的集类上的两个有限外测度，$\bar{\mathbf{S}}_i$ 是所有 μ_i^* 可测集形成的集类，$i = 1, 2$. 若对于 X 的所有子集 E 有

$$\mu^*(E) = \mu_1^*(E) + \mu_2^*(E),$$

则所有 μ_i^* 可测集形成的集类 $\bar{\mathbf{S}}$ 是 $\bar{\mathbf{S}}_1$ 与 $\bar{\mathbf{S}}_2$ 的交. （提示：若 $\mu^*(A \cap E) + \mu^*(A \cap E') = \mu^*(A)$，则对于 $i = 1, 2$，不等式 $\mu_i^*(A \cap E) + \mu_i^*(A \cap E') \geqslant \mu_i^*(A)$ 必须取等号.）若 μ_1^* 和 μ_2^* 不一定是有限的，则结论如何?

7. 设 μ_1^* 是 X 的所有子集组成的集类上的一个有限正则外测度，并按照 E 为空集与否，定义 $\mu_2^*(E) = 0$ 或 1，则 μ_2^* 也是一个有限正则外测度；但是，若 μ_1^* 取两个以上的不同值，则 $\mu_1^* + \mu_2^*$ 不是正则的.

8. 若 X 是度量空间，p 是正实数，E 是 X 的子集，则由

$$\mu_p^*(E) = \sup_{\varepsilon>0} \inf \left\{ \sum_{i=1}^{\infty} \big(\delta(E_i)\big)^p : E \subseteq \bigcup_{i=1}^{\infty} E_i,\ \delta(E_i) < \varepsilon,\ i = 1, 2, \cdots \right\}$$

定义的数称为 E 的 p **维豪斯多夫（外）测度**，其中 $\delta(E)$ 表示 E 的直径.

(8a) 集函数 μ_p^* 是一个度量外测度，见习题 11.8a.

(8b) 外测度 μ_p^* 是正则的. 事实上，对于 X 的任意子集 E，存在包含 E 的递减开集序列 $\{U_n\}$ 使得

$$\mu_p^*(E) = \mu_p^* \left(\bigcap_{n=1}^{\infty} U_n \right).$$

§13. 扩张、完备和近似

一个环上的测度是否一定能扩张到由这个环生成的 σ 环上? 这个问题的答案实质上已经包含在前面几节的结果中，现在正式地总结为下面的定理.

定理 A 若 μ 是环 **R** 上的 σ 有限测度，则在 σ 环 **S(R)** 上存在唯一的测度 $\bar{\mu}$，使得当 $E \in$ **R** 时有 $\bar{\mu}(E) = \mu(E)$. 测度 $\bar{\mu}$ 是 σ 有限的.

测度 $\bar{\mu}$ 称为 μ 的**扩张**，在不致引起混淆的情况下，对于 $E \in$ **S(R)**，我们也将以 $\mu(E)$ 来代替 $\bar{\mu}(E)$.

证明 $\bar{\mu}$ 的存在性已在定理 11.C 和定理 12.A 中给出（即使没有 σ 有限性的限制）. 为了证明 $\bar{\mu}$ 的唯一性，假设 μ_1 和 μ_2 是 **S(R)** 上的两个测度，当 $E \in$ **R** 时有 $\mu_1(E) = \mu_2(E)$，再设 **M** 是 **S(R)** 中满足 $\mu_1(E) = \mu_2(E)$ 的所有集合 E 所形成的集类. 若这两个测度中有一个是有限的，并且 $\{E_n\}$ 是 **M** 中的一个单调集合序列，由于

$$\mu_i \left(\lim_n E_n \right) = \lim_n \mu_i(E_n), \quad i = 1, 2,$$

则有 $\lim_n E_n \in$ **M**.（推理这一步需要用到如下事实：对于 $n = 1, 2, \cdots$，$\mu_1(E_n)$ 和 $\mu_2(E_n)$ 这两个数有一个必须是有限的，从而另一个也必须是有限的. 见定理 9.D 和定理 9.E.）这说明 **M** 是一个单调类. 由于 **M** $\supseteq$ **R**，再根据定理 6.B，我们有 **M** $\supseteq$ **S(R)**.

在一般场合下，即 μ_1 和 μ_2 不一定有限时，我们可以证明如下. 设 A 是 **R** 中任意一个固定的集合，$\mu_1(A)$ 和 $\mu_2(A)$ 之一是有限的. 由于 **R** $\cap$ A 是一个环，而 **S(R)** $\cap$ A 是由这个环生成的 σ 环（见定理 5.E），将前段所得结论应用到 **R** $\cap$ A 和 **S(R)** $\cap$ A 上，就可以证明：若 $E \in$ **S(R)** $\cap$ A，则 $\mu_1(E) = \mu_2(E)$. 由于 **S(R)** 中任意一个集合 E 能被 **R** 中具有有限测度（关于 μ_1 和 μ_2 二者之一）的集合的一个互不相交的可数并所覆盖，于是定理得证. ∎

由第 12 节定理的证明所采用的使测度扩张的过程，可以得到比定理 A 稍多的一些结论. 给定的测度 μ 事实上可以扩张到一个集类（由所有 μ^* 可测集形成的集类），这个集类一般说来要比由 R 生成的 σ 环大一些. 下面的定理说明，为了获得 μ 的定义域的这种微小的扩大，我们不必使用外测度的理论.

定理 B 若 μ 是某个 σ 环 S 上的一个测度，则由所有形如 $E \Delta N$ 的集合形成的集类 $\overline{\text{S}}$ 是一个 σ 环，其中 $E \in$ S，N 是 S 中测度为零的集合的子集. 由等式 $\bar{\mu}(E \Delta N) = \mu(E)$ 确定的集函数 $\bar{\mu}$ 是 $\overline{\text{S}}$ 上的一个完备测度.

测度 $\bar{\mu}$ 称为 μ 的**完备化**.

证明 若 $E \in$ S，$N \subseteq A \in$ S，$\mu(A) = 0$，则关系式

$$E \cup N = (E - A) \Delta [A \cap (E \cup N)],$$

$$E \Delta N = (E - A) \cup [A \cap (E \Delta N)]$$

说明 $\overline{\text{S}}$ 也可以表述为由所有形如 $E \cup N$ 的集合形成的集类，其中 $E \in$ S，N 是 S 中测度为零的集合的子集. 这说明，对于对称差运算显然是封闭的集类 $\overline{\text{S}}$，对于可数并的运算也是封闭的，因此 $\overline{\text{S}}$ 是一个 σ 环. 若

$$E_1 \Delta N_1 = E_2 \Delta N_2,$$

其中 $E_i \in$ S，N_i 是 S 中测度为零的集合的子集，$i = 1, 2$，则

$$E_1 \Delta E_2 = N_1 \Delta N_2,$$

因此 $\mu(E_1 \Delta E_2) = 0$. 由此得出 $\mu(E_1) = \mu(E_2)$，从而集函数 $\bar{\mu}$ 由如下关系式清楚地定义出：

$$\bar{\mu}(E \Delta N) = \bar{\mu}(E \cup N) = \mu(E).$$

用集合的并（而不是对称差）表示 $\overline{\text{S}}$ 中的集合，不难验证 $\bar{\mu}$ 是一个测度；又由于 $\overline{\text{S}}$ 包含 S 中测度为零的集合的所有子集，所以 $\bar{\mu}$ 具有完备性. ■

下面的定理建立了测度的完备化与利用外测度得到的完备测度之间的联系.

定理 C 若 μ 是环 R 上的 σ 有限测度，μ^* 是由 μ 导出的外测度，则 μ 在 S(R) 上的扩张测度的完备化与 μ^* 可测集类上的 μ^* 一致.

证明 令 S* 为所有 μ^* 可测集形成的集类，以 $\overline{\text{S}}$ 表示 μ 的完备化 $\bar{\mu}$ 的定义域. 由于 μ^* 是 S* 上的完备测度，所以 $\overline{\text{S}} \subseteq$ S*，并且在 $\overline{\text{S}}$ 上 $\bar{\mu}$ 与 μ^* 一致. 剩下只需证明 S* $\subseteq \overline{\text{S}}$. 由于 μ^* 在 S* 上是 σ 有限的（见定理 12.E），故只需证明当 $E \in$ S* 且 $\mu^*(E) < \infty$ 时必有 $E \in \overline{\text{S}}$.

由定理 12.C 可知，E 有一个可测覆盖 F. 由于 $\mu^*(F) = \mu(F) = \mu^*(E)$，$\mu^*(E) < \infty$，并且 μ^* 是 $\mathbf{S}^*$ 上的测度，所以 $\mu^*(F - E) = 0$. 又由于 $F - E$ 也有一个可测覆盖 G，并且

$$\mu(G) = \mu^*(F - E) = 0,$$

从而关系式

$$E = (F - G) \cup (E \cap G)$$

表明 E 可以表示成 $\mathbf{S}(\mathbf{R})$ 中的一个集合与 $\mathbf{S}(\mathbf{R})$ 中测度为零的集合的子集的并集. 这说明 $E \in \overline{\mathbf{S}}$，定理证明完成. ∎

大致来说，定理 C 说明在 σ 有限的情况下，由所有 μ^* 可测集形成的 σ 环与由 $\mathbf{R}$ 生成的 σ 环 $\mathbf{S}(\mathbf{R})$ 差别不大：任意一个 μ^* 可测集用一个测度为零的集合适当地加以修改，即可成为 $\mathbf{S}(\mathbf{R})$ 中的集合.

我们在本节给出一条非常有用的结论，用来说明某个环上的测度与它在由环生成的 σ 环上的扩张之间的关系.

定理 D 若 μ 是环 $\mathbf{R}$ 上的 σ 有限测度，则对于 $\mathbf{S}(\mathbf{R})$ 中具有有限测度的任意集合 E 和任意正数 ε，存在 $E_0 \in \mathbf{R}$ 使得 $\mu(E \Delta E_0) \leqslant \varepsilon$.

证明 应用第 10 至第 12 节的结论和定理 A 可知：

$$\mu(E) = \inf \left\{ \sum_{i=1}^{\infty} \mu(E_i) : E \subseteq \bigcup_{i=1}^{\infty} E_i, \ E_i \in \mathbf{R}, \ i = 1, 2, \cdots \right\}.$$

因此，存在 $\mathbf{R}$ 中的集合序列 $\{E_i\}$ 使得

$$E \subseteq \bigcup_{i=1}^{\infty} E_i \quad \text{且} \quad \mu\left(\bigcup_{i=1}^{\infty} E_i\right) \leqslant \mu(E) + \frac{\varepsilon}{2}.$$

由于

$$\lim_{n} \mu\left(\bigcup_{i=1}^{n} E_i\right) = \mu\left(\bigcup_{i=1}^{\infty} E_i\right),$$

存在正整数 n，若

$$E_0 = \bigcup_{i=1}^{n} E_i,$$

则

$$\mu\left(\bigcup_{i=1}^{\infty} E_i\right) \leqslant \mu(E_0) + \frac{\varepsilon}{2}.$$

显然，$E_0 \in \mathbf{R}$. 由于

$$\mu(E - E_0) \leqslant \mu\left(\bigcup_{i=1}^{\infty} E_i - E_0\right) = \mu\left(\bigcup_{i=1}^{\infty} E_i\right) - \mu(E_0) \leqslant \frac{\varepsilon}{2},$$

$$\mu(E_0 - E) \leqslant \mu\left(\bigcup_{i=1}^{\infty} E_i - E\right) = \mu\left(\bigcup_{i=1}^{\infty} E_i\right) - \mu(E) \leqslant \frac{\varepsilon}{2},$$

于是，定理证明完成. ∎

习题

1. 令 μ 是定义在环 $\mathbf{R}$ 上具有有限可加性的非负有限实值集函数，则第 10 节确定的 μ^* 仍然是一个外测度，因此定理 11.C 中的 $\bar{\mu}$ 仍然可以形成，但它不一定是 μ 的扩张. 见习题 10.2、10.4e 和 11.4.

2. 若 $\bar{\mu}$ 是第 8 节所述的环 $\mathbf{R}$ 上的测度 μ 的扩张，则对于任意可数集 E，有 $E \in \mathbf{S}(\mathbf{R})$ 和 $\bar{\mu}(E) = 0$.

3. 若集类 $\mathbf{R}$ 不是一个环，则定理 A 中唯一性的论断不成立. 提示：令 $X = \{a, b, c, d\}$ 为由四个点构成的空间，在由 X 的所有子集形成的集类上定义测度 μ_1 和 μ_2：

$$\mu_1(\{a\}) = \mu_1(\{d\}) = \mu_2(\{b\}) = \mu_2(\{c\}) = 1,$$
$$\mu_1(\{b\}) = \mu_1(\{c\}) = \mu_2(\{a\}) = \mu_2(\{d\}) = 2.$$

4. 在定理 A 中，若将环替换为半环，定理是否成立？

5. 令 $\mathbf{R}$ 是由可数集合 X 的子集形成的环，$\mathbf{R}$ 中的每一个非空集合都是无限集，$\mathbf{S}(\mathbf{R})$ 是由 X 的所有子集形成的集类（见习题 9.7）. 若对于 X 的任意子集 E，$\mu_1(E)$ 为 E 中的点的个数，$\mu_2(E) = 2\mu_1(E)$，则 μ_1 和 μ_2 在 $\mathbf{R}$ 上一致，但在 $\mathbf{S}(\mathbf{R})$ 上不一致. 因此，在定理 A 中，若测度在 $\mathbf{R}$ 上不是 σ 有限的，则即使对于 $\mathbf{S}(\mathbf{R})$ 上全 σ 有限的测度而言，唯一性的论断也是不成立的.

6. 设 μ 是 σ 环 $\mathbf{S}$ 上的测度，$\bar{\mu}$ 是它在 $\bar{\mathbf{S}}$ 上的完备化. 若 $A \in \mathbf{S}$，$B \in \mathbf{S}$，$A \subseteq E \subseteq B$，$\mu(B - A) = 0$，则 $E \in \bar{\mathbf{S}}$.

7. 令 X 是一个不可数集合，$\mathbf{S}$ 是由所有可数集及其补集形成的集类，对于任意集合 $E \in \mathbf{S}$，令 $\mu(E)$ 为 E 中的点的个数. 则 μ 是 $\mathbf{S}$ 上的一个完备测度，但 X 的每一个子集是 μ^* 可测集. 换句话说，若没有 σ 有限性的假设，则定理 C 不成立.

8. 若 μ 和 ν 是环 $\mathbf{R}$ 上的 σ 有限测度，则对于 $E \in \mathbf{S}(\mathbf{R})$ 和任意正数 ε，当 $\mu(E) < \infty$ 且 $\nu(E) < \infty$ 时，存在 $E_0 \in \mathbf{R}$，使得

$$\mu(E \Delta E_0) \leqslant \varepsilon \quad \text{且} \quad \nu(E \Delta E_0) \leqslant \varepsilon.$$

§14.　内测度

为了说明测度论中十分有趣并且具有历史性重要意义的部分理论，现在我们回到关于测度、外测度及其关系的一般研究.

我们已经知道，若 μ 是 σ 环 $\mathbf{S}$ 上的测度，则集函数 μ^*（对于可传递 σ 环 $\mathbf{H}(\mathbf{S})$ 中每一个集合 E，由

$$\mu^*(E) = \inf\{\mu(F) : E \subseteq F \in \mathbf{S}\}$$

定义）是一个外测度；在 σ 有限的情况下，μ^* 在由所有 μ^* 可测集形成的 σ 环 $\overline{\mathbf{S}}$ 上所导出的测度 $\bar{\mu}$ 就是 μ 的完备化. 现在我们定义由 μ 导出的**内测度** μ_*：对于任意 $E \in \mathbf{H}(\mathbf{S})$，记

$$\mu_*(E) = \sup\{\mu(F) : E \supseteq F \in \mathbf{S}\}.$$

本节将研究 μ_* 以及它和 μ^* 的关系. 我们将要说明，μ_* 的性质在某种意义下是 μ^* 的性质的对偶. 容易看出，集函数 μ_* 是非负、单调的，$\mu_*(\varnothing) = 0$. 在下文中我们就要不加任何解释地应用这些基本性质. 本节中我们假定：

> μ 是 σ 环 $\mathbf{S}$ 上的 σ 有限测度，μ^* 和 μ_* 分别是由 μ 导出的外测度和内测度，$\overline{\mathbf{S}}$ 上的测度 $\bar{\mu}$ 是 μ 的完备化.

我们记得，$\overline{\mathbf{S}}$ 上的 $\bar{\mu}$ 与 μ^* 可测集类上的 μ^* 一致（见定理 13.C）.

定理 A　若 $E \in \mathbf{H}(\mathbf{S})$，则

$$\mu_*(E) = \sup\{\bar{\mu}(F) : E \supseteq F \in \overline{\mathbf{S}}\}.$$

证明　由于 $\mathbf{S} \subseteq \overline{\mathbf{S}}$，根据 μ_* 的定义，显然有

$$\mu_*(E) \leqslant \sup\{\bar{\mu}(F) : E \supseteq F \in \overline{\mathbf{S}}\}.$$

另外，定理 13.B 说明，对于任意 $F \in \overline{\mathbf{S}}$，存在 $G \in \mathbf{S}$ 使得 $G \subseteq F$ 且 $\bar{\mu}(F) = \mu(G)$. 这意味着，μ 在 $\mathbf{S}$ 上可以取得 $\bar{\mu}$ 在 $\overline{\mathbf{S}}$ 上的每一个值，于是定理证明完毕.　∎

设 $E \in \mathbf{H}(\mathbf{S})$，$F \in \mathbf{S}$，$F \subseteq E$，若对于任意 $G \in \mathbf{S}$，满足关系式 $G \subseteq E - F$，有 $\mu(G) = 0$，则称 F 是 E 的一个**可测核**. 大致来说，$\mathbf{H}(\mathbf{S})$ 中的集合 E 的可测核是 $\mathbf{S}$ 中被 E 包含的最大集合.

定理 B　$\mathbf{H}(\mathbf{S})$ 中每一个集合 E 都有一个可测核.

证明　设 $\hat{E}$ 是 E 的可测覆盖，N 是 $\hat{E} - E$ 的可测覆盖，记 $F = \hat{E} - N$. 我们有

$$F = \hat{E} - N \subseteq \hat{E} - (\hat{E} - E) = E,$$

又若 $G \subseteq E - F$，则有

$$G \subseteq E - (\hat{E} - N) = E \cap N \subseteq N - (\hat{E} - E).$$

又由于 N 是 $\hat{E} - E$ 的可测覆盖，所以 F 是 E 的可测核. ■

定理 C 若 $E \in \mathbf{H}(\mathbf{S})$，$F$ 是 E 的可测核，则 $\mu(F) = \mu_*(E)$；若 F_1 和 F_2 都是 E 的可测核，则 $\mu(F_1 \Delta F_2) = 0$.

证明 由于 $F \subseteq E$，显然有 $\mu(F) \leqslant \mu_*(E)$. 若 $\mu(F) < \mu_*(E)$，则 $\mu(F) < \infty$，根据 $\mu_*(E)$ 的定义，存在 $F_0 \in \mathbf{S}$ 使得 $F_0 \subseteq E$，$\mu(F_0) > \mu(F)$. 由于

$$F_0 - F \subseteq E - F \quad \text{且} \quad \mu(F_0 - F) \geqslant \mu(F_0) - \mu(F) > 0,$$

出现矛盾，因此 $\mu(F) = \mu_*(E)$.

由于关系式 $F_1 \subseteq F_1 \cup F_2 \subseteq E$ 表明 $(F_1 \cup F_2) - F_1 \subseteq E - F_1$，再根据 F_1 是 E 的可测核，因此有

$$\mu\big((F_1 \cup F_2) - F_1\big) = 0.$$

类似地，有

$$\mu\big((F_1 \cup F_2) - F_2\big) = 0.$$

从而我们有

$$\mu(F_1 \Delta F_2) = 0.$$

定理 D 若 $\{E_n\}$ 是 $\mathbf{H}(\mathbf{S})$ 中互不相交的集合序列，则

$$\mu_*\left(\bigcup_{n=1}^{\infty} E_n\right) \geqslant \sum_{n=1}^{\infty} \mu_*(E_n).$$

证明 若 F_n 是 E_n 的可测核，$n = 1, 2, \cdots$，则由 μ 的可数可加性，有

$$\sum_{n=1}^{\infty} \mu_*(E_n) = \sum_{n=1}^{\infty} \mu(F_n) = \mu\left(\bigcup_{n=1}^{\infty} F_n\right) \leqslant \mu_*\left(\bigcup_{n=1}^{\infty} E_n\right). ■$$

定理 E 若 $A \in \mathbf{H}(\mathbf{S})$，$\{E_n\}$ 是 $\overline{\mathbf{S}}$ 中互不相交的集合序列，$\bigcup_{n=1}^{\infty} E_n = E$，则

$$\mu_*(A \cap E) = \sum_{n=1}^{\infty} \mu_*(A \cap E_n).$$

证明 若 F 是 $A \cap E$ 的可测核，则

$$\mu_*(A \cap E) = \mu(F) = \sum_{n=1}^{\infty} \bar{\mu}(F \cap E_n) \leqslant \sum_{n=1}^{\infty} \mu_*(A \cap E_n),$$

利用定理 D 即可完成定理的证明.　　　　　　　　　　　　　　　　■

定理 F　若 $E \in \overline{\mathbf{S}}$, 则

$$\mu^*(E) = \mu_*(E) = \bar{\mu}(E),$$

反之, 若 $E \in \mathbf{H}(\mathbf{S})$ 且

$$\mu^*(E) = \mu_*(E) < \infty,$$

则 $E \in \overline{\mathbf{S}}$.

证明　若 $E \in \overline{\mathbf{S}}$, 则 $\bar{\mu}(E)$ 可以取到定理 A 中的上确界和定理 12.B 中的下确界. 为了证明逆命题, 令 A 和 B 分别为 E 的可测核和可测覆盖. 由于 $\mu(A) = \mu_*(E) < \infty$, 我们有

$$\mu(B - A) = \mu(B) - \mu(A) = \mu^*(E) - \mu_*(E) = 0,$$

再根据 $\bar{\mu}$ 在 $\overline{\mathbf{S}}$ 上具有完备性, 即可得定理的结论 (见定理 11.C 和习题 13.6). ■

定理 G　若 E 和 F 是 $\mathbf{H}(\mathbf{S})$ 中两个互不相交的集合, 则

$$\mu_*(E \cup F) \leqslant \mu_*(E) + \mu^*(F) \leqslant \mu^*(E \cup F).$$

证明　令 A 为 F 的可测覆盖, B 为 $E \cup F$ 的可测核. 由于 $B - A \subseteq E$, 从而有

$$\mu_*(E \cup F) = \mu(B) \leqslant \mu(B - A) + \mu(A) \leqslant \mu_*(E) + \mu^*(F).$$

现在, 令 A 为 E 的可测核, B 为 $E \cup F$ 的可测覆盖. 由于 $B - A \supseteq F$, 从而有

$$\mu_*(E \cup F) = \mu(B) = \mu(A) + \mu(B - A) \geqslant \mu_*(E) + \mu^*(F).$$　■

定理 H　设 $E \in \overline{\mathbf{S}}$, 则对于 X 的每一个子集 A 有

$$\mu_*(A \cap E) + \mu^*(A' \cap E) = \bar{\mu}(E).$$

证明　对于 $A \cap E$ 和 $A' \cap E$ 应用定理 G, 我们得到

$$\mu_*(E) \leqslant \mu_*(A \cap E) + \mu^*(A' \cap E) \leqslant \mu^*(E).$$

由于 $E \in \overline{\mathbf{S}}$, 根据定理 F, 我们有 $\mu_*(E) = \mu^*(E) = \bar{\mu}(E)$.　　　■

本节所得到的结果为我们描绘了另一种接近测度扩张定理的方式——一种我们经常采用的接近方式. 若 μ 是环 $\mathbf{R}$ 上的 σ 有限测度, μ^* 是 μ 在 $\mathbf{H}(\mathbf{R})$ 上导

出的外测度，则对于 **R** 中满足 $\mu(E) < \infty$ 的任意集合 E 和任意集合 $A \in \mathbf{H}(\mathbf{R})$，我们有

$$\mu_*(A \cap E) = \mu(E) - \mu^*(A' \cap E).$$

若我们能够证明命题"对于 **R** 中的具有有限测度的两个集合 E 和 F，当 $A \cap E = A \cap F$ 时有 $\mu(E) - \mu^*(A' \cap E) = \mu(F) - \mu^*(A' \cap F)$"，则可以用上述关于 $\mu_*(A \cap E)$ 的等式作为内测度的定义．并且，对于 $E \in \mathbf{H}(\mathbf{R})$，当且仅当 $\mu_*(E) = \mu^*(E)$ 时，E 是一个 μ^* 可测集．感兴趣的读者可以利用我们在本章中建立测度扩张定理所用的一些技巧，将上述过程的细节补全．

习题

1. 在习题 12.4 中，将 μ^* 换为 μ_*，结论是否成立？

2. 对内测度附加适当的有限性的限制条件，与习题 12.4 对偶的命题成立；但 12.4 中原来的命题对于内测度不成立（见习题 12.5）.

3. 若 E 是 $\overline{\mathbf{S}}$ 中具有有限测度的一个集合，$F \subseteq E$，并且 $\bar{\mu}(E) = \mu^*(F) + \mu^*(E - F)$，则 $F \in \overline{\mathbf{S}}$．换句话说，$F$ 的 μ^* 可测性可以用 $\overline{\mathbf{S}}$ 中一个固定的集合 E（包含 F）检验出，而不必使用 $\mathbf{H}(\mathbf{S})$ 中所有可能的集合 A．提示：使用定理 H．

4. 类似于习题 11.6 中的命题对于内测度是否成立？

5. 若 $E \in \mathbf{H}(\mathbf{S})$，$F$ 是 E 的可测覆盖，则对于任意一个 μ^* 可测集 M，有 $\bar{\mu}(F \cap M) = \mu^*(F \cap M)$．（提示：对 $E = F \cap M$ 和 $A = E'$ 应用定理 H）．反之，若任何集合 F 具有这个性质，并且满足 $E \subseteq F \in \mathbf{S}$，则 F 是 E 的可测覆盖．类似地，F 是 E 的可测核的充分必要条件为：$E \supseteq F \in \mathbf{S}$ 且对于任意 $M \in \overline{\mathbf{S}}$ 有 $\bar{\mu}(F \cap M) = \mu_*(E \cap M)$．

§15.　勒贝格测度

本节的目的一是将一般的测度扩张定理应用到第 8 节中讨论的特殊测度上，二是介绍一些经典的结果，以及一些与特殊空间有关的术语．本节中我们假定：

　　　　X 是实直线，**P** 是由所有形如 $[a, b)$ 的有界半闭区间形成的集类，**S** 是由 **P** 生成的 σ 环，μ 是定义在 **P** 上由等式 $\mu([a, b)) = b - a$ 确定的集函数．

σ 环 **S** 中的集合称为直线上的**博雷尔集**．根据扩张定理（定理 8.E 和定理 13.A），我们可以假设 μ 对于所有博雷尔集都有定义．若定义在 $\overline{\mathbf{S}}$ 上的 $\bar{\mu}$ 是 **S** 上的 μ 的完备化，则 $\overline{\mathbf{S}}$ 中的集合称为直线上的**勒贝格可测集**，测度 $\bar{\mu}$ 称为**勒贝格测度**．（博雷尔集形成的集类 **S** 上的不完备测度 μ 通常也称为勒贝格测度．）

由于整个直线 X 是 **P** 中可数个集合的并集，可知 $X \in \mathbf{S}$，所以 σ 环 **S** 和 $\overline{\mathbf{S}}$ 都是 σ 代数．由于 $\mu(X) = \infty$，因此 μ 在 **S** 上不是有限的，但是，由于 μ 在 **P**

上是有限的，所以 μ 在 $\mathbf{S}$ 上以及 $\bar{\mu}$ 在 $\overline{\mathbf{S}}$ 上都是全 σ 有限的. μ 与 $\bar{\mu}$ 的其他令人感兴趣的性质在下列定理中给出.

定理 A   任意可数集合都是一个测度为零的博雷尔集.

证明   对于任意 $a \in (-\infty, \infty)$，我们有

$$\{a\} = \{x : x = a\} = \bigcap_{n=1}^{\infty} \left\{ x : a \leqslant x < a + \frac{1}{n} \right\},$$

因此

$$\mu(\{a\}) = \lim_n \mu\left(\left[a, a + \frac{1}{n} \right) \right) = \lim_n \frac{1}{n} = 0,$$

所以任意一个单点集是测度为零的博雷尔集. 又由于所有博雷尔集形成一个 σ 环，并且 μ 具有可数可加性，所以定理的结论得证.   ■

定理 B   若 $\mathbf{U}$ 是由所有开集形成的集类，则所有博雷尔集形成的集类 $\mathbf{S}$ 与由 $\mathbf{U}$ 生成的 σ 环一致.

证明   对于任意实数 a，集合 $\{a\}$ 是博雷尔集，由关系式 $(a, b) = [a, b) - \{a\}$ 可知，任意一个有界开区间都是博雷尔集. 又由于实直线上的任意一个开集都可以表成有界开区间的可数并，所以 $\mathbf{S} \supseteq \mathbf{U}$，从而 $\mathbf{S} \supseteq \mathbf{S}(\mathbf{U})$. 另外，我们注意到，对于任意实数 a，有

$$\{a\} = \bigcap_{n=1}^{\infty} \left(a - \frac{1}{n}, a + \frac{1}{n} \right),$$

因此 $\{a\} \in \mathbf{S}(\mathbf{U})$. 再由关系式 $[a, b) = (a, b) \cup \{a\}$ 可知 $\mathbf{P} \subseteq \mathbf{S}(\mathbf{U})$，从而

$$\mathbf{S} = \mathbf{S}(\mathbf{P}) \subseteq \mathbf{S}(\mathbf{U}).$$ ■

定理 C   若 $\mathbf{U}$ 是由所有开集形成的集类，则对于 X 中的任意集合 E 有

$$\mu^*(E) = \inf\{\mu(U) : E \subseteq U \in \mathbf{U}\}.$$

证明   由于 $\mu^*(E) = \inf\{\mu(F) : E \subseteq F \in \mathbf{S}\}$，再根据 $\mathbf{U} \subseteq \mathbf{S}$，有

$$\mu^*(E) \leqslant \inf\{\mu(U) : E \subseteq U \in \mathbf{U}\}.$$

另外，根据 μ^* 的定义，对于任意正数 ε，存在 $\mathbf{P}$ 中的集合序列 $\{[a_n, b_n)\}$ 使得

$$E \subseteq \bigcup_{n=1}^{\infty} [a_n, b_n) \quad \text{且} \quad \sum_{n=1}^{\infty} (b_n - a_n) \leqslant \mu^*(E) + \frac{\varepsilon}{2}.$$

从而有

$$E \subseteq \bigcup_{n=1}^{\infty} \left(a_n - \frac{\varepsilon}{2^{n+1}}, b_n\right) = U \in \mathbf{U},$$

$$\mu(U) \leqslant \sum_{n=1}^{\infty} (b_n - a_n) + \frac{\varepsilon}{2} \leqslant \mu^*(E) + \varepsilon.$$

再根据 ε 的任意性，定理的结论得证. ∎

定理 D 设 T 是整个实直线在其自身上由等式 $T(x) = \alpha x + \beta$ 确定的一一变换，其中 α 和 β 是实数，$\alpha \neq 0$. 若对于 X 的任意子集 E，令 $T(E)$ 表示所有形如 $T(x)$ 的点的集合，其中 $x \in E$，即 $T(E) = \{\alpha x + \beta : x \in E\}$，则有

$$\mu^*\big(T(E)\big) = |\alpha| \mu^*(E) \quad \text{且} \quad \mu_*\big(T(E)\big) = |\alpha| \mu_*(E).$$

当且仅当 E 分别是博雷尔集或勒贝格可测集时，集合 $T(E)$ 是博雷尔集或勒贝格可测集.

证明 只需在 $\alpha > 0$ 的情况下证明定理. 因为若 $\alpha < 0$，则变换 T 是由两个变换 T_1 和 T_2 复合而成，即 $T(x) = T_1\big(T_2(x)\big)$，其中 $T_1(x) = |\alpha|x + \beta$，$T_2(x) = -x$. 我们留给读者自己验证如下事实：变换 T_2 将博雷尔集和勒贝格可测集分别变换为博雷尔集和勒贝格可测集，并且任意一个集合的内测度和外测度都保持不变.

假设 $\alpha > 0$，并且令 $T(\mathbf{S})$ 是由所有形如 $T(E)$ 的集合形成的集类，其中 $E \in \mathbf{S}$. 显然 $T(\mathbf{S})$ 是环，下面证明 $T(\mathbf{S}) = \mathbf{S}$. 若 $E = [a, b) \in \mathbf{P}$，则 $E = T(F)$，其中

$$F = \left[\frac{a - \beta}{\alpha}, \frac{b - \beta}{\alpha}\right) \in \mathbf{P},$$

所以 $E \in T(\mathbf{S})$，因此 $\mathbf{S} \subseteq T(\mathbf{S})$. 设 T^{-1} 是 T 的逆变换，$T^{-1}(x) = \frac{x-\beta}{\alpha}$，对于 T^{-1} 应用同样的推理方法，我们得到 $\mathbf{S} \subseteq T^{-1}(\mathbf{S})$. 再对上述关系式的两端做变换 T，我们得到 $T(\mathbf{S}) \subseteq \mathbf{S}$，从而有 $T(\mathbf{S}) = \mathbf{S}$.

若对于任意一个博雷尔集 E，记

$$\mu_1(E) = \mu\big(T(E)\big) \quad \text{且} \quad \mu_2(E) = \alpha\mu(E),$$

则 μ_1 和 μ_2 都是 $\mathbf{S}$ 上的测度. 若 $E = [a, b) \in \mathbf{P}$，则有 $T(E) = [\alpha a + \beta, \alpha b + \beta)$，并且

$$\mu_1(E) = \mu\big(T(E)\big) = (\alpha b + \beta) - (\alpha a + \beta) = \alpha(b - a) = \alpha\mu(E) = \mu_2(E).$$

因此，根据定理 8.E 和定理 13.A，对于任意集合 $E \in \mathbf{S}$ 有 $\mu\big(T(E)\big) = \alpha\mu(E)$.

将以上两段中的结论应用到逆变换 T^{-1} 上, 我们得到关系式

$$
\begin{aligned}
\mu^*\big(T(E)\big) &= \inf\{\mu(F) : T(E) \subseteq F \in \mathbf{S}\} \\
&= \inf\big\{\alpha\mu\big(T^{-1}(F)\big) : E \subseteq T^{-1}(F) \in \mathbf{S}\big\} \\
&= \alpha \inf\{\mu(G) : E \subseteq G \in \mathbf{S}\} \\
&= \alpha\mu^*(E),
\end{aligned}
$$

将 $\inf$ 替换为 $\sup$, μ^* 替换为 μ_*, $\subseteq$ 替换为 $\supseteq$, 对于任意集合 E, 有

$$
\mu_*\big(T(E)\big) = \alpha\mu_*(E).
$$

若 E 是一个勒贝格可测集, A 是任意集合, 则

$$
\begin{aligned}
&\mu^*\big(A \cap T(E)\big) + \mu^*\Big(A \cap \big(T(E)\big)'\Big) \\
&= \mu^*\Big(T\big(T^{-1}(A) \cap E\big)\Big) + \mu^*\Big(T\big(T^{-1}(A) \cap E'\big)\Big) \\
&= \alpha\Big[\mu^*\big(T^{-1}(A) \cap E\big) + \mu^*\big(T^{-1}(A) \cap E'\big)\Big] \\
&= \alpha\mu^*\big(T^{-1}(A)\big) \\
&= \mu^*(A),
\end{aligned}
$$

因此 $T(E)$ 是勒贝格可测集. 将此结论应用在 T^{-1} 证明它自己的逆, 定理的结论得证. ∎

习题

1. 设 $\mathbf{C}$ 是由所有闭集组成的集类, 由所有博雷尔集形成的集类是由 $\mathbf{C}$ 生成的 σ 环, 并且对于任意集合 E 有
$$
\mu_*(E) = \sup\{\mu(C) : E \supseteq C \in \mathbf{C}\}.
$$

2. 对于任意一个勒贝格可测集 E, 存在两个博雷尔集 A 和 B 使得
$$
A \subseteq E \subseteq B, \quad \mu(B - A) = 0,
$$
并且使得 A 是一个 F_σ 集, B 是一个 G_δ 集.

3. 有界集具有有限外测度, 逆命题是否成立?

4. 设 M 是单位闭区间 X 中的有理数集, 枚举如下: $M = \{x_1, x_2, \cdots\}$. 对于任意正数 ε 和 $i = 1, 2, \cdots$, 令 $F_i(\varepsilon)$ 为以 x_i 为中心, 长度为 $\varepsilon/2^i$ 的开区间, 记
$$
F(\varepsilon) = \bigcup_{i=1}^{\infty} F_i(\varepsilon), \quad F = \bigcap_{n=1}^{\infty} F\left(\frac{1}{n}\right).
$$
下列命题成立.

(4a) 存在 $\varepsilon > 0$ 和 $x \in X$, 使得 $x \notin F(\varepsilon)$.

(4b) 集合 $F(\varepsilon)$ 是开集, 并且 $\mu\big(F(\varepsilon)\big) \leqslant \varepsilon$.

(4c) 集合 $X - F(\varepsilon)$ 是无处稠密集.

(4d) 集合 $X - F$ 属于第一种范畴. 由于 X 是一个完备度量空间, 所以 F 是不可数集 (因此, 特别地有 $F \neq M$).

(4e) F 的测度为零.

由于 $F \supseteq M$, 对于可数集 M (如同任何可数集) 的测度为零这一事实, (4e) 给出了一个新的证明. 然而更有趣的是, 测度为零的不可数集是存在的, 见习题 5.

5. 将单位闭区间 X 中的每一个数 x 展为三进制小数, 即

$$x = \sum_{n=1}^{\infty} \frac{\alpha_n}{3^n}, \qquad \alpha_n = 0, 1, 2, \qquad n = 1, 2, \cdots,$$

设 C 是由展开式中不含数字 1 的数组成的集合. (注意, 若沿用常用的十进制小数记号, 以 $0.\alpha_1\alpha_2\ldots$ 来表示 $\sum_{n=1}^{\infty} \alpha_n/3^n$, 例如 $\frac{1}{3} = 0.1000\ldots = 0.0222\ldots$, 则有 $\frac{1}{3} \in C$. 但由于 $\frac{1}{2} = 0.111\ldots$ 是 $\frac{1}{2}$ 的唯一的三进制小数展开式, 所以 $\frac{1}{2} \notin C$.) 将 X 等分为三段, 设 X_1 是中间一段对应的开区间, 即 $X_1 = \left(\frac{1}{3}, \frac{2}{3}\right)$; 剩下的两个闭区间构成 $X - X_1$, 将这两个闭区间各自三等分, 设 X_2 和 X_3 分别是它们中间一段对应的开区间, 即 $X_2 = \left(\frac{1}{9}, \frac{2}{9}\right)$ 且 $X_3 = \left(\frac{7}{9}, \frac{8}{9}\right)$; 剩下的四个闭区间构成

$$X - (X_1 \cup X_2 \cup X_3),$$

将这四个闭区间各自三等分, 取中间一段对应的四个开区间为 X_4, X_5, X_6, X_7, 以此类推, 以至无穷. 则下列命题成立.

(5a) $C = X - \bigcup_{n=1}^{\infty} X_n$. 提示: 将 X 中每一个 x 表示为 $x = 0.\alpha_1\alpha_2\ldots$, $\alpha_n = 0, 1, 2$, $n = 1, 2, \cdots$, 当 $x \in C$ 时, 必有 $\alpha_n = 0$ 或 2, $n = 1, 2, \cdots$. x 的这样的展开式是唯一的, 并且 (i) $x \in X_1$ 当且仅当 $\alpha_1 = 1$; (ii) 若 $\alpha_1 \neq 1$, 则 $x \in X_2 \cup X_3$ 当且仅当 $\alpha_2 = 1$; (iii) 若 $\alpha_1 \neq 1$, $\alpha_2 \neq 1$, 则 $x \in X_4 \cup X_5 \cup X_6 \cup X_7$ 当且仅当 $\alpha_3 = 1$; …….

(5b) $\mu(C) = 0$.

(5c) C 是无处稠密集. 提示: 假设 X 包含一个开区间, 并且这个开区间与 $\bigcup_{n=1}^{\infty} X_n$ 的交集是空集.

(5d) C 是完备集. 提示: 区间 $X_1, X_2, \cdots$ 中的任何两个没有公共点.

(5e) C 具有连续统的基数. 提示: 考虑下列对应关系: 对于任意 $x \in C$, $x = 0.\alpha_2\alpha_2\ldots$, $\alpha_n = 0$ 或 2 ($n = 1, 2, \cdots$), 数 y 与之对应, y 的二进制小数展开式是

$$y = 0.\beta_1\beta_2\ldots, \qquad \beta_n = \frac{\alpha_n}{2}, \qquad n = 1, 2, \cdots,$$

或者等价的 $y = \sum_{n=1}^{\infty} \alpha_n/2^{n+1}$. 这个对应在 C 和 X 之间并非一对一的, 但在 C 中的无理数与 X 中的无理数之间是一对一的. 也可以利用 (5d) 来证明.

集合 C 称为**康托尔集**.

6. 由于所有博雷尔集形成的集类具有连续统的基数（见习题 5.9c），并且康托尔集的每一个子集是勒贝格可测集（见 (5b)），因此存在不是博雷尔集的勒贝格可测集.

7. 单位闭区间中，二进制小数展开式的所有偶数位的数字都是 0 的所有点组成一个集合，这个集合是勒贝格可测集，其测度为零.

8. 设 X 是欧几里得平面上一个圆的周长. 在 X 中的博雷尔集上存在唯一的测度 μ，使得 $\mu(X) = 1$，并使得 μ 对于 X 的所有旋转都是不变的.（若圆周上的子集属于由圆上所有开弧形成的集类所生成的 σ 环，则这样的集合是博雷尔集.）

9. 若 g 是单实变量有限的递增连续函数，则在包含所有博雷尔集的某个 σ 环 $\overline{S}_g$ 上，存在唯一的完备测度 $\bar{\mu}_g$，使得 $\bar{\mu}_g([a, b)) = g(b) - g(a)$，并使得对于任意 $E \in \overline{S}_g$，存在博雷尔集 F 满足 $\bar{\mu}_g(E \triangle F) = 0$（见习题 8.3）. $\bar{\mu}_g$ 称为由 g 导出的**勒贝格-斯蒂尔杰斯测度**.

§16.   不可测集

若要展示直线上勒贝格可测集的全部结构，上节的讨论还不够细致. 例如，确定是否存在不可测集就是一个重要问题. 本节的目的就是要回答这个问题，以及一些与之有关的问题. 回答这些问题的技巧中有一些与我们过去使用的方法完全不同. 然而由于其中的大部分方法在测度论中经常使用，特别是在建立富有启发性的例子中，因此我们加以详细描述. 本节采用与第 15 节相同的记号.

若 E 是实直线的任意子集，a 是任意实数，则以 $E + a$ 表示所有形如 $x + a$ 的数的集合，其中 $x \in E$. 一般地，若 E 和 F 都是实直线的子集，则以 $E + F$ 表示所有形如 $x + y$ 的数的集合，其中 $x \in E$，$y \in F$. 以 $D(E)$ 表示所有形如 $x - y$ 的数的集合，其中 $x \in E$，$y \in E$，$D(E)$ 称为 E 的**差集**.

定理 A   若 E 是具有有限正测度的勒贝格可测集，$0 \leqslant \alpha < 1$，则存在开区间 U 使得 $\bar{\mu}(E \cap U) \geqslant \alpha\mu(U)$.

证明   设 U 是由所有开集形成的集类. 根据定理 15.C，$\bar{\mu}(E) = \inf\{\mu(U) : E \subseteq U \in \mathbf{U}\}$，因此我们可以选取一个开集 U_0，使得 $E \subseteq U_0$ 且 $\alpha\mu(U_0) \leqslant \bar{\mu}(E)$. 若 $\{U_n\}$ 是互不相交的开区间序列，其并集是 U_0，则有

$$\alpha \sum_{n=1}^{\infty} \mu(U_n) \leqslant \sum_{n=1}^{\infty} \bar{\mu}(E \cap U_n).$$

因此，至少有 n 的一个值使得 $\alpha\mu(U_n) \leqslant \bar{\mu}(E \cap U_n)$，我们可以取这个开区间 U_n 作为 U.   ∎

定理 B   若 E 是具有有限正测度的勒贝格可测集，则存在包含原点的一个开区间，这个开区间被差集 $D(E)$ 所包含.

证明 若 E 本身就是一个开区间，或者 E 包含一个开区间，则结论显然成立. 在一般场合下，我们应用定理 A（定理 A 断言集合 E 的合适子集任意地接近一个区间），寻找一个有界开区间 U，使得

$$\bar{\mu}(E \cap U) \geqslant \tfrac{3}{4}\mu(U).$$

若 $-\tfrac{1}{2}\mu(U) < x < \tfrac{1}{2}\mu(U)$，则集合

$$(E \cap U) \cup ((E \cap U) + x)$$

被一个长度小于 $\tfrac{3}{2}\mu(U)$ 的区间（即 $U \cup (U + x)$）所包含. 若 $E \cap U$ 与 $(E \cap U) + x$ 不相交，由于它们具有相等的测度，我们有

$$\bar{\mu}\big((E \cap U) \cup [(E \cap U) + x]\big) = 2\bar{\mu}(E \cap U) \geqslant \tfrac{3}{2}\mu(U).$$

因此 $E \cap U$ 中至少有一个点属于 $(E \cap U) + x$，这就证明了 $x \in D(E)$. 换句话说，区间 $\left(-\tfrac{1}{2}\mu(U), \tfrac{1}{2}\mu(U)\right)$ 满足定理中所述的条件. ∎

定理 C 若 ξ 是一个无理数，n 和 m 是任意整数，则所有形如 $n + m\xi$ 的数的集合 A 在实直线上是处处稠密的. 若 B 是所有形如 $n + m\xi$ 的数的集合，其中 n 是偶数，C 是所有形如 $n + m\xi$ 的数的集合，其中 n 是奇数，则 B 和 C 在实直线上也是处处稠密的.

证明 对于任意正整数 i，存在唯一的整数 n_i（n_i 可为正、为负或为零）使得 $0 \leqslant n_i + i\xi < 1$. 令 $x_i = n_i + i\xi$. 若 U 是任意一个开区间，则存在正整数 k 使得 $\mu(U) > \tfrac{1}{k}$. 在单位区间中的 $k + 1$ 个数 $x_i, \cdots, x_{k+1}$ 中，至少有两个数，例如 x_i 和 x_j，使得 $|x_i - x_j| < \tfrac{1}{k}$. 从而 $x_i - x_j$ 的某个整数倍属于区间 U，即 A 的某个元素属于 U，这就证明了定理中关于 A 的部分. 类似地，我们只需将单位区间换为 $[0, 2)$，就可以证明关于 B 的部分. 关于 C 的证明可由等式 $C = B + 1$ 完成. ∎

定理 D 至少存在一个勒贝格不可测集 E_0.

证明 对于任意的两个实数 x 和 y，用记号 $x \sim y$（只用在这个证明里）表示 $x - y \in A$，其中 A 是定理 C 中所述的集合. 容易验证关系"$\sim$"具有自反性、对称性和传递性. 因此，所有实数的集合可以看作一些互不相交集合的并集，其中每一个集合包含与某一个给定的数具有关系"$\sim$"的所有数. 根据选择公理，可以找到集合 E_0 包含上述每一个集合中恰好一个点. 我们将证明 E_0 是不可测的.

设 F 是一个博雷尔集且使得 $F \subseteq E_0$. 由于差集 $D(F)$ 中不可能包含稠密集 A 中的任何非零元素，根据定理 B，F 的测度必为零，因此 $\mu_*(E_0) = 0$. 换句话说，若 E_0 是勒贝格可测集，则它的测度必为零.

我们注意到，若 a_1 和 a_2 是 A 中的两个不相同的元素，则集合 $E_0 + a_1$ 和 $E_0 + a_2$ 是互不相交的（若 $x_1 + a_1 = x_2 + a_2$，其中 $x_1 \in E_0$，$x_2 \in E_0$，则 $x_1 - x_2 = a_2 - a_1 \in A$）. 此外，由于整个实直线被所有形如 $E_0 + a$ 的集合形成的可数集类所覆盖，其中 $a \in A$，即 $E_0 + A = X$，因此，若 E_0 是勒贝格可测集，则可推出每一个 $E_0 + a$ 是勒贝格可测集并且具有与 E_0 相同的测度. 由此可知，E_0 是勒贝格可测集这一假定将导出 $\mu(X) = 0$ 这一荒谬的结论. ∎

定理 D 的证明中使用的构造方法是大家熟知的，但要构造以后要用到的一些反例，需要下面的改进的定理.

定理 E *存在实直线的一个子集 M，使得对于任何勒贝格可测集 E，有*

$$\mu_*(M \cap E) = 0 \quad \text{且} \quad \mu^*(M \cap E) = \bar{\mu}(E).$$

证明 设 A, B, C 是定理 C 中所述的集合，则 $A = B \cup C$. 设 E_0 是在定理 D 的证明中构造的集合，记

$$M = E_0 + B.$$

若 F 是一个博雷尔集，使得 $F \subseteq M$，则差集 $D(F)$ 中不可能包含稠密集 C 中的任何元素，从而根据定理 B 有 $\mu_*(M) = 0$. 关系式

$$M' = E_0 + C = E_0 + (B + 1) = M + 1$$

蕴涵 $\mu_*(M') = 0$（见定理 15.D）. 若 E 是任意勒贝格可测集，则由 μ_* 的单调性可知 $\mu_*(M \cap E) = \mu_*(M' \cap E) = 0$. 根据定理 14.H 有 $\mu^*(M \cap E) = \bar{\mu}(E)$. ∎

从本节的证明中还可以获得下述结论：不可能将勒贝格测度扩张到由实直线的所有子集形成的集类上，使得扩张的集函数仍是一个对于平移保持不变的测度.

习题

1. 若 E 是一个勒贝格可测集，使得对于处处稠密集中的每一个数 x 都有

$$\bar{\mu}\big(E \Delta (E + x)\big) = 0,$$

则 $\bar{\mu}(E) = 0$ 和 $\bar{\mu}(E') = 0$ 中必有一个成立.

2. 令 **S** 是由集合 X 的子集形成的 σ 环，μ 是 **S** 上的 σ 有限测度，μ^* 和 μ_* 分别是 **H(S)** 上由 μ 导出的外测度和内测度. 令 M 是 **H(S)** 中任意一个集合，$\widetilde{\mathbf{S}}$ 是由 M 以及 **S** 中所有集合形成的集类生成的 σ 环. 下列一系列论断的目的在于证明：μ 可以扩张为 $\widetilde{\mathbf{S}}$ 上的测度 $\tilde{\mu}$.

(2a) σ 环 $\widetilde{\mathbf{S}}$ 是由所有形如 $(E \cap M) \Delta (F \cap M')$ 的集合形成的集类，其中 $E \in \mathbf{S}$，$F \in \mathbf{S}$.

提示：只需证明所有具有上述指定形式的集合形成一个 σ 环，注意

$$(E \cap M) \Delta (F \cap M') = (E \cap M) \cup (F \cap M').$$

(2b) 若 $\mu^*(M) < \infty$, 并且 G 和 H 分别是 M 的可测核和可测覆盖, 令 $D = H - G$, 则 $\widetilde{\mathbf{S}}$ 中任何集合与 D' 的交集属于 $\mathbf{S}$.

(2c) 在 $\mathbf{S}$ 中存在两个集合 G 和 H, 使得 $G \subseteq M \subseteq H$, $\mu_*(M - G) = \mu_*(H - M) = 0$, 并且使得当 $D = H - G$ 时 $\widetilde{\mathbf{S}}$ 中任何集合与 D' 的交集都属于 $\mathbf{S}$. 提示: 存在 $\mathbf{S}$ 中的互不相交的集合序列 $\{X_n\}$ 使得 $\mu(X_n) < \infty$ 且 $M = \bigcup_{n=1}^{\infty}(M \cap X_n)$.

(2d) 沿用 (2c) 中的记号, 有 $\mu_*(M \cap D) = \mu_*(M' \cap D) = 0$, 从而有

$$\mu^*(M \cap D) = \mu^*(M' \cap D) = \mu(D).$$

(2e) 沿用 (2c) 中的记号, 若

$$[(E_1 \cap M)\Delta(F_1 \cap M')] \cap D = [(E_2 \cap M)\Delta(F_2 \cap M')] \cap D,$$

其中 E_1, F_1, E_2, F_2 都是 $\mathbf{S}$ 中的集合, 则有

$$\mu(E_1 \cap D) = \mu(E_2 \cap D) \quad \text{且} \quad \mu(F_1 \cap D) = \mu(F_2 \cap D).$$

提示: 利用下述事实: 等式

$$[(E_1 \Delta E_2) \cap M \cap D]\Delta[(F_1 \Delta F_2) \cap M' \cap D] = 0$$

蕴涵

$$(E_1 \cap D)\Delta(E_2 \cap D) \subseteq M' \cap D \quad \text{且} \quad (F_1 \cap D)\Delta(F_2 \cap D) \subseteq M \cap D.$$

(2f) 设 α 和 β 是满足 $\alpha + \beta = 1$ 的非负实数. 沿用 (2c) 中的记号, 等式

$$\tilde{\mu}((E \cap M)\Delta(F \cap M')) = \mu([(E \cap M)\Delta(F \cap M')] \cap D') + \alpha\mu(E \cap D) + \beta\mu(F \cap D)$$

定义了 $\widetilde{\mathbf{S}}$ 上的集函数 $\tilde{\mu}$, 则 $\tilde{\mu}$ 是 $\widetilde{\mathbf{S}}$ 上的一个测度, 并且它是 μ 在 $\mathbf{S}$ 上的扩张.

3. 若 μ 是 σ 环 $\mathbf{S}$ 上的 σ 有限测度, $\{M_1, \cdots, M_n\}$ 是可传递 σ 环 $\mathbf{H}(\mathbf{S})$ 中的集合形成的有限集类, 则在集类 $\mathbf{S} \cup \{M_1, \cdots, M_n\}$ 生成的 σ 环 $\widetilde{\mathbf{S}}$ 上可以定义一个测度 $\tilde{\mu}$, 使得它是 μ 在 $\mathbf{S}$ 上的扩张. 对于 $\mathbf{H}(\mathbf{S})$ 中的无限集合序列 $\{M_n\}$, 目前尚不知道类似的命题是否成立.

4. 下面的例子有助于从直观上理解不可测集. 事实上, 不可测集的一般性质都可以由这个例子来说明. 设 $X = \{(x, y) : 0 \leqslant x \leqslant 1, \ 0 \leqslant y \leqslant 1\}$ 是单位正方形. 对于区间 $[0, 1]$ 的每一个子集 E, 记

$$\hat{E} = \{(x, y) : x \in E, \ 0 \leqslant y \leqslant 1\} \subseteq X.$$

设 $\mathbf{S}$ 是由所有形如 $\hat{E}$ 的集合形成的集类, 其中 E 是勒贝格可测集. 定义 $\mu(\hat{E})$ 为勒贝格可测集 E 的勒贝格测度, 集合 $M = \{(x, y) : 0 \leqslant x \leqslant 1, \ y = \frac{1}{2}\}$ 就是一个不可测集. $\mu_*(M) = 0$ 且 $\mu^*(M) = 1$.

5. 设 μ^* 是定义在 X 的所有子集形成的集类上的正则外测度，使得 $\mu^*(X) = 1$. 设 $M \subseteq X$，使得 $\mu_*(M) = 0$ 且 $\mu^*(M) = 1$（见定理 E 和习题 4）. 若 $\nu^*(E) = \mu^*(E) + \mu^*(E \cap M)$，则 ν^* 是一个外测度（见习题 10.5 和习题 10.7）.

(5a) 集合 E 是 ν^* 可测集当且仅当它是 μ^* 可测集（见习题 12.6）.

(5b) 对于包含给定集合 A 的所有 ν^* 可测集 E，有 $\inf \nu^*(E) = 2\mu^*(A)$. 提示：若 E 是 ν^* 可测集，则 $\mu^*(E \cap M) = \mu^*(E)$.

(5c) 外测度 ν^* 不是正则的. 提示：用 M' 验证正则性.

第 4 章　可测函数

§17.　测度空间

对于集合 X，若由 X 的子集形成的 σ 环 $\mathbf{S}$ 满足 $\bigcup \mathbf{S} = X$，则称 X 和 $\mathbf{S}$ 是**可测空间**．在不引起混淆的情况下，通常可以用基础集合 X 表示可测空间．但在需要着重指出所研究的 σ 环的场合，我们将使用记号 $(X, \mathbf{S})$ 代替 X．习惯上当且仅当 X 的子集 E 属于 σ 环 $\mathbf{S}$ 时，我们称 E 为**可测集**．对于某一个外测度 μ^*，这种表述并不意味着 $\mathbf{S}$ 是由所有 μ^* 可测集形成的 σ 环，甚至并不表示定义在 $\mathbf{S}$ 上的一个一般测度．

利用"可测集"这个术语，可测空间定义中的条件可以表达为：所有可测集的并集就是整个空间，或者等价地说，任意一个点都属于某一个可测集．做出这个限制的目的就是通过从空间中除去那些对于测度论无关紧要的点（或点集），排除明显的和毫无用处的事项．

设 $(X, \mathbf{S})$ 是可测空间，μ 是 $\mathbf{S}$ 上的测度，我们称 $(X, \mathbf{S})$ 和 μ 是**测度空间**．正如对可测空间的表述，在不引起混淆的情况下，我们也常以 X 表示测度空间．但在需要着重指出所研究的 σ 环及其上的测度的场合，我们将使用记号 $(X, \mathbf{S}, \mu)$ 代替 X．根据测度 μ 是（全）有限、σ 有限或完备的，分别称测度空间 X 是（全）有限、σ 有限或完备的．对于测度空间，我们将不加解释地使用由可传递 σ 环 $\mathbf{H}(\mathbf{S})$ 的测度 μ 导出的外测度 μ^* 和（在 σ 有限的情况下）内测度 μ_*．

以推论和例题的方式，上一章的大部分结果说明了如何使一个可测空间成为测度空间．本节首先给出关于可测空间和测度空间的一般说明．本章的其他各节以及以后的章节转而讨论定义在测度空间上的函数，从原来的测度空间形成新的测度空间的有用方法，以及一些特殊情形的重要理论．

首先，我们注意到，测度空间 $(X, \mathbf{S}, \mu)$ 的可测子集 X_0 本身就可以看作一个测度空间 $(X_0, \mathbf{S}_0, \mu_0)$，其中 $\mathbf{S}_0$ 是由 X_0 的所有可测子集形成的集类，对于 $E \in \mathbf{S}_0$，$\mu_0(E) = \mu(E)$．反之，若 X 的某个子集 X_0 是一个测度空间 $(X_0, \mathbf{S}_0, \mu_0)$，则 X 可以成为一个测度空间 $(X, \mathbf{S}, \mu)$，其中 $\mathbf{S}$ 是由 X 的所有这样的子集形成的集类：每一个集合与 X_0 的交集属于 $\mathbf{S}_0$，并且，对于 $E \in \mathbf{S}$，$\mu(E) = \mu_0(E \cap X_0)$．（当然，对于可测空间，类似的论点也成立．）即使 X 本身已是一个测度空间，对上述的

结构方式稍加修改也是很有用的. 若 X_0 是 X 的一个可测子集, 则在由 X 的所有可测子集 E 所成的集类上, 可以定义一个新的测度 μ_0, 即 $\mu_0(E) = \mu(E \cap X_0)$. 容易验证, $(X, \mathbf{S}, \mu_0)$ 确实是一个测度空间.

在上段的讨论中, 若子集 X_0 不是可测集, 会有什么样的结论呢? 为了更好地回答这一问题, 我们引进一个新概念. 设 X_0 是测度空间 $(X, \mathbf{S}, \mu)$ 的子集, 若对于每一个可测集 E 都有 $\mu_*(E - X_0) = 0$, 则称 X_0 是**浓厚集**. 若 X 本身是可测集, 则 X_0 是浓厚集当且仅当 $\mu_*(X - X_0) = 0$; 若 μ 是全有限的, 则 X_0 是浓厚集当且仅当 $\mu^*(X_0) = \mu(X)$. (浓厚集的例子见定理 16.E 和习题 16.4.)比上述说明更深刻的结论由下面的定理给出, 它实质上说明了测度空间的浓厚子集可以看作一个测度空间.

定理 A　若 X_0 是测度空间 $(X, \mathbf{S}, \mu)$ 的浓厚子集, 记 $\mathbf{S}_0 = \mathbf{S} \cap X_0$, 并且对于 $E \in \mathbf{S}$ 有 $\mu_0(E \cap X_0) = \mu(E)$, 则 $(X_0, \mathbf{S}_0, \mu_0)$ 是一个测度空间.

证明　若 E_2 和 E_2 是 $\mathbf{S}$ 中的两个集合, 使得 $E_1 \cap X_0 = E_2 \cap X_0$, 则 $(E_1 \triangle E_2) \cap X_0 = 0$, 于是 $\mu(E_1 \triangle E_2) = 0$, 从而 $\mu(E_1) = \mu(E_2)$. 换句话说, μ_0 是毫无歧义地定义在 $\mathbf{S}_0$ 上的.

设 $\{F_n\}$ 是 $\mathbf{S}_0$ 中互不相交的集合序列, $E_n \in \mathbf{S}$, 使得

$$F_n = E_n \cap X_0, \qquad n = 1, 2, \cdots.$$

若令 $\widetilde{E}_n = E_n - \bigcup \{E_i : 1 \leqslant i < n\}$, $n = 1, 2, \cdots$, 则

$$(\widetilde{E}_n \triangle E_n) \cap X_0 = \left(F_n - \bigcup \{F_i : 1 \leqslant i < n\} \right) \triangle F_n = F_n \triangle F_n = \varnothing,$$

所以 $\mu(\widetilde{E}_n \triangle E_n) = 0$, 从而

$$\sum_{n=1}^{\infty} \mu_0(F_n) = \sum_{n=1}^{\infty} \mu(E_n) = \sum_{n=1}^{\infty} \mu(\widetilde{E}_n) = \mu\left(\bigcup_{n=1}^{\infty} \widetilde{E}_n \right) = \mu\left(\bigcup_{n=1}^{\infty} E_n \right) = \mu_0\left(\bigcup_{n=1}^{\infty} F_n \right).$$

换句话说, μ_0 确实是一个测度, 定理证明完成. ∎

习题

1. 定理 A 的下述逆命题成立: 若 $(X, \mathbf{S}, \mu)$ 是一个测度空间, X_0 是 X 的子集, 对于任意两个可测集 E_1 和 E_2, 当 $E_1 \cap X_0 = E_2 \cap X_0$ 时有 $\mu(E_1) = \mu(E_2)$, 则 X_0 是浓厚集. 提示: 若 $F \subseteq E - X_0$, 则 $(E - F) \cap X_0 = E \cap X_0$.

2. 借助习题 16.2 中的结果 (扩张定理), 可以给出定理 A 在 σ 有限的情况下的另一种证明.

3. 下列命题表明有限测度空间与全有限测度空间的差别是很小的，尽管表面上看来全有限测度空间是更为特殊的一种空间。任意有限测度空间 $(X, \mathbf{S}, \mu)$ 中都存在浓厚可测集 X_0。（提示：令 $c = \sup\{\mu(E) : E \in \mathbf{S}\}$。令 $\{E_n\}$ 是使得 $\lim_n \mu(E_n) = c$ 的可测集序列，记 $X_0 = \bigcup_{n=1}^{\infty} E_n$。注意 $\mu(X_0) = c$。）在大多数应用中，这个结果使我们可以假设一个有限测度空间是全有限的，因为不失一般性，我们可以将 X 替换成 X_0。下面是有限测度空间可以不是全有限的一个例子，设 X 是实直线，$\mathbf{S}$ 是由所有形如 $E \cup C$ 的集合形成的集类，其中 E 是 $[0, 1]$ 上的勒贝格可测子集，C 是可数集，并设 μ 是 $\mathbf{S}$ 上的勒贝格测度。上述关于 X_0 存在性的证明方法在测度论中常常会用到，这种方法称为**穷举法**。

4. 设 $(X, \mathbf{S}, \mu)$ 是完备且 σ 有限的测度空间，则任意一个 μ^* 可测集是可测的。因此，对于完备且 σ 有限的测度空间来说，关于可测性的两个概念是等价的。

§18.　可测函数

设 f 是定义在集合 X 上的实值函数，M 是实直线的子集。记

$$f^{-1}(M) = \{x : f(x) \in M\},$$

即 $f^{-1}(M)$ 是 X 中所有这样的点形成的集合：这些点由 f 映射到集合 M。称 $f^{-1}(M)$ 为集合 M（在 f 下或者对于 f）的**逆像**。例如，若 f 是 X 的某个子集 E 的特征函数，则 $f^{-1}(1) = E$，$f^{-1}(0) = E'$。更一般地，根据 M 既不包含 0 也不包含 1、包含 1 但不包含 0、包含 0 但不包含 1、同时包含 0 和 1，分别有

$$f^{-1}(M) = \varnothing, E, E', X.$$

容易验证，对于任意函数 f 都有

$$f^{-1}\left(\bigcup_{n=1}^{\infty} M_n\right) = \bigcup_{n=1}^{\infty} f^{-1}(M_n),$$
$$f^{-1}(M - N) = f^{-1}(M) - f^{-1}(N).$$

换句话说，从实直线的子集到 X 的子集的映射 f^{-1} 保持集合的所有运算不变。因此，若 $\mathbf{E}$ 是实直线上的一个集类（例如一个环或 σ 环），具有某种代数性质，则 $f^{-1}(\mathbf{E})$（也就是，对于 $M \in \mathbf{E}$，由所有形如 $f^{-1}(M)$ 的集合所形成的集类）是具有同样代数性质的集类。在后面应用中，我们特别感兴趣的是 $\mathbf{E}$ 为直线上的博雷尔集类的情形。

现在，假设 X 是一个集合，$\mathbf{S}$ 是由 X 的子集生成的 σ 环，使得 $(X, \mathbf{S})$ 是一个可测空间。对于 X 上的任意实值函数 f（并对于任意广义实值函数 f），记

$$N(f) = \{x : f(x) \neq 0\}.$$

若对于实直线上的任意博雷尔集 M，实值函数 f 都能使 $N(f)\cap f^{-1}(M)$ 为可测集，则称 f 是**可测函数**.

下面提出与可测性定义有关的一些说明. 首先，必须着重指出，实数值 0 在这个定义里所起的特殊作用. 我们选取 0 的理由在于，它是实数的加法群里的单位元素. 下一章中，我们将引进关于某些定义可测函数的积分的概念. 由于可以将积分法（它无疑是测度论中最重要的一个概念）看作加法的推广，所以必须以不同于其他实数的方式来对待 0 这个数.

若 f 是 X 上的可测函数，令 M 为整个实直线，则 $N(f)$ 是可测集. 因此，若 E 是 X 的可测子集，而 M 是实直线上的博雷尔集，则根据等式

$$E\cap f^{-1}(M) = [E\cap N(f)\cap f^{-1}(M)]\cup[(E-N(F))\cap f^{-1}(M)]$$

可知 $E\cap f^{-1}(M)$ 是可测集.（注意，上式右端的第二项或者是空集，或者等于 $E-N(F)$.）换句话说，若将"对于任意博雷尔集 M，定义在可测集 E 上的实值函数 f 使得 $E\cap f^{-1}(M)$ 为可测集"作为"f 在 E 上可测"的定义，则我们已经证明了可测函数在任何可测集上是可测的. 特别地，若空间 X 本身恰好是可测集，则 f 的可测性可以简单地叙述为：对于实直线上的任意博雷尔集 M，$f^{-1}(M)$ 是可测集. 换句话说，当 X 为可测集时，可测函数就是满足如下条件的函数：它的逆映射将预先给定的一个 σ 环（即实直线上的博雷尔集）中的集合映射到预先给定的另一个 σ 环（即 **S**）中的集合.

可测函数的概念显然与 σ 环 **S** 有关，因此在需要同时考虑不止一个 σ 环的场合，我们就说函数 f 关于 **S** 是可测的，或者更简单地说成 f 是 (**S**) 可测的. 特别地，若 X 是实直线，**S** 是博雷尔集类，$\overline{\mathbf{S}}$ 是勒贝格可测集类，则我们称关于 **S** 可测的函数为**博雷尔可测函数**，称关于 $\overline{\mathbf{S}}$ 可测的函数为**勒贝格可测函数**.

必须着重指出：正如第 17 节中用到的关于集合的可测性概念一样，函数的可测性概念不依赖预先给定的测度 μ 的数值，仅与预先给定的 σ 环 **S** 有关. 根据这个观点，一个集合或一个函数被命名为可测的，纯粹是集合论中的概念，而与测度论完全无关.

这种情况与近世拓扑空间理论中的情况类似. 在拓扑空间理论中，某种集合被称为开集，某种函数被称为连续函数，都与数值距离无关. 度量的存在与否，以及用它们定义集合的开集和函数的连续性是一个有趣的问题，但通常是一个无关紧要的问题. 上述的类似性在实质上比初看起来更为深刻：熟悉拓扑空间上连续函数理论的读者就会记得，函数 f 是连续的，当且仅当对于变程（在我们现在的场合就是实直线）中的任何开集 M，$f^{-1}(M)$ 属于预先给定的集类，这个集类中

的集合是被称为开集的.

我们需要引进广义实值函数可测性的概念. 为此只需约定, 将扩张的实直线上的单点集 $\{-\infty\}$ 和 $\{\infty\}$ 列入博雷尔集类, 然后逐字逐句地重复实值函数的可测性定义. 于是, 若对于直线上的任意博雷尔集 M, 广义实值函数 f 能使下列三个集合

$$f^{-1}(\{\infty\}), \quad f^{-1}(\{-\infty\}), \quad N(f) \cap f^{-1}(M)$$

都是可测集, 则称 f 是可测函数. 注意, 扩张的博雷尔集类不再是由半闭区间类生成的 σ 环.

我们将在下面详尽地研究并试图阐明可测函数的结构. 首先是下面这个相当有用的定理.

定理 A 可测空间 $(X, \mathbf{S})$ 上的实值函数 f 为可测函数, 当且仅当对于任意实数 c, $N(f) \cap \{x : f(x) < c\}$ 是可测集.

证明 若 M 是实直线上从 c 到 $-\infty$ 的开射线, 即 $M = \{t : t < c\}$, 则 M 是博雷尔集, 并且 $f^{-1}(M) = \{x : f(x) < c\}$. 因此, f 可测的条件显然是必要的.

接下来, 假设条件是成立的. 若 c_1 和 c_2 是两个实数, $c_1 < c_2$, 则

$$\{x : f(x) < c_2\} - \{x : f(x) < c_1\} = \{x : c_1 \leqslant f(x) < c_2\}.$$

换句话说, 若 M 是任意半闭区间, 则 $N(f) \cap f^{-1}(M)$ 可以表示为两个可测集的差集, 因此它是可测的. 设 $\mathbf{E}$ 是扩张的实直线上所有满足如下条件的子集 M 组成的集类: M 能使 $N(f) \cap f^{-1}(M)$ 为可测集. 由于 $\mathbf{E}$ 是 σ 环, 包含所有半闭区间的 σ 环也包含所有博雷尔集, 定理证明完毕. ■

习题

1. 在定理 A 中, 若将 $<$ 替换为 $\leqslant$ 或 $>$ 或 $\geqslant$, 定理仍成立. 提示: 若 $-\infty < c < \infty$, 则

$$\{x : f(x) \leqslant c\} = \bigcap_{n=1}^{\infty} \left\{ x : f(x) < c + \frac{1}{n} \right\}.$$

2. 在定理 A 中, 若限制 c 属于处处稠密的一个实数集, 定理仍成立.

3. 若 f 是可测函数, c 是实数, 则 cf 是可测函数.

4. 若 E 是可测集, 则它的特征函数是可测函数. 反之是否成立?

5. 非零的常函数是可测函数, 当且仅当 X 是可测集.

6. 若 X 是实直线, f 是增函数, 则 f 是博雷尔可测的. 任意一个连续函数是否都是博雷尔可测的?

7. 若 X 是实直线，E 是勒贝格不可测集. 记

$$f(x) = \begin{cases} x, & \text{若 } x \in E, \\ -x, & \text{若 } x \notin E. \end{cases}$$

f 是不是勒贝格可测函数?

8. 若 f 是可测函数，则对于任意实数 c，$N(f) \cap \{x : f(x) = c\}$ 是可测集. 反之是否成立?

9. 若复值函数的实部与虚部都是可测的，则称这个复值函数是可测函数. 复值函数 f 是可测的，当且仅当对于复平面上的任何开集 M，$N(f) \cap f^{-1}(M)$ 是可测集.

10. 设 f 是可测空间 $(X, \mathbf{S})$ 上的实值函数. 对于任意实数 t，令 $B(t) = \{x : f(x) \leqslant t\}$. 则

(10a) $\qquad\qquad\qquad s < t \quad \text{蕴涵} \quad B(s) \subseteq B(t),$

(10b) $\qquad\qquad\qquad \bigcup_t B(t) = X \quad \text{且} \quad \bigcap_t B(t) = \varnothing,$

(10c) $\qquad\qquad\qquad \bigcap_{s<t} B(t) = B(s).$

反之，若 $\{B(t)\}$ 是由具有性质 (10a)(10b)(10c) 的集合形成的一个集类，则存在唯一的有限实值函数 f 使得 $\{x : f(x) \leqslant t\} = B(t)$. 提示: 令 $f(x) = \inf\{t : x \in B(t)\}$.

11. 若 f 是全有限测度空间 $(X, \mathbf{S}, \mu)$ 上的可测函数，对于扩张的实直线上的任意博雷尔集 M，记 $\nu(M) = \mu(f^{-1}(M))$，则 ν 是博雷尔集类上的测度. 若 f 是有限的，g 是由等式 $g(t) = \mu(\{x : f(x) < t\})$ 确定的单实变量函数，则 g 单调增加、左连续，并且 $g(-\infty) = 0$，$g(\infty) = \mu(X)$. 称 g 为 f 的**分布函数**. 若 g 是连续函数，则由 g 导出的勒贝格-斯蒂尔杰斯测度 μ_g（见习题 15.9）是 ν 的完备化. 若 f 是可测集 E 的特征函数，则 $\nu(M) = \chi_M(1)\mu(E) + \chi_M(0)\mu(E')$.

§19.　可测函数的运算

定理 A　若 f 和 g 是可测空间 $(X, \mathbf{S})$ 上的广义实值可测函数，c 是任意实数，则集合

$$A = \{x : f(x) < g(x) + c\},$$
$$B = \{x : f(x) \leqslant g(x) + c\},$$
$$C = \{x : f(x) = g(x) + c\}$$

三者中的每一个与任意可测集的交集是可测集.

证明　设 M 是直线上的有理数集. 由等式

$$A = \bigcup_{r \in M} \left(\{x : f(x) < r\} \cap \{x : r - c < g(x)\} \right)$$

可得到定理中关于 A 的结论. 由等式

$$B = X - \{x : g(x) < f(x) - c\} \quad \text{和} \quad C = B - A$$

可得到定理中关于 B 和 C 的结论. ■

定理 B 若 ϕ 是定义在扩张的实直线上的广义实值博雷尔可测函数, 具有性质 $\phi(\varnothing) = 0$, X 是可测空间, f 是定义在 X 上的广义实值可测函数, 则由等式 $\tilde{f}(x) = \phi(f(x))$ 确定的函数 $\tilde{f}$ 是定义在 X 上的可测函数.

证明 在这里直接运用可测函数的定义 (而不是第 18 节中的充分必要条件) 是很方便的. 若 M 是扩张的实直线上的任一博雷尔集, 则

$$N(\tilde{f}) \cap \tilde{f}^{-1}(M) = \{x : \phi(f(x)) \in M - \{0\}\} = \{x : f(x) \in \phi^{-1}(M - \{0\})\}.$$

由于 $\phi(\varnothing) = 0$, 我们有

$$\phi^{-1}(M - \{0\}) = \phi^{-1}(M - \{0\}) - \{0\}.$$

因为 ϕ 是博雷尔可测的, 所以 $\phi^{-1}(M - \{0\})$ 是博雷尔集, 再由 f 的可测性即可得到集合

$$N(\tilde{f}) \cap \tilde{f}^{-1}(M) = N(f) \cap f^{-1}(\phi^{-1}(M - \{0\}))$$

的可测性. ■

容易验证, 对于任意正实数 α 和任意实数 t, 由等式 $\phi(t) = |t|^{\alpha}$ 确定的函数 ϕ 是博雷尔可测函数. 因此, 若函数 f 是可测的, 则 $|f|^{\alpha}$ 也是可测的. 类似地, 可测函数的正整数次幂以及 (实) 常数与可测函数的乘积都是可测函数. 若考虑两个或多个实变量的博雷尔可测函数, 则可以使用类似的方法证明两个可测函数的和与积都是可测函数. 但是由于我们现在还没有定义和证明多变量函数的博雷尔可测性的性质, 所以暂时中止这方面的讨论, 转而直接证明和与积的可测性.

定理 C 若 f 和 g 是可测空间 X 上的广义实值可测函数, 则 $f + g$ 和 fg 都是可测函数.

证明 如果在点 x 处, $f(x)$ 和 $g(x)$ 至少有一个是无限的, 只要考察几种可能的情形就可以知道, $f(x) + g(x)$ 和 $f(x)g(x)$ 的意义很容易理解. 因此, 我们可以只考虑取有限值的函数 (顺便回想一下, 若 $f(x) = \pm\infty$ 且 $g(x) = \mp\infty$, 则 $f(x) + g(x)$ 没有意义).

由于当 f 和 g 为有限函数时, 对于任意的实数 c, 有

$$\{x : f(x) + g(x) < c\} = \{x : f(x) < c - g(x)\},$$

故在定理 A 中以 $-g$ 代替 g，即可得到 $f+g$ 的可测性. 由恒等式

$$fg = \tfrac{1}{4}\left[(f+g)^2 - (f-g)^2\right]$$

可推出 fg 的可测性. ∎

当 f 和 g 为有限函数时，我们有

$$f \cup g = \tfrac{1}{2}\big(f+g+|f-g|\big),$$
$$f \cap g = \tfrac{1}{2}\big(f+g-|f-g|\big).$$

定理 B 和定理 C 表明，根据 f 和 g 的可测性可以推出 $f\cup g$ 和 $f\cap g$ 的可测性. 若对于任意广义实值函数 f，令

$$f^+ = f \cup 0 \quad \text{且} \quad f^- = -(f \cap 0),$$

则有

$$f = f^+ - f^- \quad \text{且} \quad |f| = f^+ + f^-.$$

（函数 f^+ 和 f^- 分别称为函数 f 的**正部**和**负部**.）根据上面的讨论可知，可测函数的正部和负部都是可测的；反之，若一个函数的正部和负部都是可测的，则这个函数本身也是可测的.

习题

1. 若 f 是一个函数，使得 $|f|$ 是可测的，则 f 是否一定可测？

2. 若 X 是可测集，则在定理 B 中即使没有 $\phi(\varnothing) = 0$ 这个条件，定理仍然成立. 换句话说，在这种情况下，可测函数的博雷尔可测函数是一个可测函数.

3. 即使当 X 是可测集时，可测函数的勒贝格可测函数也不一定是可测函数. 下面一系列叙述的目的通过构造一个合适的例子给出上述命题的证明. 我们将给出一个勒贝格可测的实变量函数 $\phi(y)$ 和一个严格递增的连续函数 $f(x)$，其中 x 是实变量，$0 \leqslant x \leqslant 1$，使得 $\tilde{f}(x) = \phi\big(f(x)\big)$ 是勒贝格不可测的.

   对于任意 $x \in X$（其中 $X = [0,1]$ 是单位闭区间），令

$$x = \sum_{i=1}^{\infty} \frac{\alpha_i}{3^i} = 0.\alpha_1\alpha_2\alpha_3\dots,$$

其中 $\alpha_i = 0, 1$ 或 2，$i = 1, 2, \cdots$，若集合 C 是习题 15.5 中定义的康托尔集，则当 $x \in C$ 时有 $\alpha_i = 0$ 或 2，$i = 1, 2, \cdots$. 设 $n = n(x)$ 是使得 $\alpha_n = 1$ 的第一个指标. （若不存在这样的 n，也就是说，若 $x \in C$，则记 $n(x) = \infty$.）函数 Ψ 定义为：

$$\Psi = \sum_{i=1}^{n-1} \frac{\alpha_i}{2^{i+1}} + \frac{1}{2^n}.$$

（函数 Ψ 有时也称为**康托尔函数**.）

(3a) 若 $0 \leqslant x \leqslant y \leqslant 1$, 则

$$0 = \Psi(0) \leqslant \Psi(x) \leqslant \Psi(y) \leqslant \Psi(1) = 1.$$

提示: 若 $x = 0.\alpha_1\alpha_2\alpha_3\ldots \leqslant y = 0.\beta_1\beta_2\beta_3\ldots$, 且对于 $1 \leqslant i < j$ 有 $\alpha_i = \beta_i$, 则 $\alpha_j \leqslant \beta_j$.

(3b) 函数 Ψ 是连续的. 提示: 若 $x = 0.\alpha_1\alpha_2\alpha_3\ldots$, $y = 0.\beta_1\beta_2\beta_3\ldots$, 且对于 $1 \leqslant i < j$ 有 $\alpha_i = \beta_i$, 则

$$\left|\Psi(x) - \Psi(y)\right| \leqslant \frac{1}{2^{j-1}}.$$

(3c) 对于任意 $x \in X$, 存在唯一的数 y, $0 \leqslant y \leqslant 1$, 使得 $x = \frac{1}{2}\left(y + \Psi(y)\right)$. 这个方程确定了定义在 X 上严格递增的连续函数, 记为 $y = f(x)$. 提示: $\frac{1}{2}\left(y + \Psi(y)\right)$ 是严格递增并且连续的.

(3d) 集合 $f^{-1}(C)$ 是勒贝格可测集, 并且具有正测度. 提示: 集合

$$\Psi(X - C) = \left\{\Psi(y) : y \in X - C\right\}$$

是可数集, 所以它的测度为零. 由此可知

$$\mu\left(f^{-1}(X - C)\right) = \frac{1}{2}.$$

(3e) 存在勒贝格可测集 M, $M \subseteq \{y : 0 \leqslant y \leqslant 1\}$, 使得 $f^{-1}(M)$ 是勒贝格不可测集. 提示: 根据定理 16.E, $f^{-1}(C)$ 包含一个不可测子集. 回顾这一事实: 若一个集合的勒贝格测度是零, 则它的每一个子集都是勒贝格可测集.

(3f) 若 ϕ 是 (3e) 中的集合 M 的特征函数, 且 $\tilde{f}(x) = \phi(f(x))$, 则 ϕ 是勒贝格可测的, 但 $\tilde{f}$ 不是.

4. (3e) 中的集合 M 是非博雷尔集的勒贝格可测集的例子 (见习题 15.6).

§20. 可测函数序列

定理 A 若 $\{f_n\}$ 是可测空间 X 上的广义实值可测函数序列, 则由等式

$$h(x) = \sup\{f_n(x) : n = 1, 2, \cdots\},$$
$$g(x) = \inf\{f_n(x) : n = 1, 2, \cdots\},$$
$$f^*(x) = \limsup_n f_n(x),$$
$$f_*(x) = \liminf_n f_n(x)$$

确定的函数 h, g, f^*, f_* 都是可测函数.

证明　不难将一般情形转化为有限值函数的情形. 等式

$$\{x : g(x) < c\} = \bigcup_{n=1}^{\infty} \{x : f_n(x) < c\}$$

蕴涵 g 的可测性. 由关系式

$$h(x) = -\inf\{-f_n(x) : n = 1, 2, \cdots\}$$

可推出 h 的可测性. 由关系式

$$f^*(x) = \inf_{n \geqslant 1} \sup_{m \geqslant n} f_m(x) \quad \text{和} \quad f_*(x) = \sup_{n \geqslant 1} \inf_{m \geqslant n} f_m(x)$$

可推出 f^* 和 f_* 的可测性.　　　　　　　　　　　　　　　　　　■

由定理 A 可知, 可测函数序列 $\{f_n\}$ 的收敛点集, 即集合

$$\{x : \limsup_n f_n(x) = \liminf_n f_n(x)\}$$

与任何可测集的交集是可测集. 由此可知, 由等式 $f(x) = \lim_n f_n(x)$ 确定的, 使得这个极限存在的所有点 x 的函数 f 是可测函数.

简单函数的概念是可测函数论中极为有用的概念. 设 X 是可测空间, f 是定义在 X 上的函数, 若存在可测集的一个互不相交的有限集类 $\{E_1, \cdots, E_n\}$ 以及一个有限实数集 $\{\alpha_1, \cdots, \alpha_n\}$, 使得

$$f(x) = \begin{cases} \alpha_i, & \text{若 } x \in E_i,\ i = 1, \cdots, n, \\ 0, & \text{若 } x \notin E_1 \cup \cdots \cup E_n, \end{cases}$$

则称 f 为**简单函数**. (我们着重指出, 简单函数所取的值只限于有限个实数, 这个事实在接下来的讨论中是很重要的.) 换句话说, 简单函数只取有限个异于零的值, 每一个值在一个可测集上取得.

简单函数最简单的例子是可测集 E 的特征函数 χ_E. 不难验证, 每一个简单函数都是可测的. 事实上, 对于上述简单函数 f, 我们有

$$f(x) = \sum_{i=1}^{n} \alpha_i \chi_{E_i}(x).$$

两个简单函数的乘积以及有限个简单函数的线性组合仍为简单函数.

定理 B　任意广义实值可测函数 f 可以表示为简单函数序列 $\{f_n\}$ 的极限. 若 f 是非负的, 则每一个 f_n 可以取为非负的, 并且可取 $\{f_n\}$ 为递增的.

证明 首先假定 $f \geqslant 0$. 对于 $n = 1, 2, \cdots$ 和任意 $x \in X$, 令

$$f_n(x) = \begin{cases} \frac{i-1}{2^n}, & \text{若 } \frac{i-1}{2^n} \leqslant f(x) < \frac{i}{2^n}, \ i = 1, 2, \cdots, 2^n n, \\ n, & \text{若 } f(x) \geqslant n. \end{cases}$$

显然 f_n 是非负简单函数, 并且函数序列 $\{f_n\}$ 是递增的. 若 $f(x) < \infty$, 则对于某些 n 有

$$0 \leqslant f(x) - f_n(x) \leqslant \frac{1}{2^n}.$$

若 $f(x) = \infty$, 则对于每个 n 有 $f_n(x) = n$. 这就完成了定理后半部的证明. 将这个结果分别运用到函数 f^+ 和 f^- 上, 因为两个简单函数的差仍为简单函数, 就得到了定理前半部的证明. ∎

习题

1. 本节和上节中全部概念以及结论 (当然要去掉有关实数次序性质的一些命题) 都可以推广到复值函数的场合.

2. 若定理 B 中的函数 f 是有界的, 则可以选取 $\{f_n\}$ 使它一致收敛到 f.

3. 若允许在简单函数的定义中有可数无限个集 E_i 以及可数无限个对应的实数 α_i, 则得到**初等函数**的概念. 任意实值可测函数 f 可以表示为一致连续的初等函数序列的极限.

§21.　几乎处处收敛性

在之前的三节中, 我们建立了可测函数理论, 而这些理论的建立, 没有用到测度的概念. 从现在起, 我们将假定所考虑的空间 X 是一个测度空间 $(X, \mathbf{S}, \mu)$.

若一个命题在测度空间中除去一个测度为零的可测集外的任何其他点都成立, 则称命题在**几乎所有**的点成立, 或称命题**几乎处处成立**. 例如, 我们说函数 f 几乎处处是常数, 意味着存在实数 c, 使得 $\{x : f(x) \neq c\}$ 是测度为零的集合. 若函数 f 几乎处处有界, 也就是说, 存在一个正的常数 c, 使得 $\{x : |f(x)| > c\}$ 是测度为零的集合, 则称 f 是**本性有界**的. 满足上述条件的数 c 的下确界称为 $|f|$ 的**本性上确界**, 简写为

$$\text{ess. sup.} \, |f|.$$

设 $\{f_n\}$ 是广义实值函数序列, 它在测度空间 X 上几乎处处收敛到一个极限函数 f. 也就是说, 存在测度为零的集合 E_0 (可能是空集) 使得若 $x \notin E_0$, $\varepsilon > 0$,

则可以找到一个整数 $n_0 = n_0(x, \varepsilon)$, 当 $n > n_0$ 时有

$$
\begin{aligned}
&\text{若} \quad f(x) = -\infty && \text{则} \quad f_n(x) < -1/\varepsilon, \\
&\text{若} \quad -\infty < f(x) < \infty && \text{则} \quad |f_n(x) - f(x)| < \varepsilon, \\
&\text{若} \quad f(x) = \infty && \text{则} \quad f_n(x) > 1/\varepsilon.
\end{aligned}
$$

设 $\{f_n\}$ 是实值函数序列, 若存在测度为零的集合 E_0, 对于 $x \notin E_0$ 且 $\varepsilon > 0$, 可以找到一个整数 $n_0 = n_0(x, \varepsilon)$ 使得

$$
\text{当 } n \geqslant n_0 \text{ 且 } m \geqslant m_0 \text{ 时, 有 } |f_n(x) - f_m(x)| < \varepsilon,
$$

则称 $\{f_n\}$ 是**几乎处处基本**的. 类似地, 在实序列理论中, 要区分收敛到广义实数 a 的广义实数序列 $\{a_n\}$ 与有限实数序列 $\{a_n\}$ 哪一个是基本序列, 即哪一个满足收敛到有限极限的柯西充分必要条件.

显然, 若一个函数序列几乎处处收敛到一个有限值极限函数, 则这个函数序列是几乎处处基本的; 反之, 任意一个几乎处处基本的函数序列必定几乎处处收敛到一个有限值极限函数. 若函数序列几乎处处收敛到 f, 同时也几乎处处收敛到 g, 则几乎处处有 $f(x) = g(x)$; 即在测度为零的集合精度范围内, 极限函数是唯一确定的.

今后将涉及几个不同种类的收敛性概念, 我们总是采用与上面类似的术语. 因此, 若对于较大的 n, 通过按照某种指定的意义使 f_n 接近于 f 来定义 $\{f_n\}$ 趋向极限 f 的一类新的收敛性, 则今后我们将不加解释地引用下述概念: 在这种新的意义下, $\{f_n\}$ 是基本的, 也就是说, 对于较大的 n 和 m, 差 $f_n - f_m$ 按照指定的意义接近于 0.

实值函数序列新的收敛性概念的一个例子是**几乎处处一致收敛**. 设 $\{f_n\}$ 是一个实值函数序列, 若存在测度为零的集合 E_0, 对于任意正数 ε, 可以找到一个整数 $n_0 = n_0(\varepsilon)$ 使得

$$
\text{当 } n \geqslant n_0 \text{ 且 } x \notin E_0 \text{ 时, 有 } |f_n(x) - f(x)| < \varepsilon,
$$

则称 $\{f_n\}$ 几乎处处一致收敛到 f. 换句话说, 函数序列在集合 $X - E_0$ 上（在通常的意义下）一致收敛到 f. 不难验证, 一个序列几乎处处一致收敛到一个极限函数, 当且仅当这个序列是几乎处处一致基本的.

下面的结论（称为**叶戈罗夫定理**）建立了几乎处处收敛性与一致收敛性之间极为有趣并且有用的联系.

定理 A 若 E 是具有有限测度的可测集，$\{f_n\}$ 是几乎处处有限的可测函数序列，且在 E 上几乎处处收敛到有限值可测函数 f，则对于任意正数 ε，存在 E 的可测子集 F，使得 $\mu(F) < \varepsilon$ 并使得 $\{f_n\}$ 在 $E - F$ 上一致收敛到 f.

证明 若有必要，可以从 E 中除去一个测度为零的集合，我们可以假定 $\{f_n\}$ 在 E 上处处收敛到 f. 若

$$E_n^m = \bigcap_{i=n}^{\infty} \left\{ x : \left| f_i(x) - f(x) \right| < \frac{1}{m} \right\},$$

则

$$E_1^m \subseteq E_2^m \subseteq \cdots.$$

又由于 $\{f_n\}$ 在 E 上收敛到 f，所以对于 $m = 1, 2, \cdots$ 有

$$\lim_n E_n^m \supseteq E.$$

因此 $\lim_n \mu(E - E_n^m) = 0$，从而存在正整数 $n_0 = n_0(m)$ 使得

$$\mu\left(E - E_{n_0(m)}^m \right) < \frac{\varepsilon}{2^m}.$$

（当然 n_0 与 ε 有关，但在整个证明过程中 ε 却是不变的.）若

$$F = \bigcup_{m=1}^{\infty} \left(E - E_{n_0(m)}^m \right),$$

则 F 是可测集，$F \subseteq E$，并且

$$\mu(F) = \mu\left(\bigcup_{m=1}^{\infty} \left(E - E_{n_0(m)}^m \right) \right) \leqslant \sum_{m=1}^{\infty} \mu\left(E - E_{n_0(m)}^m \right) < \varepsilon.$$

由于 $E - F = E \cap \bigcap_{m=1}^{\infty} E_{n_0(m)}^m$，当 $n \geqslant n_0(m)$ 时，对于 $x \in E - F$ 有 $x \in E_n^m$，从而有 $\left| f_n(x) - f(x) \right| < \frac{1}{m}$. 这就证明了 $\{f_n\}$ 在 $E - F$ 上是一致收敛的. ∎

受叶戈罗夫定理的启发，下面我们介绍**几乎一致收敛**这一概念. 设 $\{f_n\}$ 是几乎处处有限的可测函数序列，若对于任意正数 ε，存在可测集 F，使得 $\mu(F) < \varepsilon$，并使得 $\{f_n\}$ 在 F' 上一致收敛到一个有限值可测函数 f，则称 $\{f_n\}$ **几乎一致收敛**到 f. 按照这种说法，叶戈罗夫定理可以表述为：在一个具有有限测度的集合上，几乎处处收敛性蕴涵几乎一致收敛性. 反方向的结论由下面的定理给出.

定理 B 若可测函数序列 $\{f_n\}$ 几乎一致收敛到 f，则 $\{f_n\}$ 几乎处处收敛到 f.

证明 对于 $n = 1, 2, \cdots$，设 F_n 是可测集，使得 $\mu(F_n) < \frac{1}{n}$ 并使得可测函数序列 $\{f_n\}$ 在 F_n' 上一致收敛到 f. 令 $F = \bigcap_{n=1}^{\infty} F_n$，则有

$$\mu(F) \leqslant \mu(F_n) < \frac{1}{n},$$

从而 $\mu(F) = 0$. 显然，对于 $x \in F'$，$\{f_n(x)\}$ 收敛到 $f(x)$. ∎

我们注意到，术语"几乎一致收敛"是一个不很恰当的（但可惜是标准的）名称，因为它很容易与术语"几乎处处一致收敛"混淆. 类似于"近于一致收敛"的名称可能较好地表达出事情的真相. 然而事已至此，我们必须在区分几乎一致收敛与几乎处处一致收敛时多加注意.

习题

1. 若 f 是实直线上的实值勒贝格可测函数，则存在博雷尔可测函数 g 使得 $f(x) = g(x)$ 几乎处处成立. 提示：对于每一个有理数 r，令 $E_r = \{x : f(x) < r\}$，然后利用定理 13.B 将 E_r 写成 $F_r \triangle N_r$ 的形式，其中 F_r 是博雷尔集，N_r 是测度为零的集合. 设 N 是测度为零的博雷尔集，$N \supseteq \bigcup_r N_r$，定义 g 如下：

$$g(x) = \begin{cases} 0, & \text{若 } x \in N, \\ f(x), & \text{若 } x \notin N. \end{cases}$$

见习题 18.2.

2. 若 E 是具有有限正测度的可测集，$\{f_n\}$ 是几乎处处有限的可测函数序列，并且它是几乎处处基本的，则存在正的常数 c，并存在 E 的具有正测度的可测子集 F，使得对于 $n = 1, 2, \cdots$ 和任意 $x \in F$ 都有 $|f_n(x)| \leqslant c$.

3. 若 E 是具有 σ 有限测度的可测集，$\{f_n\}$ 是几乎处处有限的可测函数序列，它在 E 上几乎处处收敛到一个实值可测函数 f，则对于 $i = 1, 2, \cdots$，存在可测集序列 $\{E_i\}$ 使得 $\mu(E - \bigcup_{i=1}^{\infty} E_i) = 0$，并使得 $\{f_n\}$ 在每一个 E_i 上是一致收敛的. 提示：只需在 $\mu(E) < \infty$ 的场合下证明这个命题. 在这种情况下，应用叶戈罗夫定理选取 E，使得

$$\mu\left(E - \bigcup_{i=1}^{n} E_i\right) < \frac{1}{n},$$

并使得 $\{f_n\}$ 在 E_i 上一致收敛.

4. 设 X 是正整数集，$\mathbf{S}$ 是 X 的所有子集形成的集类. 对于 $E \in \mathbf{S}$，令 $\mu(E)$ 为 E 中的点的个数. 若 χ_n 是集合 $\{1, \cdots, n\}$ 的特征函数，则 $\{\chi_n\}$ 处处收敛到 1，但它不是几乎一致基本的. 换句话说，若 E 的测度不是有限的，则叶戈罗夫定理不成立.

5. 对于任意一个本性有界函数 f，令 $\|f\| = \text{ess. sup.} |f|$. 若 $\{f_n\}$ 是一个本性有界可测函数序列，则 $\{f_n\}$ 几乎处处一致收敛到 f 当且仅当 $\lim_n \|f_n - f\| = 0$.

6. 对于上题所述的范数 $\|\cdot\|$ 来说，由所有本性有界可测函数组成的集合 $\mathfrak{M}$ 是不是一个巴拿赫空间？

§22. 依测度收敛性

同上节一样，在本节中，我们将考虑一个固定的测度空间 $(X, \mathbf{S}, \mu)$.

定理 A 设 f 和 f_n ($n = 1, 2, \cdots$) 是具有有限测度的集合上的实值可测函数. 对于任意正数 ε，令

$$E_n(\varepsilon) = \{x : |f_n(x) - f(x)| \geqslant \varepsilon\}, \quad n = 1, 2, \cdots$$

序列 $\{f_n\}$ 在 E 上几乎处处收敛到 f 当且仅当对于任意正数 ε 有

$$\lim_n \mu\left(E \cap \bigcup_{m=n}^{\infty} E_m(\varepsilon)\right) = 0.$$

证明 根据收敛的定义，实数序列 $\{f_n(x)\}$ 不收敛到 $f(x)$ 的充分必要条件是：存在正数 ε，对于 n 的无限个值都有 $x \in E_n(\varepsilon)$. 换句话说，若 D 是使得 $\{f_n(x)\}$ 不收敛到 $f(x)$ 的点 x 所形成的集合，则

$$D = \bigcup_{\varepsilon > 0} \limsup_n E_n(\varepsilon) = \bigcup_{k=1}^{\infty} \limsup_n E_n\left(\frac{1}{k}\right).$$

因此，$\mu(E \cap D) = 0$（即 $\{f_n\}$ 在 E 上几乎处处收敛到 f）的充分必要条件是：$\mu\big(E \cap \limsup_n E_n(\varepsilon)\big) = 0$. 由关系式

$$\mu\left(E \cap \limsup_n E_n(\varepsilon)\right) = \mu\left(E \cap \bigcap_{n=1}^{\infty} \bigcup_{m=n}^{\infty} E_m(\varepsilon)\right) = \lim_n \mu\left(E \cap \bigcup_{m=n}^{\infty} E_m(\varepsilon)\right)$$

即得定理的结论. ∎

为了研究定理 A 中条件变弱时的结论，再引入一种很有用的收敛性定义. 设 $\{f_n\}$ 是几乎处处有限的可测函数序列，f 是可测函数，若对于任意正数 ε 都有 $\lim_n \mu(\{x : |f_n(x) - f(x)| \geqslant \varepsilon\}) = 0$，则称 $\{f_n\}$ **依测度收敛**到 f. 根据上一节中关于不同收敛类型的注解，对于一个几乎处处有限的可测函数序列 $\{f_n\}$，若对于任意正数 ε 都有

$$\text{当 } n \to \infty \text{ 且 } m \to \infty \text{ 时，有 } \mu(\{x : |f_n(x) - f_m(x)| \geqslant \varepsilon\}) \to 0,$$

则称 $\{f_n\}$ 为**依测度基本**的.

由定理 A 可知，若有限值可测函数序列在一个具有有限测度的集合 E 上几乎处处收敛到一个有限值极限函数（或几乎处处基本），则这个函数序列在 E 上

是依测度收敛的（或依测度基本）. 下面的定理稍微加强了这一论断, 其中并没有要求集合 E 具有有限测度.

定理 B　几乎一致收敛性蕴涵依测度收敛性.

证明　若 $\{f_n\}$ 几乎一致收敛到 f, 则对于任意正数 ε 和 δ, 存在可测集 F 使得 $\mu(F) < \delta$, 并且当 $x \in F'$ 而 n 充分大时 $|f_n(x) - f(x)| < \varepsilon$.　∎

定理 C　若 $\{f_n\}$ 依测度收敛到 f, 则 $\{f_n\}$ 是依测度基本的. 若 $\{f_n\}$ 同时也依测度收敛到 g, 则几乎处处有 $f = g$.

证明　定理的前半部可由关系式

$$\{x : |f_n(x) - f_m(x)| \geqslant \varepsilon\} \subseteq \{x : |f_n(x) - f(x)| \geqslant \tfrac{\varepsilon}{2}\} \cup \{x : |f_m(x) - f(x)| \geqslant \tfrac{\varepsilon}{2}\}$$

推出. 现在证明定理的后半部. 我们注意到

$$\{x : |f(x) - g(x)| \geqslant \varepsilon\} \subseteq \{x : |f_n(x) - f(x)| \geqslant \tfrac{\varepsilon}{2}\} \cup \{x : |f_n(x) - g(x)| \geqslant \tfrac{\varepsilon}{2}\}.$$

只要适当选择 n, 上式右端两个集合的测度都可以任意小, 因此对于任意正数 ε, 我们有

$$\mu(\{x : |f(x) - g(x)| \geqslant \varepsilon\}) = 0.$$

这意味着 $f = g$ 几乎处处成立, 正如定理所断言.　∎

除了上述比较基本的性质, 我们再介绍关于依测度收敛性的两个较为深刻的性质.

定理 D　若可测函数序列 $\{f_n\}$ 是依测度基本的, 则 $\{f_n\}$ 包含几乎一致收敛的子序列 $\{f_{n_k}\}$.

证明　对于任意正整数 k, 我们可以找到一个整数 $\bar{n}(k)$, 使得当 $n \geqslant \bar{n}(k)$, $m \geqslant \bar{n}(k)$ 时有

$$\mu\left(\left\{x : |f_n(x) - f_m(x)| \geqslant \frac{1}{2^k}\right\}\right) < \frac{1}{2^k}.$$

记

$$n_1 = \bar{n}(1), \quad n_2 = (n_1 + 1) \cup \bar{n}(2), \quad n_3 = (n_2 + 1) \cup \bar{n}(3), \quad \cdots,$$

则 $n_1 < n_2 < n_3 < \cdots$, 因此 $\{f_{n_k}\}$ 确实是 $\{f_n\}$ 的一个无限子序列. 若

$$E_k = \left\{x : |f_{n_k}(x) - f_{n_{k+1}}(x)| \geqslant \frac{1}{2^k}\right\},$$

并且 $k \leqslant i \leqslant j$, 则对于每一个 $x \notin E_k \cup E_{k+1} \cup E_{k+2} \cup \cdots$, 我们有

$$|f_{n_i}(x) - f_{n_j}(x)| \leqslant \sum_{m=i}^{\infty} |f_{n_m}(x) - f_{n_{m+1}(x)}| < \frac{1}{2^{i-1}}.$$

因此, $\{f_{n_i}\}$ 在 $X - (E_k \cup E_{k+1} \cup E_{k+2} \cup \cdots)$ 上是一致基本的. 又由于

$$\mu\left(E_k \cup E_{k+1} \cup E_{k+2} \cup \cdots\right) \leqslant \sum_{m=k}^{\infty} \mu\left(E_m\right) < \frac{1}{2^{k-1}},$$

这就完成了定理的证明. ■

定理 E 若可测函数序列 $\{f_n\}$ 是依测度基本的, 则存在可测函数 f 使得 $\{f_n\}$ 依测度收敛到 f.

证明 根据定理 D, 我们能找到几乎一致基本的子序列 $\{f_{n_k}\}$, 于是 $\{f_{n_k}\}$ 也是几乎处处基本的. 对于每一个使极限 $\lim_k f_{n_k}(x)$ 存在的 x, 记 $f(x) = \lim_k f_{n_k}(x)$. 我们注意到, 对于任意正数 ε 有

$$\{x : |f_n(x) - f(x)| \geqslant \varepsilon\} \subseteq \{x : |f_n(x) - f_{n_k}(x)| \geqslant \tfrac{\varepsilon}{2}\} \cup \{x : |f_{n_k}(x) - f(x)| \geqslant \tfrac{\varepsilon}{2}\}.$$

按照假定, 当 n 和 n_k 充分大时, 上式右端第一个集合的测度可以任意小; 当 $k \to \infty$ 时, 上式右端第二个集合的测度也趋于 0, 这是因为几乎一致收敛性可以推出依测度收敛性. ■

习题

1. 设测度空间 $(X, \mathbf{S}, \mu)$ 是全有限的, 并且有限值可测函数序列 $\{f_n\}$ 和 $\{g_n\}$ 分别依测度收敛到 f 和 g.

   (1a) 若 α 和 β 是实常数, 则 $\{\alpha f_n + \beta g_n\}$ 依测度收敛到 $\alpha f + \beta g$; $\{|f_n|\}$ 依测度收敛到 $|f|$.

   (1b) 若 $f = 0$ 几乎处处成立, 则 $\{f_n^2\}$ 依测度收敛到 f^2.

   (1c) 函数序列 $\{f_n g\}$ 依测度收敛到 fg. 提示: 对于给定的正数 δ, 存在常数 c 使得当 $E = \{x : |g(x)| \leqslant c\}$ 时有 $\mu(X - E) < \delta$; 在 E 和 $X - E$ 上分别考察 $\{f_n g\}$ 的依测度收敛情况.

   (1d) 函数序列 $\{f_n^2\}$ 依测度收敛到 f^2. 提示: 将 (1b) 应用到 $\{f_n - f\}$.

   (1e) 函数序列 $\{f_n g_n\}$ 依测度收敛到 fg. 提示: 使用和与平方表示乘积.

   (1f) 若测度空间不是全有限的, 命题 (1a) ~ (1e) 是否还成立?

2. 依测度基本序列的任意一个子序列是依测度基本的.

3. 若可测函数序列 $\{f_n\}$ 是依测度基本的, $\{f_{n_i}\}$ 和 $\{f_{m_j}\}$ 是两个子序列, 分别几乎处处收敛到极限函数 f 和 g, 则几乎处处有 $f = g$.

4. 若 X 是正整数集, $\mathbf{S}$ 是 X 的所有子集所成的集类. 对于 $E \in \mathbf{S}$, 令 $\mu(E)$ 为 E 中的点的个数, 则对于测度空间 $(X, \mathbf{S}, \mu)$ 来说, 依测度收敛与处处一致收敛是等价的.

5. 在测度为无限的集合上, 由几乎处处收敛性是否可以推出依测度收敛性? 见习题 21.4 和习题 22.4.

6. 设测度空间 X 是具有勒贝格测度的单位闭区间. 若对于 $n = 1, 2, \cdots$,

$$E_n^i = \left[\frac{i-1}{n}, \frac{i}{n} \right], \quad i = 1, \cdots, n,$$

并且 χ_n^i 是 E_n^i 的特征函数, 则序列 $\{\chi_1^1, \chi_2^1, \chi_2^2, \chi_3^1, \chi_3^2, \chi_3^3, \cdots\}$ 依测度收敛到 0, 但它在 X 中任何点上都不是收敛的.

7. 对于 $n = 1, 2, \cdots$, 设 $\{E_n\}$ 是可测集合的序列, χ_n 是 E_n 的特征函数. 序列 $\{\chi_n\}$ 为依测度基本的, 当且仅当 $n, m \to \infty$ 时 $\rho(E_n, E_m) \to 0$. (ρ 的定义见习题 9.4.)

第 5 章 积分

§23. 可积简单函数

给定一个定义在测度空间 $(X, \mathbf{S}, \mu)$ 上的简单函数 $f = \sum_{i=1}^{n} \alpha_i \chi_{E_i}$，若对每一个下标 i 及 $\alpha_i \neq 0$ 都有 $\mu(E_i) < \infty$ 成立，则称 f 是**可积的**. f 的积分用

$$\int f(x) \mathrm{d}\mu(x) \quad \text{或} \quad \int f \mathrm{d}\mu$$

表示，定义为 $\int f \mathrm{d}\mu = \sum_{i=1}^{n} \alpha_i \mu(E_i)$. 由 μ 的可加性可知，若 f 等于 $\sum_{j=1}^{m} \beta_j \chi_{F_j}$，则 $\int f \mathrm{d}\mu = \sum_{j=1}^{m} \beta_j \mu(F_j)$，即 f 的积分值与其表达方式无关，其值是唯一确定的. 我们可以看到，可积简单函数的绝对值、有限常数与可积简单函数的乘积、两个可积简单函数的和，这些函数都是可积简单函数.

设 E 是可测集，f 是可积简单函数，则易知函数 $\chi_E f$ 也是可积简单函数. 我们定义 f 在 E 上的积分为

$$\int_E f \mathrm{d}\mu = \int \chi_E f \mathrm{d}\mu.$$

可积简单函数的最简单例子，就是具有有限测度的可测集 E 的特征函数. 我们有 $\int \chi_E \mathrm{d}\mu = \int_E \mathrm{d}\mu = \mu(E)$.

随后我们将在比可积简单函数类更为广泛的函数类上定义可积性概念与积分概念. 一些有用的定义和一些重要定理的陈述（但不是证明）只依赖于我们之前所提到的积分的基本性质. 为了避免不必要的重复，在本节中我们用"函数"代指"简单函数". 采用这样的简称法，以后我们所考虑的函数不仅仅指简单函数，还可以指更为广泛的函数类. 当然，在本节中，定理的证明将仅仅应用于简单函数. 稍后，我们将对较广泛的函数类定理的证明进行补充.

我们省略下面的定理 A 和定理 B 的证明，这些结论都可以立即由定义得出，在定理 A 的情形下，经过非常简单的计算就可以得到结论.

定理 A 若 f 和 g 是可积函数，α 和 β 是实数，则有

$$\int (\alpha f + \beta g) \mathrm{d}\mu = \alpha \int f \mathrm{d}\mu + \beta \int g \mathrm{d}\mu.$$

定理 B 若可积函数 f 是几乎处处非负的，则有 $\int f \mathrm{d}\mu \geqslant 0$.

定理 C   若 f 和 g 是可积函数，且 $f \geqslant g$ 几乎处处成立，则有

$$\int f \mathrm{d}\mu \geqslant \int g \mathrm{d}\mu.$$

证明   将定理 B 中的 f 替换为 $f - g$ 即可证得.   ■

定理 D   若 f 和 g 是可积函数，则有

$$\int |f + g| \mathrm{d}\mu \leqslant \int |f| \mathrm{d}\mu + \int |g| \mathrm{d}\mu.$$

证明   将定理 C 中的 f 和 g 分别替换为 $|f| + |g|$ 和 $|f + g|$ 即可证得.   ■

定理 E   若 f 是可积函数，则有

$$\left| \int f \mathrm{d}\mu \right| \leqslant \int |f| \mathrm{d}\mu.$$

证明   在定理 C 中，f 和 g 首先用 $|f|$ 和 f 替换，再用 $|f|$ 和 $-f$ 替换.   ■

定理 F   若 f 是可积函数，α 和 β 是实数，E 是可测集，使得对于 $x \in E$ 有 $\alpha \leqslant f(x) \leqslant \beta$，则有

$$\alpha \mu(E) \leqslant \int_E f \mathrm{d}\mu \leqslant \beta \mu(E).$$

证明   由于定理中主要的假设条件等价于 $\alpha \chi_E \leqslant \chi_E f \leqslant \beta \chi_E$，当 $\mu(E) < \infty$ 时，可以由定理 C 得到定理结论. 当 $\mu(E) = \infty$ 时，可以直接利用可积性的定义得到定理结论.   ■

可积函数 f 的**不定积分**就是集函数 ν，定义为：对于每一个可测集 E 有

$$\nu(E) = \int_E f \mathrm{d}\mu.$$

定理 G   若可积函数 f 是几乎处处非负的，则它的不定积分是单调的.

证明   设 E 和 F 是两个可测集，且 $E \subseteq F$，则 $\chi_E f \leqslant \chi_F f$ 几乎处处成立，由定理 C 可直接得到定理结论.   ■

给定定义在测度空间 $(X, \mathbf{S}, \mu)$ 中所有可测集的类上的取有限值的集函数 ν，若对于任意正数 ε，都存在正数 δ，使得对于每一个满足 $\mu(E) < \delta$ 的可测集 E 都有 $|\nu(E)| < \varepsilon$，则称 ν 是**绝对连续**的.

定理 H   可积函数的不定积分是绝对连续的.

证明   若 c 是大于 $|f|$ 的所有值的任意正数，则对于每一个可测集 E 有

$$\left| \int_E f \mathrm{d}\mu \right| \leqslant c \mu(E).$$ ■

定理 I   可积函数的不定积分具有可数可加性.

证明 若 f 是具有有限测度的可测集 E 上的特征函数，则 f 的不定积分的可数可加性就是 μ 在 E 的所有可测子集的类上可数可加性的体现。由于任意可积简单函数可以表示为有限个特征函数的线性组合，定理得证。■

若 f 和 g 是可积函数，我们用

$$\rho(f, g) = \int |f - g|\mathrm{d}\mu$$

来定义 f 和 g 之间的**距离**。除了一个方面外，函数 ρ 在其他各方面都表示的是"距离"。下述关系显然成立

$$\rho(f, f) = 0, \quad \rho(f, g) = \rho(g, f), \quad \rho(f, g) \leqslant \rho(g, h) + \rho(h, f).$$

但是当 $\rho(f, g) = 0$ 时 $f = g$ 不一定成立。例如，当两个可积函数几乎处处（但不需处处）相等时，它们的距离就是零。随后我们要详细讨论这种现象。

习题

1. 如果两个简单函数中有一个是可积的，则它们的乘积也是可积的。

2. 设 E 和 F 是具有有限测度的可测集，则 $\rho(\chi_E, \chi_F) = \mu(E\triangle F)$。见习题 9.4 和习题 22.7。

3. 设 $(X, \mathbf{S}, \mu)$ 是具有勒贝格测度的单位闭区间，对于 X 中某个固定的点 x_0，记 $\nu(E) = \chi_E(x_0)$。集函数 ν 是绝对连续的吗？

4. 设 ν 是定义在测度空间 $(X, \mathbf{S}, \mu)$ 中所有可测集的类上的绝对连续集函数，则对于每一个满足 $\mu(E) = 0$ 的可测集 E，有 $\nu(E) = 0$。

5. 设 X 是由有限个点构成的全有限测度空间，则定义在 X 上的每一个实值可测函数都是可积简单函数，且积分理论都可以转化为有限和理论。

§24. 可积简单函数序列

在本节中，我们继续在一个固定的测度空间 $(X, \mathbf{S}, \mu)$ 上进行研究，并且继续采用以"函数"代指"简单函数"的方式。由于在本节中所给出的全部方法（只有一个例外，就是定理 D 的证明中最后一部分）都建立在上节结论的基础上，我们可以看到，当对一般可积函数讨论时，下面几个定理（不论是定理本身的陈述还是它们的证明）都保持不变。

对于可积函数序列 $\{f_n\}$，若

$$\text{当 } n \to \infty \text{ 且 } m \to \infty \text{ 时有 } \rho(f_n, f_m) \to 0,$$

则称 $\{f_n\}$ 是**依平均基本的**或**平均基本的**。

定理 A　平均基本的可积函数序列 $\{f_n\}$ 是依测度基本的.

证明　对于固定的任意正数 ε, 记

$$E_{nm} = \{x : |f_n(x) - f_m(x)| \geqslant \varepsilon\},$$

则

$$\rho(f_n, f_m) = \int |f_n - f_m| \mathrm{d}\mu \geqslant \int_{E_{nm}} |f_n - f_m| \mathrm{d}\mu \geqslant \varepsilon \mu(E_{nm}),$$

因此, 当 $n \to \infty$ 且 $m \to \infty$ 时有 $\mu(E_{nm}) \to 0$. ∎

定理 B　对于 $n = 1, 2, \cdots$, 若 $\{f_n\}$ 是平均基本的可积函数序列, 且 f_n 的不定积分是 ν_n, 则对于每一个可测集 E,

$$\nu(E) = \lim_n \nu_n(E)$$

存在, 且 ν 是具有可数可加性的取有限值的集函数.

证明　因为

当 $n \to \infty$ 且 $m \to \infty$ 时, 有 $|\nu_n(E) - \nu_m(E)| \leqslant \int |f_n - f_m| \mathrm{d}\mu \to 0$,

所以极限 $\nu(E)$ 的存在性、有限性和一致性是显然的. 同时由极限的有限可加性可知 ν 是有限可加的. 若 $\{E_n\}$ 是互不相交的可测集序列, 其并集是 E, 则对于每一对正整数 n 和 k 有

$$\left| \nu(E) - \sum_{i=1}^{k} \nu(E_i) \right| \leqslant \left| \nu(E) - \nu_n(E) \right|$$
$$+ \left| \nu_n(E) - \sum_{i=1}^{k} \nu_n(E_i) \right| + \left| \nu_n \left(\bigcup_{i=1}^{k} E_i \right) - \nu \left(\bigcup_{i=1}^{k} E_i \right) \right|.$$

当 n 充分大时, 上式右端第一项和第三项可以任意小. 对于固定的 n, 当 k 充分大时, 上式右端第二项也可以任意小. 这就证明了

$$\nu(E) = \lim_k \sum_{i=1}^{k} \nu(E_i) = \sum_{i=1}^{\infty} \mu(E_i). \qquad ∎$$

设 $\{\nu_n\}$ 是定义在所有可测集的类上的取有限值的集函数的序列, 若对于任意正数 ε, 都存在正数 δ, 使得对于每一个正整数 n, 每一个满足 $\mu(E) < \delta$ 的可测集 E 都有 $|\nu_n(E)| < \varepsilon$, 则称 $\{\nu_n\}$ 的各项是**一致绝对连续的**.

定理 C 对于 $n = 1, 2, \cdots$，若 $\{f_n\}$ 是平均基本的可积函数序列，且 f_n 的不定积分是 ν_n，则集函数 ν_n 是一致绝对连续的.

证明 设 $\varepsilon > 0$，取正整数 n_0，使得当 $n \geqslant n_0$ 且 $m \geqslant n_0$ 时有

$$\int |f_n - f_m| \mathrm{d}\mu < \frac{\varepsilon}{2};$$

根据定理 23.H，取正数 δ，使得对于满足 $\mu(E) < \delta$ 的每一个可测集 E 有

$$\int_E |f_n| \mathrm{d}\mu < \frac{\varepsilon}{2}, \quad n = 1, 2, \cdots, n_0.$$

设 E 是满足 $\mu(E) < \delta$ 的可测集，若 $n \leqslant n_0$ 则

$$|\nu_n(E)| \leqslant \int_E |f_n| \mathrm{d}\mu < \varepsilon;$$

若 $n > n_0$ 则

$$|\nu_n(E)| \leqslant \int |f_n - f_{n_0}| \mathrm{d}\mu + \int_E |f_{n_0}| \mathrm{d}\mu < \varepsilon.$$

■

由于下面这个定理在一般的可积函数情形下并不是特别重要，因此定理的叙述和证明都只限于简单函数的情形.

定理 D 若 $\{f_n\}$ 和 $\{g_n\}$ 是两个平均基本的可积简单函数序列，它们依测度收敛到相同的可测函数 f. 设 f_n 和 g_n 的不定积分分别是 ν_n 和 λ_n，并且对于每一个可测集 E，记

$$\nu(E) = \lim_n \nu_n(E) \quad 且 \quad \lambda(E) = \lim_n \lambda_n(E),$$

则集函数 ν 与 λ 是相同的.

证明 对于任意正数 ε，由于

$$E_n = \{x : |f_n(x) - g_n(x)| \geqslant \varepsilon\} \subseteq \left\{x : |f_n(x) - f(x)| \geqslant \frac{\varepsilon}{2}\right\} \cup \left\{x : |f(x) - g_n(x)| \geqslant \frac{\varepsilon}{2}\right\},$$

所以 $\lim_n \mu(E_n) = 0$. 因此，若 E 是具有有限测度的可测集，则在不等式

$$\int_E |f_n - g_n| \mathrm{d}\mu \leqslant \int_{E - E_n} |f_n - g_n| \mathrm{d}\mu + \int_{E \cap E_n} |f_n| \mathrm{d}\mu + \int_{E \cap E_n} |g_n| \mathrm{d}\mu$$

中，右端第一项不超过 $\varepsilon\mu(E)$. 根据定理 C 中一致绝对连续的证明可知，当 n 充分大时，上式右端的另外两项任意小. 于是有

$$\lim_n |\nu_n(E) - \lambda_n(E)| = 0,$$

从而 $\nu(E) = \lambda(E)$. 又因为 ν 和 λ 都具有可数可加性, 所以对于具有 σ 有限测度的每一个可测集 E, 有 $\nu(E) = \lambda(E)$.

因为 f_n 和 g_n 都是简单函数, 根据具有有限测度的可测集的有限类可知, 它们中的每一个都是有定义的. 若 E_0 是这些集类中所有集合的并集, 则 E_0 是具有 σ 有限测度的可测集, 因此, 对于每一个可测集 E, 我们有

$$\nu_n(E - E_0) = \lambda_n(E - E_0) = 0,$$

进而有 $\nu(E - E_0) - \lambda(E - E_0) = 0$. 由此可得 $\nu(E) = \nu(E \cap E_0)$ 和 $\lambda(E) = \lambda(E \cap E_0)$, 故定理得证. ∎

习题

1. 全体可积简单函数所组成的集合能否关于距离 ρ 形成一个完备度量空间?

2. 采用定理 B 的记号, 若 $\{E_n\}$ 是互不相交的可测集序列, 则级数 $\sum_{n=1}^{\infty} \nu(E_n)$ 绝对收敛. 提示: 这个级数无条件收敛.

§25. 可积函数

对于定义在测度空间 $(X, \mathbf{S}, \mu)$ 上几乎处处有限的可测函数 f, 若存在平均基本的可积简单函数序列 $\{f_n\}$ 依测度收敛到 f, 则称 f 是**可积的**. f 的积分用

$$\int f(x) \mathrm{d}\mu(x) \quad \text{或} \quad \int f \mathrm{d}\mu$$

表示, 定义为 $\int f \mathrm{d}\mu = \lim_n \int f_n \mathrm{d}\mu$. 由定理 24.D (令 $E = \bigcup_n N(f_n)$) 可知, 无论定义中的函数序列如何选择, f 的积分值都是唯一确定的. 要注意积分值总是有限的. 由平均收敛和依测度收敛的性质可知, 可积函数的绝对值、有限常数与可积函数的乘积、两个可积函数的和都是可积函数. 若 f 是可积的, 由关系式

$$f^+ = \tfrac{1}{2}(|f| + f) \quad \text{和} \quad f^- = \tfrac{1}{2}(|f| - f)$$

可知 f^+ 和 f^- 都是可积的.

若 E 是可测集, $\{f_n\}$ 是平均基本的依测度收敛到可积函数 f 的可积简单函数序列, 则易知 $\{\chi_E f_n\}$ 是平均基本的依测度收敛到 $\chi_E f$ 的函数序列. 我们定义 f 在 E 上的积分为

$$\int_E f \mathrm{d}\mu = \int \chi_E f \mathrm{d}\mu.$$

回顾一下, 第 23 节和第 24 节中的诸多定理对于一般的可积函数成立, 但我们只在可积简单函数的条件下证明了这些定理, 现在补全这些定理的证明.

定理 23.A 和定理 23.B 可以直接由极限的简单性质得出；定理 23.C 至定理 23.G 可按照定理 23.B 的证明逐字逐句地推出.

为了证明定理 23.H 中不定积分的绝对连续性，设 $\{f_n\}$ 是平均基本的依测度收敛到可积函数 f 的简单函数序列. 对每一个可测集 E，我们有

$$\left|\int_E f\mathrm{d}\mu\right| \leqslant \left|\int_E f_n\mathrm{d}\mu\right| + \left|\int_E f_n\mathrm{d}\mu - \int_E f\mathrm{d}\mu\right|.$$

因为 f_n 是简单函数，由定理 24.C 中关于一致绝对连续性的结论可知，当 E 的测度充分小时，上式右端第一项可以任意小. 由 $\int_E f\mathrm{d}\mu$ 的定义可知，当时 $n \to \infty$，上式右端第二项趋于 0. 这就完成了定理 23.H 的证明.

不定积分的可数可加性的证明较为简单. 沿用前段记号，事实上由于 f_n 是简单函数，所以直接利用定理 24.B 就能得到定理 23.I 的结论.

定理 24.A 至定理 24.C 的证明基于第 23 节各定理的结论，而不依赖于这些结论的证明，因此对于一般可积函数的情形也都成立. 前面两节中定理的证明就全部完成了.

对于可积函数序列 $\{f_n\}$ 和可积函数 f，若

$$\text{当 } n \to \infty \text{ 时有 } \rho(f_n, f) = \int |f_n - f|\mathrm{d}\mu \to 0,$$

则称 $\{f_n\}$ **依平均收敛**（或**平均收敛**）到 f. 下面是有关这个概念的第一个结论，其叙述及证明都和定理 24.A 非常相似.

定理 A　若可积函数序列 $\{f_n\}$ 平均收敛到 f，则 $\{f_n\}$ 依测度收敛到 f.

证明　对于固定的任意正数 ε，记

$$E_n = \{x : |f_n - f| \geqslant \varepsilon\},$$

则

$$\int |f_n - f|\mathrm{d}\mu \geqslant \int_{E_n} |f_n - f|\mathrm{d}\mu \geqslant \varepsilon\mu(E_n),$$

于是当 $n \to \infty$ 时就有 $\mu(E_n) \to 0$.　∎

定理 B　若 f 是几乎处处非负的可积函数，则 $\int f\mathrm{d}\mu = 0$ 当且仅当 $f = 0$ 几乎处处成立.

证明　若 $f = 0$ 几乎处处成立，则每项都等于 0 的函数序列就是平均基本的依测度收敛到 f 的可积简单函数序列，且有 $\int f\mathrm{d}\mu = 0$. 为证明逆命题，我们看到，若 $\{f_n\}$ 是平均基本的依测度收敛到 f 的可积简单函数序列，因为可以用 f_n 的绝对值替换 f_n，所以可以假定 $f_n \geqslant 0$. 条件 $\int f\mathrm{d}\mu = 0$ 意味着 $\lim_n \int f_n\mathrm{d}\mu = 0$，

也就是说，$\{f_n\}$ 平均收敛到 0. 由定理 A, $\{f_n\}$ 依测度收敛到 0, 由定理 22.C 可知结论成立. ∎

定理 C 若 f 是可积函数, E 是测度为 0 的集合, 则

$$\int_E f\mathrm{d}\mu = 0.$$

证明 由 $\int_E f\mathrm{d}\mu = \int \chi_E f\mathrm{d}\mu$, 以及具有零测度集的特征函数是几乎处处为零的, 由定理 B 可知结论成立. ∎

定理 D 若 f 是在可测集 E 上几乎处处为正的可积函数, 且 $\int_E f\mathrm{d}\mu = 0$, 则 $\mu(E) = 0$.

证明 对于 $n = 1, 2, \cdots$, 记 $F_0 = \{x : f(x) > 0\}$ 且 $F_n = \{x : f(x) \geqslant \frac{1}{n}\}$, 定理中可积函数取正值的假设意味着 $E - F_0$ 是测度为零的集合, 我们只需证明 $E \cap F_0$ 也是测度为零的集合即可. 由于

$$0 = \int_{E \cap F_n} f\mathrm{d}\mu \geqslant \frac{1}{n}\mu(E \cap F_n) \geqslant 0,$$

且 $F_0 = \bigcup_{n=1}^{\infty} F_n$, 再根据 $\mu(E \cap F_0) \leqslant \sum_{n=1}^{\infty} \mu(E \cap F_n)$, 即可证得定理结论. ∎

定理 E 设 f 是可积函数, 若对于每一个可测集 F 有 $\int_F f\mathrm{d}\mu = 0$, 则 $f = 0$ 几乎处处成立.

证明 设 $E = \{x : f(x) > 0\}$, 则由假设条件可知 $\int_E f\mathrm{d}\mu = 0$, 因此, 根据定理 D, E 是一个测度为零的集合. 对函数 $-f$ 采用类似的讨论可知 $\{x : f(x) < 0\}$ 也是一个测度为零的集合. ∎

定理 F 若 f 是可积函数, 则集合 $N(f) = \{x : f(x) \neq 0\}$ 具有 σ 有限测度.

证明 设 $\{f_n\}$ 是平均基本的依测度收敛到 f 的可积简单函数序列. 对于 $n = 1, 2, \cdots$, $N(f_n)$ 是具有有限测度的可测集. 设 $E = N(f) - \bigcup_{n=1}^{\infty} N(f_n)$, F 是 E 的任意可测子集, 则由

$$\int_F f\mathrm{d}\mu = \lim_n \int_F f_n\mathrm{d}\mu = 0$$

及定理 E 可得, $f = 0$ 在 E 上几乎处处成立. 由 $N(f)$ 的定义可知 $\mu(E) = 0$. 我们有

$$N(f) \subseteq \bigcup_{n=1}^{\infty} N(f_n) \cup E.$$ ∎

通常对于某种不可积的函数 f 采用记号 $\int f\mathrm{d}\mu$ 是有用的. 例如, 设 f 是使得 $f \geqslant 0$ 几乎处处成立的广义实值可测函数, 并且 f 是不可积的, 则我们记

$$\int f\mathrm{d}\mu = \infty.$$

采用 $\int f \mathrm{d}\mu$ 记号的最一般的函数类, 就是由全体具有下述性质的广义实值可测函数 f 组成的类: 函数 f^+ 和 f^- 中至少有一个是可积的. 此时我们记

$$\int f \mathrm{d}\mu = \int f^+ \mathrm{d}\mu - \int f^- \mathrm{d}\mu.$$

由于 $\int f^+ \mathrm{d}\mu$ 和 $\int f^- \mathrm{d}\mu$ 两者中最多只有一个为无限, 所以 $\int f \mathrm{d}\mu$ 的值只可能是 $+\infty$, $-\infty$, 或有限的实数, 而不会出现不定式 $\infty - \infty$. 今后我们将用到这种广义的积分概念, 但是 "可积函数" 这个术语仍然保持它原来的意义.

习题

1. 若 X 是由全体正整数组成的空间 (例如, 见习题 22.4 的描述), 则函数 f 是可积的当且仅当级数 $\sum_{n=1}^{\infty} |f(n)|$ 收敛, 若这个条件满足, 则有 $\int f \mathrm{d}\mu = \sum_{n=1}^{\infty} f(n)$.

2. 若 f 是非负可积函数, 则它的不定积分是定义在所有可测集的类上的有限测度.

3. 若 f 是可积函数, 则对于任意正数 ε 有

$$\mu(\{x : |f(x)| \geqslant \varepsilon\}) < \infty.$$

4. 若 g 是有限递增的单实变量连续函数, $\bar{\mu}_g$ 是由 g 导出的勒贝格-斯蒂尔杰斯测度 (见习题 15.9), f 是关于这个测度可积的函数, 则积分 $\int f(x) \mathrm{d}\bar{\mu}_g(x)$ 称为 f 关于 g 的勒贝格-斯蒂尔杰斯积分, 记为 $\int_{-\infty}^{+\infty} f(x) \mathrm{d}g(x)$. 特别地, 若 $g(x) = x$, 我们就得到勒贝格积分, 记为 $\int_{-\infty}^{+\infty} f(x) \mathrm{d}x$. 若 f 是使得 $N(f)$ 是有界集的连续函数, 则 f 是勒贝格可积函数.

§26.　可积函数序列

定理 A　若 $\{f_n\}$ 是平均基本的依测度收敛到可积函数 f 的可积简单函数序列, 则

$$\text{当 } n \to \infty \text{ 时, 有 } \rho(f, f_n) = \int |f - f_n| \mathrm{d}\mu \to 0.$$

因此, 对于每一个可积函数 f 和任意正数 ε, 相应地存在一个可积简单函数 g 使得 $\rho(f, g) < \varepsilon$.

　　证明　对于固定的任意正整数 m, $\{|f_n - f_m|\}$ 是平均基本的依测度收敛到 $|f - f_m|$ 的可积简单函数序列, 因此有

$$\int |f - f_m| \mathrm{d}\mu = \lim_n \int |f_n - f_m| \mathrm{d}\mu.$$

由函数序列 $\{f_n\}$ 是平均基本的就可得到定理的结论.　　　　　　　　■

　　定理 B　若 $\{f_n\}$ 是平均基本的可积函数序列, 则存在可积函数 f 使得当 $n \to \infty$ 时有 $\rho(f_n, f) \to 0$ (从而有 $\int f_n \mathrm{d}\mu \to \int f \mathrm{d}\mu$).

证明 由定理 A 可知, 对于每一个正整数 n, 存在可积简单函数 g_n 使得 $\rho(f_n, g_n) < \frac{1}{n}$. 所以 $\{g_n\}$ 是平均基本的可积简单函数序列. 假设 f 是可测函数 (因此也是可积的), 且 $\{g_n\}$ 依测度收敛到 f. 由于

$$0 \leqslant \left| \int f_n \mathrm{d}\mu - \int f \mathrm{d}\mu \right| \leqslant \int |f_n - f| \mathrm{d}\mu = \rho(f_n, f) \leqslant \rho(f_n, g_n) + \rho(g_n, f),$$

由定理 A 可知结论成立. ∎

为了将我们随后给出的定理用简洁直观的形式表述出来, 先回顾一下集函数的一类特定的连续性概念. 设 ν 是定义在集类 **E** 上的取有限值的集函数, 若对于 **E** 中集合的每一个递减序列 $\{E_n\}$ (其中 $\lim_n E_n = \varnothing$) 都有 $\lim_n \nu(E_n) = 0$, 则称 ν 在 $\varnothing$ 上是上连续的 (见第 9 节). 设 $\{\nu_n\}$ 是定义在 **E** 上的取有限值的集函数的序列, 若 **E** 中集合的每一个递减序列 $\{E_n\}$ (其中 $\lim_n E_n = \varnothing$), 对于任意正数 ε 都存在正整数 m_0 使得当 $m \geqslant m_0$ 时有 $|\nu_n(E_m)| < \varepsilon$ ($n = 1, 2, \cdots$), 则称 $\{\nu_n\}$ 的各项在 $\varnothing$ 上是从上**等度连续**的.

定理 C 可积函数序列 $\{f_n\}$ 依平均收敛到可积函数 f 的充分必要条件是: $\{f_n\}$ 依测度收敛到 f, 对于 $n = 1, 2, \cdots$, $|f_n|$ 的不定积分一致绝对连续并在 $\varnothing$ 上是从上等度连续的.

证明 我们先证明条件的必要性. 由于依测度收敛性和不定积分的一致绝对连续性已分别在定理 25.A 和定理 24.C 中得出, 所以我们只需证明不定积分的等度连续性.

$\{f_n\}$ 平均收敛到 f 意味着: 对于任意正数 ε, 存在正整数 n_0 使得当 $n \geqslant n_0$ 时有 $\int |f_n - f| \mathrm{d}\mu < \frac{\varepsilon}{2}$. 非负可积函数的不定积分是一个有限的测度 (见定理 23.I), 由定理 9.E 可知, 这个不定积分在 $\varnothing$ 上是上连续的. 若 $\{E_m\}$ 是可测集的递减序列, 且交集为空集, 则存在正整数 m_0 使得当 $m \geqslant m_0$ 时有

$$\int_{E_m} |f| \mathrm{d}\mu < \frac{\varepsilon}{2} \qquad \text{且} \qquad \int_{E_m} |f_n - f| \mathrm{d}\mu < \frac{\varepsilon}{2}, \qquad n = 1, 2, \cdots, n_0.$$

因此, 当 $m \geqslant m_0$ 时, 对于每一个正整数 n 有

$$\int_{E_m} |f_n| \mathrm{d}\mu \leqslant \int_{E_m} |f_n - f| \mathrm{d}\mu + \int_{E_m} |f| \mathrm{d}\mu < \varepsilon,$$

这就是我们要证明的等度连续性.

现在证明条件的充分性. 由于可数个具有 σ 有限测度的可测集的并集仍然是具有 σ 有限测度的可测集, 由定理 25.F 可知,

$$E_0 = \bigcup_{n=1}^{\infty} \{x : f_n(x) \neq 0\}$$

也是具有 σ 有限测度的可测集. 若 $\{E_n\}$ 是具有有限测度的可测集的递增序列, 且有 $\lim_n E_n = E_0$, 对于 $n = 1, 2, \cdots$, 设 $F_n = E_0 - E_n$, 则 $\{F_n\}$ 是递减序列且 $\lim_n F_n = \varnothing$. 等度连续性的假设意味着: 对于任意正数 δ, 存在正整数 k 使得 $\int_{F_k} |f_n| \mathrm{d}\mu < \delta/2$, 从而有

$$\int_{F_k} |f_m - f_n| \mathrm{d}\mu \leqslant \int_{F_k} |f_m| \mathrm{d}\mu + \int_{F_k} |f_n| \mathrm{d}\mu < \delta.$$

若对于固定的任意正数 ε, 记

$$G_{mn} = \{x : |f_m(x) - f_n(x)| \geqslant \varepsilon\},$$

则有

$$\int_{E_k} |f_m - f_n| \mathrm{d}\mu \leqslant \int_{E_k - G_{mn}} |f_m - f_n| \mathrm{d}\mu + \int_{E_k \cap G_{mn}} |f_m - f_n| \mathrm{d}\mu$$
$$\leqslant \varepsilon \mu(E_k) + \int_{E_k \cap G_{mn}} |f_m - f_n| \mathrm{d}\mu.$$

由依测度收敛和一致绝对连续性可知, 当 m 和 n 充分大时, 上式最右端第二项可以任意小, 所以有

$$\limsup_{m,n} \int_{E_k} |f_m - f_n| \mathrm{d}\mu \leqslant \varepsilon \mu(E_k).$$

由于 ε 是任意的, 于是有

$$\lim_{m,n} \int_{E_k} |f_m - f_n| \mathrm{d}\mu = 0.$$

因为

$$\int |f_m - f_n| \mathrm{d}\mu = \int_{E_0} |f_m - f_n| \mathrm{d}\mu = \int_{E_k} |f_m - f_n| \mathrm{d}\mu + \int_{F_k} |f_m - f_n| \mathrm{d}\mu.$$

我们有

$$\limsup_{m,n} \int |f_m - f_n| \mathrm{d}\mu \leqslant \delta,$$

由于 δ 是任意的, 于是有

$$\lim_{m,n} \int |f_m - f_n| \mathrm{d}\mu = 0.$$

换句话说, 我们已经证明了序列 $\{f_n\}$ 是依平均基本的. 由定理 B 可知, 存在可积函数 g 使得 $\{f_n\}$ 平均收敛到 g. 由于平均收敛意味着依测度收敛, 所以 $f = g$ 几乎处处成立. ∎

下面这个定理就是众所周知的勒贝格有界收敛定理.

定理 D　若 $\{f_n\}$ 是可积函数序列, 且依测度收敛到 f（或几乎处处收敛到 f）, 对于 $n = 1, 2, \cdots$, 存在可积函数 g 使得 $|f_n(x)| \leqslant |g(x)|$ 几乎处处成立, 则 f 是可积函数, 并且函数序列 $\{f_n\}$ 依平均收敛到 f.

证明　在依测度收敛的情况下, 这个定理是定理 C 的直接推论. 因为, 由不等式

$$\int_E |f_n| \mathrm{d}\mu \leqslant \int_E |g| \mathrm{d}\mu$$

可知, 定理 C 中所要求的关于不定积分的全部条件都得到满足.

在几乎处处收敛的情况下, 利用 g 的存在性可以将几乎处处收敛弱化为依测度收敛（甚至于积分可以不必取在一个有限测度集上, 见习题 22.4 和习题 22.5）. 不失一般性, 可以假设对于每一个 $x \in X$, 不等式 $|f_n(x)| \leqslant |g(x)|$ 和 $|f(x)| \leqslant |g(x)|$ 成立, 于是, 对于 $n = 1, 2, \cdots$ 和固定的任意正数 ε, 我们有

$$E_n = \bigcup_{i=n}^{\infty} \{x : |f_i(x) - f(x)| \geqslant \varepsilon\} \subseteq \left\{x : |g(x)| \geqslant \frac{\varepsilon}{2}\right\},$$

因此有 $\mu(E_n) < \infty$. 由几乎处处收敛的假设可知 $\mu\left(\bigcap_{n=1}^{\infty} E_n\right) = 0$, 根据定理 9.E,

$$\limsup_n \mu(\{x : |f_n(x) - f(x)| \geqslant \varepsilon\}) \leqslant \lim_n \mu(E_n) = \mu\left(\lim_n E_n\right) = 0.$$

换句话说, 对于被一个可积函数所控制的可积函数序列, 该函数序列是几乎处处收敛的就意味着是依测度收敛的, 故定理得证.　■

习题

1. 对于范数 $\|f\| = \int |f| \mathrm{d}\mu$ 而言, 所有可积函数组成的集合能否形成巴拿赫空间?

2. 设一致基本的函数序列 $\{f_n\}$ 在具有有限测度的可测集 E 上是可积的, 则由 $f(x) = \lim_n f_n(x)$ 确定的函数 f 在 E 上是可积的, 且当 $n \to \infty$ 时有 $\int_E |f_n - f| \mathrm{d}\mu \to 0$.

3. 若测度空间 $(X, \mathbf{S}, \mu)$ 是有限的, 则去掉定理 C 的等度连续性条件, 该定理仍成立.

4. 设 $(X, \mathbf{S}, \mu)$ 是全体正整数组成的空间（见习题 22.4）.

    (4a) 记

    $$f_n(k) = \begin{cases} 1/n, & \text{若 } 1 \leqslant k \leqslant n, \\ 0, & \text{若 } k > n. \end{cases}$$

    这个函数序列 $\{f_n\}$ 说明一般情形下定理 C 的等度连续性条件是不能去掉的.

    (4b) 由 (4a) 给出的函数序列可以用来说明: 尽管 $\{f_n\}$ 是一致收敛的可积函数序列, 且它的极限函数 f 也是可积的, 但 $\lim_n \int f_n \mathrm{d}\mu = \int f \mathrm{d}\mu$ 不一定成立. 见习题 2.

(4c) 记

$$f_n(k) = \begin{cases} 1/k, & \text{若 } 1 \leqslant k \leqslant n, \\ 0, & \text{若 } k > n. \end{cases}$$

这个函数序列 $\{f_n\}$ 说明一致收敛的可积函数序列的极限并不一定是可积的.

5. 若 X 是具有勒贝格测度的单位闭区间, $\{E_n\}$ 是递减的开区间序列, 满足 $\mu(E_n) = 1/n$ ($n = 1, 2, \cdots$). 函数序列 $\{n\chi_{E_n}\}$ 说明: 定理 D 的有界条件是不能去掉的.

6. 若 $\{f_n\}$ 是依平均收敛到可积函数 f 的可积函数序列, g 是本性有界的可测函数, 则函数序列 $\{f_n g\}$ 平均收敛到 fg.

7. 若 $\{f_n\}$ 是几乎处处收敛到可积函数 f 的非负可积函数序列, 对于 $n = 1, 2, \cdots$ 有 $\int f_n d\mu = \int f d\mu$, 则 $\{f_n\}$ 依平均收敛到 f. 提示: 对于 $n = 1, 2, \cdots$, 记 $g_n = f_n - f$, 则不等式 $|f_n - f| \leqslant f_n + f$ 意味着 $0 \leqslant g_n^- \leqslant f$. 对函数序列 $\{g_n^-\}$ 应用有界收敛定理, 由 $\int g_n^+ d\mu - \int g_n^- d\mu = 0$ 可知结论成立.

§27. 积分的性质

定理 A 若 f 可测, g 可积, 且 $|f| \leqslant |g|$ 几乎处处成立, 则 f 可积.

证明 考虑 f 的正部和负部, 我们只需对非负函数 f 证明定理即可. 当 f 是简单函数时, 定理显然成立. 在一般情况下, 存在递增的非负简单函数序列 $\{f_n\}$ 使得对 X 中的所有 x 都有 $\lim_n f_n(x) = f(x)$. 由 $0 \leqslant f_n \leqslant |g|$ 可知, 每一个 f_n 都是可积的, 从而由有界收敛定理可知结论成立. ∎

定理 B 若 $\{f_n\}$ 是递增的非负广义实值可测函数序列, $\lim_n f_n(x) = f(x)$ 几乎处处成立, 则有 $\lim_n \int f_n d\mu = \int f d\mu$.

证明 若 f 可积, 则由有界收敛定理和定理 A 可得到结论. 我们只需要在 f 不必是可积的情况下证明这个定理. 我们必须证明: 当 $\int f d\mu = \infty$ 时有 $\lim_n \int f_n d\mu = \infty$, 换句话说, 当 $\lim_n \int f_n d\mu < \infty$ 时 f 可积. 由极限的有限性, 我们可以得到

$$\lim_{m,n} \left| \int f_m d\mu - \int f_n d\mu \right| = 0.$$

因为对固定的任意 m 和 n, 函数 $f_m - f_n$ 不变号, 我们有

$$\left| \int f_m d\mu - \int f_n d\mu \right| = \int |f_m - f_n| d\mu,$$

所以, 函数序列 $\{f_n\}$ 是平均基本的, 平均收敛到可积函数 g (见定理 26.B). 由于平均收敛意味着依测度收敛, 所以存在一个几乎处处收敛到 g 的子序列, 因此我们有 $f = g$ 几乎处处成立. ∎

定理 C 可测函数是可积的，当且仅当它的绝对值是可积的.

证明 这个定理中需要证明的部分是：$|f|$ 可积意味着 f 可积. 将定理 A 中的 g 换成 $|f|$ 就可证得结论. ■

定理 D 若 f 可积，g 是本性有界的可测函数，则 fg 可积.

证明 设 $|g| \leqslant c$ 几乎处处成立，则 $|fg| \leqslant c|f|$ 几乎处处成立，由定理 C 可知结论成立. ■

定理 E 若 f 是本性有界的可测函数，E 是具有有限测度的可测集，则 f 在 E 上可积.

证明 由于具有有限测度的可测集上的特征函数是可积的，将定理 D 中的 f 和 g 分别换成 χ_E 和 f，就可知结论成立. ■

下面是本节最后的定理，称为**法图引理**.

定理 F 若 $\{f_n\}$ 是非负可积函数序列，满足

$$\liminf_n \int f_n \mathrm{d}\mu < \infty,$$

则由

$$f(x) = \liminf_n f_n(x)$$

定义的函数 f 是可积的，且有

$$\int f \mathrm{d}\mu \leqslant \liminf_n \int f_n \mathrm{d}\mu.$$

证明 若 $g_n(x) = \inf\{f_i(x) : n \leqslant i < \infty\}$，则 $g_n \leqslant f_n$，且函数序列 $\{g_n\}$ 是递增的. 由于 $\int g_n \mathrm{d}\mu \leqslant \int f_n \mathrm{d}\mu$，我们有

$$\lim_n \int g_n \mathrm{d}\mu \leqslant \liminf_n \int f_n \mathrm{d}\mu < \infty.$$

因为 $\lim_n g_n(x) = \liminf_n f_n(x) = f(x)$，由定理 B 可知 f 是可积的，且有

$$\int f \mathrm{d}\mu = \lim_n \int g_n \mathrm{d}\mu \leqslant \liminf_n \int f_n \mathrm{d}\mu. ■$$

习题

1. 若 f 是可测函数，g 是可积函数，α 和 β 是两个实数，使得 $\alpha \leqslant f(x) \leqslant \beta$ 几乎处处成立，则存在满足 $\alpha \leqslant \gamma \leqslant \beta$ 的实数 γ，使得 $\int f|g|\mathrm{d}\mu = \gamma \int |g|\mathrm{d}\mu$. 这个结论称为积分中值定理. 提示：

$$\alpha \int |g|\mathrm{d}\mu \leqslant \int f|g|\mathrm{d}\mu \leqslant \beta \int |g|\mathrm{d}\mu.$$

2. 若 $\{f_n\}$ 是可积函数序列，使得

$$\sum_{n=1}^{\infty} \int |f_n| \mathrm{d}\mu < \infty,$$

则级数 $\sum_{n=1}^{\infty} f_n(x)$ 几乎处处收敛到可积函数 f，且有

$$\int f \mathrm{d}\mu = \sum_{n=1}^{\infty} \int f_n \mathrm{d}\mu.$$

提示：对级数 $\sum_{n=1}^{\infty} |f_n(x)|$ 的部分和所形成的函数序列应用定理 B，并回顾：绝对收敛意味着收敛.

3. 对于 $n = 1, 2, \cdots$，若 f 和 f_n 是可积函数，且 $|f_n(x)| \leqslant |f(x)|$ 几乎处处成立，则由

$$f^*(x) = \limsup_n f_n(x) \quad 和 \quad f_*(x) = \liminf_n f_n(x)$$

定义的函数 $f^*(x)$ 和 $f_*(x)$ 都是可积的，并且

$$\int f^* \mathrm{d}\mu \geqslant \limsup_n \int f_n \mathrm{d}\mu \geqslant \liminf_n \int f_n \mathrm{d}\mu \geqslant \int f_* \mathrm{d}\mu.$$

提示：分别考虑 f_n 的正部和负部，先将一般的情形化为 f_n 为非负的情形，然后对 $\{f + f_n\}$ 和 $\{f - f_n\}$ 应用法图引理.

4. 可测函数 f 在具有有限测度的可测集 E 上是可积的，当且仅当级数

$$\sum_{n=1}^{\infty} \mu(E \cap \{x : |f(x)| \geqslant n\})$$

收敛.（提示：应用阿贝尔的求部分和的方法.）若 $\mu(E) = \infty$，或者求和扩展到从 $n = 0$ 开始，我们可以得到什么结论？

5. 若 $\{E_n\}$ 是可测集序列，m 是固定的任意正整数，设 G 是由一切具有下列性质的点 x 组成的集合：至少有 m 个 E_n 包含 x. 则 G 是可测集，且有

$$m\mu(G) < \sum_{n=1}^{\infty} \mu(E_n).$$

提示：考虑 $\sum_{n=1}^{\infty} \int_G \chi_{E_n}(x) \mathrm{d}\mu(x)$.

6. 假设 f 是定义在全体有限测度空间 $(X, \mathbf{S}, \mu)$ 上的有限值可测函数，记

$$s_n = \sum_{k=-\infty}^{+\infty} \frac{k}{2^n} \mu\left(\left\{x : \frac{k}{2^n} < f(x) < \frac{k+1}{2^n}\right\}\right), \quad n = 1, 2, \cdots,$$

则有

$$\int f \mathrm{d}\mu = \lim_n s_n.$$

上述等式在以下意义上成立：若 f 可积，则每一个级数 s_n 绝对收敛，极限存在，并且极限值等于积分值；反之，若级数 s_n 中的任意一个是绝对收敛的，则其他的都是绝对收敛的，$\lim_n s_n$ 存在，f 是可积的，并且 $\int f \mathrm{d}\mu = \lim_n s_n$ 成立. 提示：只需在非负函数的条件下证明这个结论. 记

$$f_n(x) = \begin{cases} \dfrac{k}{2^n}, & \text{若 } \dfrac{k}{2^n} < f(x) \leqslant \dfrac{k+1}{2^n}, \quad k = 0, 1, 2, \cdots, \\ 0, & \text{若 } f(x) = 0, \end{cases}$$

然后应用定理 B. 反方向的命题可以证明如下：由

$$f(x) \leqslant 2f_n(x) + \mu(X),$$

可知 f 是可积的，因而可应用上述结论.

7. 下面考虑的是接近积分概念的另一种常用的方式. 若 f 是定义在测度空间 $(X, \mathbf{S}, \mu)$ 上的非负可积函数. 对于每一个可测集 E，记

$$a(E) = \inf\{f(x) : x \in E\},$$

对于每一个互不相交的有限可测集类 $C = \{E_1, \cdots, E_n\}$，记

$$s(C) = \sum_{i=1}^{n} a(E_i)\mu(E_i).$$

我们断言，形如 $s(C)$ 的全部数的上确界等于 $\int f \mathrm{d}\mu$. 当 f 是简单函数时，结论也成立. 若 g 是非负简单函数，使得 $g \leqslant f$，令 $g = \sum_{i=1}^{n} \alpha_i \chi_{E_i}$，记 $C = \{E_1, \cdots, E_n\}$，则

$$\int g \mathrm{d}\mu = \sum_{i=1}^{n} \alpha_i \mu(E_i) \leqslant \sum_{i=1}^{n} a(E_i)\mu(E_i) = s(C).$$

同理，若 $\{g_n\}$ 是收敛到 f 的非负简单函数的递增序列，则

$$\lim_n \int g_n \mathrm{d}\mu \leqslant \sup s(C),$$

从而有 $\int f \mathrm{d}\mu \leqslant \sup s(C)$. 另外，因为 $s(C)$ 是某个具有上述性质的函数 g 的积分，所以对于每一个 C 有 $s(C) \leqslant \int f \mathrm{d}\mu$.

(7a) 前面得到的结果能不能推广到不可积的非负函数的情形？

(7b) 若 f 是定义在全有限测度空间 $(X, \mathbf{S}, \mu)$ 上的可积函数，且它的分布函数 g 是连续的（见习题 18.11），则

$$\int f \mathrm{d}\mu = \int_{-\infty}^{+\infty} x \mathrm{d}g(x)$$

（见习题 25.4）. 提示：假定 $f \geqslant 0$，利用上面的习题 7 来考虑上式中两个积分的"近似和" $s(C)$.

第 6 章　一般集函数

§28.　广义测度

本章要讨论一种不是很复杂但相当有用的广义测度概念. 之前的测度和我们现在要处理的集函数之间的主要区别在于后者不必是非负的.

假设 μ_1 和 μ_2 是定义在由集合 X 的子集组成的 σ 环 $\mathbf{S}$ 上的两个测度. 若对于 $\mathbf{S}$ 中的每一个集合 E, 定义 $\mu(E) = \mu_1(E) + \mu_2(E)$, 则显然 μ 是一个测度. 这个结论可以推广到有限个测度之和的情形. 构造新的测度的另一种方法是用任意非负常数乘以一个测度. 结合上述两种方法, 我们可以看到, 如果 $\{\mu_1, \cdots, \mu_n\}$ 是测度的有限集合, $\{\alpha_1, \cdots, \alpha_n\}$ 是非负实数的有限集合, 则定义在 $\mathbf{S}$ 中的每一个集合 E 上的集函数

$$\mu(E) = \sum_{i=1}^{n} \alpha_i \mu_i(E)$$

是一个测度.

若我们允许系数取负数, 则情形就不同了. 例如, 设 μ_1 和 μ_2 是 $\mathbf{S}$ 上的两个测度, 如果我们定义 $\mu(E) = \mu_1(E) - \mu_2(E)$, 就会遇到两个新情况. 第一, 对于某些集合, μ 可以是负的, 这不仅不是一个严重的问题, 而且还是一种值得研究的有趣现象. 第二, 在我们开始研究之前, 有个问题需要加以解决: 若出现 $\mu_1(E) = \mu_2(E) = \infty$, 此时如何定义 $\mu(E)$?

为了避免出现不定型, 我们规定, 只有当两个测度中至少有一个是有限测度时, 这两个测度才能相减. 这种规定和我们之前给出的某种不可积函数所采用记号 $\int f \mathrm{d}\mu$ 的情形十分相似. (回顾一下, 可测函数 f 的 $\int f \mathrm{d}\mu$ 有定义, 当且仅当函数 f^+ 和 f^- 两者中至少有一个是可积函数, 即当且仅当由

$$\nu^+(E) = \int_E f^+ \mathrm{d}\mu \quad \text{和} \quad \nu^-(E) = \int_E f^- \mathrm{d}\mu$$

所定义的两个集函数中至少有一个是有限测度.) 类似地, 我们进一步发现, 若 f 是可测函数, 使得 $\int f \mathrm{d}\mu$ 有定义, 则由 $\nu(E) = \int_E f \mathrm{d}\mu$ 定义的集函数 ν 就是两个测度之差.

上述论点已经充分地说明了下面的定义. 设 μ 是定义在可测空间 $(X, \mathbf{S})$ 中所有可测集的类上的广义实值集函数, 若 μ 具有可数加性, $\mu(\varnothing) = 0$, 且 μ 在 $+\infty$ 和 $-\infty$ 两值中至多只能取一个值, 则称 μ 为**广义测度**.

　　我们注意到, 广义测度 μ 的可数加性条件蕴涵如下性质: 对于任何互不相交的可测集序列 $\{E_n\}$, 级数 $\sum_{n=1}^{\infty} \mu(E_n)$ 要么是收敛的, 要么发散到 $+\infty$ 或 $-\infty$, 无论哪种情形, 该级数总是有意义的.

　　就像有关测度的术语一样,"(全) 有限" 和 "(全) σ 有限" 可以用于广义测度, 但必须用 $|\mu(E)|$ 替换 $\mu(E)$, 或等价地, 用 $-\infty < \mu(E) < +\infty$ 替换 $\mu(E) < \infty$. 例如, 对于广义测度 μ, 如果 X 可测且 $|\mu(X)| < \infty$, 则称 μ 为全有限的.

　　以下的研究目标之一是要证明, 每一个广义测度都可以表示为两个测度之差. 若能够证明这个结论, 我们就可以在一个环上定义广义测度, 并可以尝试将它扩张, 就如同测度的扩张一样. 但同时我们会发现, 这不过是浪费时间而已, 因为每一个广义测度的扩张问题可以简化为通常测度的扩张问题.

　　由广义测度的定义可知, 就像测度的情形一样, 广义测度是有限可加的, 所以也具有可减性.

　　定理 A　若 E 和 F 是两个可测集, μ 是广义测度, 使得

$$E \subseteq F \quad \text{且} \quad |\mu(F)| < \infty,$$

则 $|\mu(E)| < \infty$.

　　证明　我们有 $\mu(F) = \mu(F - E) + \mu(E)$. 当右端的和式中恰有一项为无限时, 则 $\mu(F)$ 也是无限的; 当这两项均为无限时, 则由 μ 在 $+\infty$ 和 $-\infty$ 中至多取一个值可知它们是相等的, $\mu(F)$ 仍为无限. 由此可见, 右端的和式两项都是有限的, 这也说明每一个有限广义测度的可测子集都具有有限广义测度.　　■

　　定理 B　若 μ 是广义测度, $\{E_n\}$ 是互不相交的可测集合的序列, 使得 $|\mu(\bigcup_{n=1}^{\infty} E_n)| < \infty$, 则级数 $\sum_{n=1}^{\infty} \mu(E_n)$ 绝对收敛.

　　证明　记

$$E_n^+ = \begin{cases} E_n, & \text{若 } \mu(E_n) \geqslant 0, \\ \varnothing, & \text{若 } \mu(E_n) < 0, \end{cases}$$

$$E_n^- = \begin{cases} E_n, & \text{若 } \mu(E_n) \leqslant 0, \\ \varnothing, & \text{若 } \mu(E_n) > 0, \end{cases}$$

则

$$\mu\left(\bigcup_{n=1}^{\infty} E_n^+\right) = \sum_{n=1}^{\infty} \mu(E_n^+),$$

$$\mu\left(\bigcup_{n=1}^{\infty} E_n^-\right) = \sum_{n=1}^{\infty} \mu(E_n^-).$$

观察上面最后二式右端的两个级数，每一个级数的各项都保持相同的符号，且 μ 在 $+\infty$ 和 $-\infty$ 中至多只能取一个值. 由于这两个级数的和是收敛级数 $\sum_{n=1}^{\infty} \mu(E_n)$，所以这两个级数也是收敛的. 又由于正项级数和负项级数的收敛性等价于级数的绝对收敛性，故定理得证. ■

定理 C　若 μ 是广义测度，$\{E_n\}$ 是单调的可测集序列，在 $\{E_n\}$ 是递减序列且至少有 n 的一个值使得 $|\mu(E_n)| < \infty$ 的条件下，我们有

$$\mu\left(\lim_n E_n\right) = \lim_n \mu(E_n).$$

证明　若 $\{E_n\}$ 是递增序列，定理的证明和测度的证明相同（用互不相交的集合序列 $\{E_i - E_{i-1}\}$ 替换 $\{E_n\}$，见定理 9.D）；若 $\{E_n\}$ 是递减序列，证明也是相同的（可用补集的运算化为递增的情形，见定理 9.E），但此时必须利用定理 A 保证在证明的过程中出现的减式是有限的. ■

习题

1. 两个（全）σ 有限测度之和是（全）σ 有限测度. 这个命题对于无限项之和是否成立？

2. 对于每一个可测集 E，定义集函数 $\mu(E) = \mu_1(E) + i\mu_2(E)$，其中 $i = \sqrt{-1}$，μ_1 和 μ_2 是本节所述意义下的两个广义测度，则称 μ 是定义在可测空间中所有可测集的类上的**复测度**. 定理 A 至定理 C 对于复测度是否成立？

3. 若广义测度 μ 可以按照两种方式表示为两个测度之差，即 $\mu = \mu_1 - \mu_2$ 和 $\mu = \nu_1 - \nu_2$，则是否一定有 $\mu_1 = \nu_1$ 且 $\mu_2 = \nu_2$？

4. 由可数加性的条件可以推出广义测度在 $+\infty$ 和 $-\infty$ 中至多只能取一个值这一事实. 提示：若 $\mu(E) = +\infty$ 且 $\mu(F) = -\infty$，则

$$\mu(E) = \mu(E - F) + \mu(E \cap F),$$
$$\mu(F) = \mu(F - E) + \mu(E \cap F),$$
$$\mu(E\Delta F) = \mu(E - F) + \mu(F - E).$$

这三个等式的右端至少有一个是不定型.

§29.　哈恩分解和若尔当分解

设 μ 是定义在可测空间 $(X, \mathbf{S})$ 中所有可测集的类上的广义测度，E 是一个集合，若对于每一个可测集 F，$E \cap F$ 可测且 $\mu(E \cap F) \geqslant 0$，则称 E（关于 μ）是**正集**；类似地，若对于每一个可测集 F，$E \cap F$ 可测且 $\mu(E \cap F) \leqslant 0$，则称 E（关于 μ）是**负集**. 按照这种意义空集既是正集也是负集. 除此之外，我们不再断言任何其他非平凡的正集或负集一定存在.

定理 A   若 μ 是一个广义测度，则存在两个互不相交的集合 A 和 B，它们的并集为 X，使得 A 关于 μ 是正集，B 关于 μ 是负集.

我们称 A 和 B 构成 X 关于 μ 的一个哈恩分解.

证明   由于 μ 在 $+\infty$ 和 $-\infty$ 中至多只能取一个值，所以可以假定对于任何可测集 E 有

$$-\infty < \mu(E) \leqslant \infty.$$

两个负集的差集和可数个互不相交负集的并集显然都是负集，所以可数个负集的并集也是负集. 对于所有可测负集 B，记 $\beta = \inf \mu(B)$. 令 $\{B_i\}$ 是使得 $\lim_i \mu(B_i) = \beta$ 的可测负集的序列，若 $B = \bigcup_{i=1}^{\infty} B_i$，则 B 是使得 $\mu(B)$ 最小的可测负集.

现在我们证明 $A = X - B$ 是正集. 使用反证法，设 E_0 是 A 的一个可测子集，使得 $\mu(E_0) < 0$. E_0 不可能是负集，若 E_0 是负集，则 $B \cup E_0$ 也是负集且 $\mu(B \cup E_0) < \mu(B)$，而这是不可能的. 设 k_1 是满足 $\mu(E_1) \geqslant 1/k_1$ 的最小正整数，其中 E_1 是 E_0 的可测子集（注意，由于 $\mu(E_0) < 0$，所以 $\mu(E_0)$ 和 $\mu(E_1)$ 都是有限的）. 由于

$$\mu(E_0 - E_1) = \mu(E_0) - \mu(E_1) \leqslant \mu(E_0) - 1/k_1 < 0,$$

所以刚才用于 E_0 的论证也可用于 $E_0 - E_1$ 的论证. 设 k_2 是满足 $\mu(E_2) \geqslant 1/k_2$ 的最小正整数，其中 E_2 是 $E_0 - E_1$ 的可测子集；以此类推，以至无穷. 由于 E_0 的可测子集具有有限的 μ 值（定理 28.A），我们有 $\lim_n (1/k_n) = 0$. 由此可见，对于

$$F_0 = E_0 = \bigcup_{j=1}^{\infty} E_j$$

的任意可测子集 F，我们有 $\mu(F) \leqslant 0$，即 F_0 是可测负集. 由于 F_0 和 B 是互不相交的，且

$$\mu(F_0) = \mu(E_0) - \sum_{j=1}^{\infty} \mu(E_j) \leqslant \mu(E_0) < 0,$$

这与 B 的最小性质相矛盾，因此 $\mu(E_0) < 0$ 的假设不正确.   ∎

容易构造一个例子来表明哈恩分解不是唯一的. 不过，若

$$X = A_1 \cup B_1 \quad \text{且} \quad X = A_2 \cup B_2$$

是 X 的两个哈恩分解，则我们可以证明，对每一个可测集 E，有

$$\mu(E \cap A_1) = \mu(E \cap A_2) \quad \text{且} \quad \mu(E \cap B_1) = \mu(E \cap B_2).$$

事实上，我们有

$$E \cap (A_1 - A_2) \subseteq E \cap A_1,$$

于是有 $\mu\big(E \cap (A_1 - A_2)\big) \geqslant 0$，且

$$E \cap (A_1 - A_2) \subseteq E \cap B_2,$$

于是有 $\mu\big(E \cap (A_1 - A_2)\big) \leqslant 0$. 因此 $\mu\big(E \cap (A_1 - A_2)\big) = 0$. 由对称性有 $\mu\big(E \cap (A_2 - A_1)\big) = 0$，从而有

$$\mu(E \cap A_1) = \mu\big(E \cap (A_1 \cup A_2)\big) = \mu(E \cap A_2).$$

根据上述结果可知，在所有可测集的类上，

$$\mu^+(E) = \mu(E \cap A) \quad \text{和} \quad \mu^-(E) = -\mu(E \cap B)$$

唯一地确定了两个集函数 μ^+ 和 μ^-，分别称为 μ 的**上变差**和**下变差**. 对于每一个可测集 E，记 $|\mu|(E) = \mu^+(E) + \mu^-(E)$，则集函数 $|\mu|$ 称为 μ 的**全变差**.（注意 $|\mu|(E)$ 和 $|\mu(E)|$ 之间的重要区别.）

定理 B 广义测度 μ 的上变差 μ^+、下变差 μ^- 和全变差 $|\mu|$ 都是测度，对每一个可测集 E，有 $\mu(E) = \mu^+(E) - \mu^-(E)$. 若 μ 是（全）有限的或 σ 有限的，则 μ^+ 和 μ^- 也是（全）有限的或 σ 有限的. μ^+ 和 μ^- 中至少有一个是有限的.

证明 μ 的变差显然都是非负的. 若每一个可测集可表示为可数个具有有限 μ 值的可测集之并，则由定理 28.A，μ^+ 和 μ^- 也满足同样的条件. 由 μ^+ 和 μ^- 的定义可直接推出等式 $\mu = \mu^+ - \mu^-$. 因为 μ 在 $+\infty$ 和 $-\infty$ 中至多只能取一个值，由此可见集函数 μ^+ 和 μ^- 至少有一个恒为有限. μ^+ 和 μ^- 显然具有可数加性，定理得证. ■

定理 B 说明了每一个广义测度可以表示为两个测度（其中至少有一个是有限的）之差. 将 μ 表示为它的上变差和下变差之差称为 μ 的**若尔当分解**.

习题

1. 若 μ 是一个有限广义测度，$\{E_n\}$ 是一个可测集序列，且 $\lim_n E_n$ 存在（即 $\limsup_n E_n = \liminf_n E_n$），则

$$\mu\left(\lim_n E_n\right) = \lim_n \mu(E_n).$$

2. 有限广义测度以及它的变差都是有界的. 因此，我们常称有限广义测度是**有界变差**的.

3. 若 μ 是一个广义测度，E 是一个可测集，则

$$\mu^+(E) = \sup\{\mu(F) : E \supseteq F \in \mathbf{S}\}, \quad \mu^-(E) = -\inf\{\mu(F) : E \supseteq F \in \mathbf{S}\}.$$

若将上面两个等式当作 μ^+ 和 μ^- 的定义，可以得到若尔当分解定理的另一种常用证法.

4. 对于范数 $\|\mu\| = |\mu|(X)$ 而言，由定义在某个 σ 代数上的所有全有限广义测度组成的集合能否形成一个巴拿赫空间？

5. 若 $(X, \mathbf{S}, \mu)$ 是一个测度空间，f 是定义在 X 上的可积函数，则由 $\nu(E) = \int_E f(x)\mathrm{d}\mu(x)$ 确定的集函数 ν 是一个有限广义测度，且

$$\nu^+(E) = \int_E f^+\mathrm{d}\mu, \quad \nu^-(E) = \int_E f^-\mathrm{d}\mu.$$

如何由 f 表示出 $|\nu|(E)$？

6. 若 μ 和 ν 是定义在 σ 代数 $\mathbf{S}$ 上的两个全有限测度，E 是 $\mathbf{S}$ 中的一个集合，则对于每一个实数 t，存在 $\mathbf{S}$ 中的集合 A_t 使得 $A_t \subseteq E$，并满足下述条件：对 $\mathbf{S}$ 中适合关系 $F \subseteq A_t$（或 $F \subseteq E - A_t$）的每一个集合 F，有 $\nu(F) \leqslant t\mu(F)$ [或 $\nu(F) \geqslant t\mu(F)$].

7. 若 μ 是一个广义测度，f 是一个可测函数，且 f 关于 $|\mu|$ 是可积的，则由定义记

$$\int f\mathrm{d}\mu = \int f\mathrm{d}\mu^+ - \int f\mathrm{d}\mu^-.$$

这个积分具有在第 5 章中讨论的"正"积分的许多基本性质. 若 μ 是一个有限广义测度，则对每一个可测集 E，有

$$|\mu|(E) = \sup \left| \int_E f\mathrm{d}\mu \right|,$$

这里上确界指的是对满足 $|f| \leqslant 1$ 的所有可测函数 f 取上确界.

8. 关于复值函数 f 和复测度 μ（见习题 28.2），也可以定义积分 $\int f\mathrm{d}\mu$，只需分别考虑实部和虚部. 受习题 7 启发，我们用 $|\mu|(E) = \sup \left| \int_E f\mathrm{d}\mu \right|$ 来定义有限复测度 μ 的全变差，这里上确界指的是对满足 $|f| \leqslant 1$ 的所有可测函数（可能是复值的）取上确界. μ 的实部和虚部的全变差与 $|\mu|$ 有什么关系？

§30.　绝对连续性

受不定积分性质的启发，我们考虑了广义测度这个抽象概念，并且指出了它具有不定积分的一些重要性质. 但不定积分还有一些特定的附加性质（或者说，不定积分与借以定义的测度之间的某些关系）是一般的广义测度所没有的，其中之一就是具有高度重要意义的绝对连续性（第 23 节）. 现在我们说明，在更为一般的情形下绝对连续性仍有其意义.

设 $(X, \mathbf{S})$ 是一个可测空间，μ 和 ν 是 $\mathbf{S}$ 上的广义测度，对于每一个可测集 E 若 $|\mu|(E) = 0$ 则 $\nu(E) = 0$，我们称 ν 关于 μ 是**绝对连续的**，记为 $\nu \ll \mu$. 用直

观但不精确的话来说，$\nu \ll \mu$ 的意思是当 μ 很小时 ν 也很小. 注意，上述定义不具有对称性. 利用 μ 的全变差的条件可以表示出 μ 很小. 我们给出的第一个定理说明这只是表面的现象.

定理 A 若 μ 和 ν 是广义测度，则以下条件相互等价：

(a) $$\nu \ll \mu,$$

(b) $$\nu^+ \ll \mu \quad 且 \quad \nu^- \ll \mu,$$

(c) $$|\nu| \ll |\mu|.$$

证明 设 (a) 成立，则当 $|\mu|(E) = 0$ 时，就有 $\nu(E) = 0$. 若 $X = A \cup B$ 为关于 ν 的一个哈恩分解，则当 $|\mu|(E) = 0$ 时，我们有

$$0 \leqslant |\mu|(E \cap A) \leqslant |\mu|(E) = 0,$$
$$0 \leqslant |\mu|(E \cap B) \leqslant |\mu|(E) = 0,$$

因此

$$\nu^+(E) = \nu(E \cap A) = 0 \quad 且 \quad \nu^-(E) = \nu(E \cap B) = 0,$$

于是就证明了 (b) 是正确的.

关系式

$$|\nu|(E) = \nu^+(E) + \nu^-(E) \quad 和 \quad 0 \leqslant |\nu(E)| \leqslant |\nu|(E)$$

分别说明了 "(b) 蕴涵 (c)" 和 "(c) 蕴涵 (a)". ■

下面的定理说明了我们现在的绝对连续性定义与第 23 节中引入的定义（对于具有有限值的集函数）之间的关系. 这个定理实质上认可了对于 "当 μ 很小时 ν 也很小" 这样的说法，可以给出另外一种精确的解释，这种解释虽然表面上与原来的不同，但与它等价.

定理 B 若 ν 是一个有限广义测度，μ 是一个广义测度，并且 $\nu \ll \mu$，则对于任意正数 ε，存在正数 δ 使得对于满足 $|\mu|(E) < \delta$ 的每一个可测集 E，都有 $|\nu|(E) < \varepsilon$.

证明 使用反证法. 假设对于某个正数 ε，存在可测集序列 $\{E_n\}$ 使得对于 $n = 1, 2, \cdots$ 有 $|\mu|(E_n) < 1/2^n$ 且 $|\nu|(E_n) \geqslant \varepsilon$. 设 $E = \limsup_n E_n$，则

$$|\mu|(E) \leqslant \sum_{i=n}^{\infty} |\mu|(E_i) < \frac{1}{2^{n-1}}, \quad n = 1, 2, \cdots,$$

因而有 $|\mu|(E) = 0$. 另外（由于 ν 是有限的），我们有

$$|\nu|(E) = \lim_n |\nu|(E_n \cup E_{n+1} \cup \cdots) \geqslant \limsup_n |\nu|(E_n) \geqslant \varepsilon.$$

这个结果与定理的条件 $\nu \ll \mu$ 相矛盾，故定理得证. ■

易知关系"$\ll$"具有自反性（即 $\mu \ll \mu$）和传递性（即 $\mu_1 \ll \mu_2$ 且 $\mu_2 \ll \mu_3$ 蕴涵 $\mu_1 \ll \mu_3$）. 对于广义测度 μ 和 ν，若同时有 $\nu \ll \mu$ 和 $\mu \ll \nu$，则称 μ 和 ν 是**等价的**，记为 $\mu \equiv \nu$.

奇异性是和绝对连续性相对立的一种关系. 设 $(X, \mathbf{S})$ 是一个可测空间，μ 和 ν 是定义在 $\mathbf{S}$ 上的广义测度，若存在互不相交的两个集合 A 和 B 使得 $A \cup B = X$，对于每一个可测集 E，$A \cap E$ 和 $B \cap E$ 都为可测集且 $|\mu|(A \cap E) = |\nu|(B \cap E) = 0$，则称 μ 和 ν 是**相互奇异的**，或简称 μ 和 ν 是**奇异的**，记为 $\mu \perp \nu$. 尽管在定义中 μ 和 ν 的地位是对称的，但我们时常用不对称的表达方式"ν 关于 μ 是奇异的"来替代"μ 和 ν 是奇异的".

显然，奇异性是非绝对连续性的一种极端的形式. 若 ν 关于 μ 是奇异的，则不但由 $|\mu|(E) = 0$ 不能推出 $|\nu|(E) = 0$，而且实质上只有对于 $|\mu|$ 为 0 的集合，$|\nu|$ 才有可能不为 0.

我们介绍一种新的记号来总结这部分内容. 在测度空间上，我们已经引用了"几乎处处"这个直观的传统术语. 当每次只限于考虑一个测度时，这个术语是令人满意的. 但是在绝对连续性和奇异性的讨论中，我们必须同时处理几个测度. 由于常用"关于 μ 几乎处处"的说法过于累赘，因此我们将采用下述方便的记号. 对于可测空间 $(X, \mathbf{S})$ 中每一个点 x，设 $\pi(x)$ 是一个与 x 有关的命题，μ 是一个定义在 $\mathbf{S}$ 上的广义测度，我们用记号

$$\pi(x)[\mu] \quad \text{或} \quad \pi[\mu]$$

表示关于测度 $|\mu|$，对于几乎所有的 x，$\pi(x)$ 都正确. 例如，若 f 和 g 是两个定义在 X 上的函数，我们用记号 $f = g[\mu]$ 表示 $\{x : f(x) \neq g(x)\}$ 是一个关于 $|\mu|$ 的测度为 0 的可测集. 符号 $[\mu]$ 读作"模 μ"（modulo μ）.

习题

1. 若 μ 是一个广义测度，f 是一个关于 $|\mu|$ 的可积函数，对每一个可测集 E，定义 $\nu(E) = \int_E f \mathrm{d}\mu$（见习题 29.7），则有 $\nu \ll \mu$.

2. 设测度空间 $(X, \mathbf{S}, \mu)$ 是具有勒贝格测度的单位区间，记 $F = \{x : 0 \leqslant x \leqslant 1/2\}$，函数 f_1 和 f_2 分别定义为 $f_1 = 2\chi_F(x) - 1$ 和 $f_2(x) = x$. 若集函数 μ_1 和 μ_2 定义为

$\mu_i(E) = \int_E f_i \mathrm{d}\mu$（$i = 1, 2$），则 $\mu_2 \ll \mu_1$. 但是当 $\mu_1(E) = 0$ 时不一定有 $\mu_2(E) = 0$. 若 μ_2 定义为 $\mu_2(E) = \int_E (f_2 - 1/2)\mathrm{d}\mu$，则当 $\mu_1(E) = 0$ 时必有 $\mu_2(E) = 0$.

3. 对于每一个广义测度 μ，变差 μ^+ 和 μ^- 是相互奇异的，并且 μ^+ 和 μ^- 关于 μ 是绝对连续的.

4. 对于每一个广义测度 μ 有 $\mu \equiv |\mu|$.

5. 若 μ 是一个广义测度，E 是一个可测集，则 $|\mu|(E) = 0$ 的充分必要条件是：对 E 的每一个可测子集 F 都有 $\mu(F) = 0$.

6. 若 μ 和 ν 是定义在 σ 环 $\mathbf{S}$ 上的两个测度，则 $\nu \ll \mu + \nu$.

7. 设 f_1 和 f_2 是定义在全有限测度空间 $(X, \mathbf{S}, \mu)$ 上的两个可积函数，对于 $i = 1, 2$，μ_i 是 f_i 的不定积分. 若 $\mu(\{x : f_1(x) = 0\} \triangle \{x : f_2(x) = 0\}) = 0$，则 $\mu_1 \equiv \mu_2$.

8. 设 Ψ 是康托尔函数（见习题 19.3），μ_0 是定义在单位区间的所有博雷尔子集的类上由 Ψ 导出的勒贝格-斯蒂尔杰斯测度（见习题 15.9）. 若是 μ 勒贝格测度，则 μ_0 和 μ 是相互奇异的.

9. 若 μ 和 ν 是两个广义测度，且使得 ν 关于 μ 既是绝对连续的又是奇异的，则 $\nu = 0$.

10. 若 ν_1、ν_2 和 μ 都是有限广义测度，且使得 ν_1 和 ν_2 关于 μ 都是奇异的，则 $\nu = \nu_1 + \nu_2$ 关于 μ 也是奇异的. 提示：令 $X = A_1 \cup B_1$ 和 $X = A_2 \cup B_2$ 是满足下述性质的两个分解：对于 $i = 1, 2$，对于 A_i 的可测子集，$|\mu|$ 恒等于 0；对于 B_i 的可测子集，$|\nu_i|$ 恒等于 0. 那么

$$X = [(A_1 \cap A_2) \cup (A_1 \cap B_2) \cup (A_2 \cap B_1)] \cup (B_1 \cap B_2)$$

构成了 μ 和 ν 的一个分解.

11. 若 μ 和 ν 是定义在 σ 代数 $\mathbf{S}$ 上的两个测度，μ 是有限的，且 $\nu \ll \mu$，则存在可测集 E，使得 $X - E$ 关于 ν 具有 σ 有限测度，并使得对于 E 的任何可测子集 F 有 $\nu(F) = 0$ 或 ∞. 提示：利用穷举法（见习题 17.3），可以找出可测集 E，使得对于 E 的任何可测子集 F，$\nu(F) = 0$ 或 ∞，并使得 $\mu(E)$ 达到最大. 然后再应用穷举法证明 $X - E$ 关于 ν 具有 σ 有限测度.

12. 若 ν 不是有限的，则定理 B 不一定正确. 提示：令 X 为全体正整数的集合，对于 X 的每一个子集 E，记

$$\mu(E) = \sum_{n \in E} 2^{-n}, \quad \nu(E) = \sum_{n \in E} 2^n.$$

§31. 拉东-尼科迪姆定理

定理 A 若 μ 和 ν 是全有限测度，$\nu \ll \mu$ 且 ν 不恒为零，则存在正数 ε 和可测集 A，使得 $\mu(A) > 0$，并使得 A 是关于广义测度 $\nu - \varepsilon\mu$ 的正集.

证明 对于 $n = 1, 2, \cdots$，设 $X = A_n \cup B_n$ 是关于广义测度 $\nu - \frac{1}{n}\mu$ 的哈恩分解，记

$$A_0 = \bigcup_{n=1}^{\infty} A_n, \quad B_0 = \bigcap_{n=1}^{\infty} B_n.$$

由于 $B_0 \subseteq B_n$，我们有

$$0 \leqslant \nu(B_0) \leqslant \tfrac{1}{n}\mu(B_0), \quad n = 1, 2, \cdots,$$

所以有 $\nu(B_0) = 0$. 因而有 $\nu(A_0) > 0$，由绝对连续性可知 $\mu(A_0) > 0$. 因此，至少对于 n 的一个值有 $\mu(A_n) > 0$. 对于这个 n 值，令 $A = A_n$ 和 $\varepsilon = 1/n$，即可证得定理. ∎

我们现在给出有关绝对连续的基本结论（称为拉东-尼科迪姆定理）.

定理 B　若 $(X, \mathbf{S}, \mu)$ 是全 σ 有限的测度空间，定义在 $\mathbf{S}$ 上 σ 有限的广义测度 ν 关于 μ 是绝对连续的，则在 X 上存在有限值可测函数 f 使得对每一个可测集 E 都有

$$\nu(E) = \int_E f\mathrm{d}\mu.$$

函数 f 在下述意义下是唯一的：如果对每一个可测集 $E \in \mathbf{S}$ 都有 $\nu(E) = \int_E g\mathrm{d}\mu$，则 $f = g[\mu]$.

注意，事实上并没有要求 f 一定是可积的. 显然，f 为可积的充分必要条件是 ν 是有限的. 使用符号 $\int f\mathrm{d}\mu$ 就意味着（见第 25 节），f 的正部和负部中至少有一个是可积的，也相应地表明 ν 的上变差和下变差中至少有一个是有限的.

证明　因为 X 可以表示为可数个互不相交的可测集的并，这些可测集关于 μ 和 ν 都是有限的，所以，不失一般性，我们首先可以假设 μ 和 ν 都是有限的（对于存在性和唯一性的证明也一样）. 设 ν 是有限的，f 是可积的，由定理 25.E 可知唯一性成立. 最后，由于假设条件 $\nu \ll \mu$ 与

$$\nu^+ \ll \mu \quad \text{且} \quad \nu^- \ll \mu$$

等价，所以只需在 μ 和 ν 都是有限的条件下证明 f 的存在性即可.

设 $\mathcal{K}$ 是由具有如下性质的全体非负函数 f 组成的类：f 关于 μ 是可积的，对于每一个可测集 E 都有 $\int_E f\mathrm{d}\mu \leqslant \nu(E)$，记

$$\alpha = \sup\left\{\int f\mathrm{d}\mu : f \in \mathcal{K}\right\}.$$

设 $\{f_n\}$ 是定义在 $\mathcal{K}$ 上的函数序列，使得

$$\lim_n \int f_n \mathrm{d}\mu = \alpha.$$

若 E 是固定的任意可测集，n 是固定的任意正整数，且 $g_n = f_1 \cup \cdots \cup f_n$，则 E 可以表示成 n 个互不相交可测集的并集，$E = E_1 \cup \cdots \cup E_n$，使得对于 $j = 1, 2, \cdots, n$，

当 $x \in E_j$ 时有 $g_n(x) = f_j(x)$. 所以我们有

$$\int_E g_n \mathrm{d}\mu = \sum_{j=1}^n \int_{E_j} f_j \mathrm{d}\mu \leqslant \sum_{j=1}^n \nu(E_j) = \nu(E).$$

若我们记 $f_0(x) = \sup\{f_n(x) : n = 1, 2, \cdots\}$, 则 $f_0(x) = \lim_n g_n(x)$, 由定理 27.B 可知 $f_n \in \mathcal{K}$ 且 $\int f_0 \mathrm{d}\mu = \alpha$. 由于 f_0 是可积的, 所以存在取有限值的函数 f 使得 $f_0 = f[\mu]$. 我们将证明: 如果 $\nu_0(E) = \nu(E) - \int_E f \mathrm{d}\mu$, 则测度 ν_0 恒等于 0.

若 ν_0 不恒等于 0, 由定理 A 可知, 存在正数 ε 和使得 $\nu(A) > 0$ 成立的可测集 A, 使得对任意可测集 E 都有

$$\varepsilon \mu(E \cap A) \leqslant \nu_0(E \cap A) = \nu(E \cap A) - \int_{E \cap A} f \mathrm{d}\mu.$$

若 $g = f + \varepsilon \chi_A$, 则对任意的可测集 E 都有

$$\int_E g \mathrm{d}\mu = \int_E f \mathrm{d}\mu + \varepsilon \mu(E \cap A) \leqslant \int_{E-A} f \mathrm{d}\mu + \nu(E \cap A) \leqslant \nu(E),$$

所以 $g \in \mathcal{K}$. 可是, 由于

$$\int g \mathrm{d}\mu = \int f \mathrm{d}\mu + \varepsilon \mu(A) > \alpha,$$

这与 α 的定义相矛盾, 故定理得证. ∎

习题

1. 若 $(X, \mathbf{S}, \mu)$ 是一个测度空间, 对于每一个可测集 E 都有 $\nu(E) = \int_E f \mathrm{d}\mu$, 则

$$X = \{x : f(x) > 0\} \cup \{x : f(x) \leqslant 0\}$$

是关于 ν 的一个哈恩分解.

2a. 假设 $(X, \mathbf{S})$ 是一个测度空间, μ 和 ν 是定义在 $\mathbf{S}$ 上的全有限测度, 且满足 $\nu \ll \mu$. 若 $\bar{\mu} = \mu + \nu$ 且对每一个可测集 E 都有 $\nu(E) = \int_E f \mathrm{d}\bar{\mu}$, 则 $0 \leqslant f(x) < 1 [\mu]$.

2b. 若对每一个非负可测函数 g 都有 $\int g \mathrm{d}\nu = \int f g \mathrm{d}\bar{\mu}$, 则对每一个可测集 E 都有 $\nu(E) = \int_E f/(1-f) \mathrm{d}\mu$. 提示: 可以将假设条件改写为 $\int g(1-f) \mathrm{d}\nu = \int f g \mathrm{d}\mu$, 对给定的测度 E, 记 $g = \chi_E/(1-f)$.

3. 设 $(X, \mathbf{S}, \mu)$ 是具有勒贝格测度的单位区间, M 是一个不可测集. 设 (α_1, β_1) 和 (α_2, β_2) 是两个正实数对, 满足 $\alpha_1 + \beta_1 = \alpha_2 + \beta_2 = 1$. 设对于 $i = 1, 2$, $\tilde{\mu}_i$ 是由 (α_i, β_i) 所确定的 μ 在 σ 环 $\tilde{\mathbf{S}}$ 上的扩张, 其中 $\tilde{\mathbf{S}}$ 是由 $\mathbf{S}$ 与 M 所生成的 σ 环 (见习题 16.2). 那么, 存在可测函数 f_1 和 f_2, 对每一个可测集 E 都有

$$\tilde{\mu}_1(E) = \int_E f_1 \mathrm{d}\tilde{\mu}_2, \qquad \tilde{\mu}_2(E) = \int_E f_2 \mathrm{d}\tilde{\mu}_1.$$

f_1 和 f_2 是什么样的函数?

4. 当 μ 仅仅是一个广义测度时，拉东-尼科迪姆定理仍然是正确的. 提示：设 $X = A \cup B$ 是关于 μ 的一个哈恩分解，在 A 中对 ν 和 μ^+ 并在 B 中对 ν 和 μ^- 分别运用拉东-尼科迪姆定理.

5. 设 μ 是全 σ 有限的广义测度. 由于 μ^+ 和 μ^- 关于 μ 和 $|\mu|$ 是绝对连续的，我们有

$$\mu^+(E) = \int_E f_+ \mathrm{d}\mu = \int_E g_+ \mathrm{d}|\mu|, \quad \mu^-(E) = \int_E f_- \mathrm{d}\mu = \int_E g_- \mathrm{d}|\mu|.$$

函数 f_+, g_+, f_-, g_- 满足 $f_+ = g_+ [\mu]$ 和 $f_- = -g_- [\mu]$. 这些函数都是什么样的函数？

6. 若 μ 是一个广义测度，对每一个可测集 E 都有 $\nu(E) = \int_E f \mathrm{d}\mu$ 且 $|\nu|(E) = \int_E g \mathrm{d}|\mu|$，则 $g = |f| [\mu]$.

7. 当 ν 不是 σ 有限的广义测度时，拉东-尼科迪姆定理仍是正确的，但在这种情形下被积函数 f 不一定是取有限值的. 提示：只需要在 ν 是一个测度以及 μ 是有限的情形下考虑这个命题，可以应用习题 30.11.

8. 当 μ 不是全 σ 有限的广义测度时，即使 ν 是有限的，拉东-尼科迪姆定理也不一定成立. 提示：设 X 是不可数集，$\mathbf{S}$ 是由全体可数子集和具有可数补集的子集组成的集类. 对 $\mathbf{S}$ 中的每一个 E，设 $\mu(E)$ 为 E 中的点的个数，根据 E 为可数或不可数令 $\nu(E) = 0$ 或 1.

9. 设 $(X, \mathbf{S})$ 是一个可测空间，μ 和 ν 是定义在 $\mathbf{S}$ 上的有限测度，且满足 $\nu \ll \mu$，则拉东-尼科迪姆定理可分别应用到每一个可测集上. 可能会产生这样的问题：是否可以在 X 上定义一个适当的函数 f，使得该函数对于所有可测集可同时作为被积函数？通常来讲这是不可能的，见下面的反例.

设 A 是任意不可数集（假设它的势为 α），B 是一个势为 β 的集合，且 $\beta > \alpha$. 设 X 是由所有有序对 (a, b) 构成的集合，其中 $a \in A$, $b \in B$. 称形如 $\{(a, b_0) : a \in A\}$ 的集合为一条**水平线**，称形如 $\{(a_0, b) : b \in B\}$ 的集合为一条**铅直线**. 如果 $L - E$ 是可数的，则称集合 E 在水平线或铅直线 L 上是**满的**（见习题 12.1）. 设 $\mathbf{S}$ 是由一切具有以下性质的集合 E 组成的类：E 能被可数条水平线和铅直线所覆盖，在每一条这样的水平线和铅直线上，它们要么是可数的，要么是满的. 对于 $\mathbf{S}$ 中的每一个集合 E，设 $\mu(E)$ 表示使得"在其上 E 是满的"的水平线和铅直线的数目，$\nu(E)$ 表示使得"在其上 E 是满的"的铅直线的数目. 显然，μ 和 ν 都是 σ 有限测度，且 $\nu \ll \mu$. 现在假定存在 X 上的一个函数 f，对 $\mathbf{S}$ 中的每一个集合 E 都有 $\nu(E) = \int_E f \mathrm{d}\mu$. 易知集合 $\{x : f(x) = 0\}$ 在每条铅直线上是可数的，在每条水平线上是满的. 前者说明这个集合的势至多是 $\alpha \aleph_0 = \alpha$，后者说明这个集合的势至少是 $\beta(\alpha - \aleph_0) \geqslant \beta$.

10. 在拉东-尼科迪姆定理中，对测度空间的条件，可以换成一个比全 σ 有限条件弱而比 σ 有限条件强的条件，定理仍然成立. 这个条件为：空间可表示为具有有限测度且互不相交的可测集 D 的并集，并使得每一个可测集可以被 D 中可数个集合和一个测度为 0 的集合所覆盖. 下面给出一个满足这个条件但并非全 σ 有限的测度空间的例子.

设 X 为欧几里得平面，$\mathbf{S}$ 是由一切具有以下性质的集合 E 组成的类：集合 E 可以被可数条水平线所覆盖，且 E 在每一条这样的水平线上是勒贝格可测的. 设 E 是一条

水平线的勒贝格可测子集，用 $\mu(E)$ 来定义 E 的勒贝格测度. 对于 $\mathbf{S}$ 中一般的集合 E，μ 的值可以由可数加性而唯一确定.

11. 如果在习题 9 中 $B = A$，且这个集合的势是 $\aleph_1$（= 最小不可数势），上述证明就不能用了. 在这种情形下，对于 X 的一个子集 E，E 在每一条铅直线上是可数的，而对每一条水平线 L，$L - E$ 是可数的. 提示：把集合 A 作为良序集，即对于每个 $a \in A$，用一个 $\xi(a) < \Omega$（= 最小不可数序数）与之对应，从而建立 A 中全体点与小于 Ω 的全体序数之间的一一对应关系. 令 $E = \{(a, b) : \xi(a) > \xi(b)\}$.

12. 若 μ 是一个全有限测度，对每一个可测集 E 都有 $\nu(E) = \int_E f \mathrm{d}\mu$，则集合

$$B(t) = \{x : f(x) \leqslant t\}$$

是一个关于 $\nu - t\mu$ 的负集（见习题 1）. 基于集合 $B(t)$ 重构函数 f，我们可以得到拉东-尼科迪姆定理的另一种证明方法（见习题 18.10）. 在这种证明方法里，主要的困难就是负集的不唯一性. 我们采用如下手段来解决这个困难：对于每一个 t，选择 $B(t)$ 以使得 $\mu(B(t))$ 达到极大.

§32. 广义测度的导数

有一个特别有意义的特殊符号函数会当作被积函数出现在拉东-尼科迪姆定理中. 若 μ 是全 σ 有限测度，对每一个可测集 E 都有 $\nu(E) = \int_E f \mathrm{d}\mu$，则记为

$$f = \frac{\mathrm{d}\nu}{\mathrm{d}\mu} \quad \text{或} \quad \mathrm{d}\nu = f \mathrm{d}\mu.$$

拉东-尼科迪姆定理中被积函数（也叫作拉东-尼科迪姆**导数**）通过微分符号的运算在形式上可以得到其全部性质，相应地正确的定理都能获得证明. 有些性质是显而易见的，例如

$$\frac{\mathrm{d}(\nu_1 + \nu_2)}{\mathrm{d}\mu} = \frac{\mathrm{d}\nu_1}{\mathrm{d}\mu} + \frac{\mathrm{d}\nu_2}{\mathrm{d}\mu},$$

而有些性质是隐藏较深的. 后者的例子包括微分的链式法则. 一个简单推论是，导出积分号下微分的代换法则. 这些结果随后都将得到准确陈述并证明. 当然，我们要记住拉东-尼科迪姆导数 $\mathrm{d}\nu/\mathrm{d}\mu$ 关于 μ 仅仅在几乎处处条件下是唯一确定的，因此要用文字详细地表述一个微分公式，就必须时时常用到"几乎处处".

定理 A 设 λ 和 μ 是全 σ 有限测度，满足 $\mu \ll \lambda$，ν 是全 σ 有限广义测度，满足 $\nu \ll \mu$，则

$$\frac{\mathrm{d}\nu}{\mathrm{d}\lambda} = \frac{\mathrm{d}\nu}{\mathrm{d}\mu} \frac{\mathrm{d}\mu}{\mathrm{d}\lambda} \, [\lambda].$$

证明 若上述关系式对于 ν 的上变差和下变差都成立，则意味着上述关系式对于 ν 也成立，我们可以假设 ν 是一个测度；简记符号 $d\nu/d\mu = f$ 和 $d\mu/d\lambda = g$.

由于 ν 是非负的，由定理 25.D 可知 $f \geqslant 0\,[\mu]$，所以，不失一般性，可以假设 f 是几乎处处非负的.

设 $\{f_n\}$ 是递增的非负简单函数序列，它在每一点处都收敛到 f（见定理 20.B），则由定理 27.B 可知，对于每一个可测集 E，我们有

$$\lim_n \int_E f_n \mathrm{d}\mu = \int_E f \mathrm{d}\mu \quad \text{且} \quad \lim_n \int_E f_n g \mathrm{d}\lambda = \int_E f g \mathrm{d}\lambda.$$

由于对每一个可测集 F 有

$$\int_E \chi_F \mathrm{d}\mu = \mu(E \cap F) = \int_{E \cap F} g \mathrm{d}\lambda = \int_E \chi_F g \mathrm{d}\lambda,$$

于是 $\int_E f_n \mathrm{d}\mu = \int_E f_n g \mathrm{d}\lambda$（$n = 1, 2, \cdots$），因此 $\nu(E) = \int_E f \mathrm{d}\mu = \int_E f g \mathrm{d}\lambda$. ∎

定理 B　设 λ 和 μ 是全 σ 有限测度，满足 $\mu \ll \lambda$. 若 f 是使得 $\int f \mathrm{d}\mu$ 有定义的有限值可测函数，则

$$\int f \mathrm{d}\mu = \int f \frac{\mathrm{d}\mu}{\mathrm{d}\lambda} \mathrm{d}\lambda.$$

证明　对每一个可测集 E，记 $\nu(E) = \int_E f \mathrm{d}\mu$，并应用定理 A. 于是，对每一个可测集 E 都有

$$\nu(E) = \int_E f \frac{\mathrm{d}\mu}{\mathrm{d}\lambda} \mathrm{d}\lambda,$$

令 $E = X$，就可证得定理. ∎

下面给出本节有关广义测度之间关系的最后一个定理. 它说明了全 σ 有限广义测度 ν 可分解为两部分，一部分关于另一个全 σ 有限广义测度 μ 是绝对连续的，而另一部分关于 μ 是奇异的. 这种分解称为勒贝格分解.

定理 C　若 $(X, \mathbf{S})$ 是一个可测空间，μ 和 ν 是定义在 $\mathbf{S}$ 上的全 σ 有限广义测度，则存在两个唯一的全 σ 有限广义测度 ν_0 和 ν_1，满足 $\nu = \nu_0 + \nu_1$，$\nu_0 \perp \mu$，$\nu_1 \ll \mu$.

证明　我们照例假设 μ 和 ν 是有限的. 对于 $i = 0, 1$，由于 ν_i 关于 $|\mu|$ 分别是绝对连续的或是奇异的，则 ν_i 关于 μ 也分别是绝对连续的或是奇异的，我们可以假设 μ 是一个测度. 最后，由于可以分别处理 ν^+ 和 ν^-，所以我们也可以假设 ν 是一个测度.

对全有限测度的定理的证明是一种很有用的技巧，定理的证明可建立在如下简单的事实上：ν 关于 $\mu + \nu$ 是绝对连续的. 所以，存在可测函数 f 使得对于每一个可测集 E 都有

$$\nu(E) = \int_E f \mathrm{d}\mu + \int_E f \mathrm{d}\nu.$$

由于 $0 \leqslant \nu(E) \leqslant \mu(E) + \nu(E)$，我们有 $0 \leqslant f \leqslant 1\,[\mu + \nu]$，因此有 $0 \leqslant f \leqslant 1\,[\nu]$. 记 $A = \{x : f(x) = 1\}$，$B = \{x : 0 \leqslant f(x) < 1\}$，则

$$\nu(A) = \int_A \mathrm{d}\mu + \int_A \mathrm{d}\nu = \mu(A) + \nu(A),$$

因此有 $\mu(A) = 0$（由于 ν 是有限的）. 对于每一个可测集 E，令

$$\nu_0(E) = \nu(E \cap A), \qquad \nu_1(E) = \nu(E \cap B),$$

显然有 $\nu_0 \perp \mu$. 我们只需证明 $\nu_1 \ll \mu$.

若 $\mu(E) = 0$，则

$$\int_{E \cap B} \mathrm{d}\nu = \nu(E \cap B) = \int_{E \cap B} f \mathrm{d}\nu,$$

因此有 $\int_{E \cap B}(1 - f)\mathrm{d}\nu = 0$. 由于 $1 - f \geqslant 0\,[\nu]$，于是有 $\nu_1(E) = \nu(E \cap B) = 0$. 这就完成了 ν_0 和 ν_1 存在性的证明.

若 $\nu = \nu_0 + \nu_1$ 和 $\nu = \bar{\nu}_0 + \bar{\nu}_1$ 是 ν 的两个勒贝格分解，则 $\nu_0 - \bar{\nu}_0 = \bar{\nu}_1 - \nu_1$. 由于 $\nu_0 - \bar{\nu}_0$ 关于 μ 是奇异的（见习题 30.10），$\bar{\nu}_1 - \nu_1$ 关于 μ 是绝对连续的，于是可得 $\nu_0 = \bar{\nu}_0$ 且 $\nu_1 = \bar{\nu}_1$（见习题 30.9）. ∎

习题

1. 利用关于广义测度积分的概念，拉东-尼科迪姆导数的定义可以推广到 μ 是广义测度的情形. 在此情形下，当 λ 和 μ 是广义测度时，定理 A 仍是正确的. 提示：考虑 X 关于广义测度 λ, μ, ν 的 3 个哈恩分解，在这 3 个分解里各取一个集合作为这 3 个集合的交集，于是可以将 X 分解为 8 个集合. 在这 8 个集合的任意一个可测集上，集函数 λ, μ, ν 三者始终不变号，故可以直接应用定理 A.

2. 若 μ 和 ν 是全 σ 有限的广义测度，满足 $\mu \equiv \nu$，则

$$\frac{\mathrm{d}\mu}{\mathrm{d}\nu} = 1 \bigg/ \frac{\mathrm{d}\nu}{\mathrm{d}\mu}.$$

3. 若 μ 和 ν 是全 σ 有限的广义测度，满足 $\nu \ll \mu$，则

$$\nu\left(\left\{x : \frac{\mathrm{d}\nu}{\mathrm{d}\mu}(x) = 0\right\}\right) = 0.$$

4. 若 μ_0, μ_1, μ_2 是全有限测度且 $\mathrm{d}\mu_0 = f_1\mathrm{d}(\mu_0 + \mu_1) = f_2\mathrm{d}(\mu_0 + \mu_2) = f\mathrm{d}(\mu_0 + \mu_1 + \mu_2)$，则关于 $\mu_0 + \mu_1 + \mu_2$ 几乎处处有

$$f(x) = \begin{cases} \dfrac{f_1(x)f_2(x)}{f_1(x) + f_2(x) - f_1(x)f_2(x)}, & \text{若 } f_1(x)f_2(x) \neq 0, \\ 0, & \text{若 } f_1(x) = f_2(x) = 0. \end{cases}$$

5. 给定两个全有限测度的序列 $\{\mu_n\}$ 和 $\{\nu_n\}$，记

$$\bar{\mu}_n = \sum_{i=1}^{n} \mu_i, \quad \bar{\nu}_n = \sum_{i=1}^{n} \nu_i, \quad \mu_n = \sum_{i=1}^{\infty} \mu_i, \quad \nu_n = \sum_{i=1}^{\infty} \nu_i,$$

假设 μ 和 ν 是有限测度. 对于 $n = 1, 2, \cdots$，若 $\bar{\nu}_n \ll \bar{\mu}_n$，则 $\nu \ll \mu$ 且

$$\lim_n \frac{\mathrm{d}\bar{\nu}_n}{\mathrm{d}\bar{\mu}_n} = \frac{\mathrm{d}\nu}{\mathrm{d}\mu} \, [\mu].$$

这个结论的证明基于如下引理.

(5a) 若 $\{E_n\}$ 是一个测度集序列, 满足 $\bar{\mu}_n(E_n) = 0$ ($n = 1, 2, \cdots$)，
则 $\mu\left(\limsup_n E_n\right) = 0$. 提示: $\bar{\mu}_n\left(\bigcup_{k=n}^{\infty} E_k\right) \leqslant \sum_{k=n}^{\infty} \bar{\mu}_n(E_k)$.

(5b) 若 $\{\phi_n\}$ 和 $\{\psi_n\}$ 是两个函数序列, 满足 $\phi_n = \psi_n \, [\mu_n]$ ($n = 1, 2, \cdots$)，则对于几乎处处的 $x \, [\mu]$ 有

$$\limsup_n \phi_n(x) = \limsup_n \psi_n(x) \quad \text{且} \quad \liminf_n \phi_n(x) = \liminf_n \psi_n(x).$$

提示: 记 $E_n = \{x : \phi_n(x) \neq \psi_n(x)\}$，应用 (5a).

由 (5b) 的结论可知, 只需对导数 $\mathrm{d}\bar{\nu}_n/\mathrm{d}\bar{\mu}_n$ 的任意固定的形式证明习题 5 即可. 设

$$\frac{\mathrm{d}\nu_n}{\mathrm{d}\mu} = f_n \quad \text{且} \quad \frac{\mathrm{d}\mu_n}{\mathrm{d}\mu} = g_n, \qquad n = 1, 2, \cdots,$$

则由定理 A 可知这样一种确定的表达式就是

$$\frac{\mathrm{d}\bar{\nu}_n}{\mathrm{d}\bar{\mu}_n} = \frac{f_1 + \cdots + f_n}{g_1 + \cdots + g_n} \, [\mu_n], \qquad n = 1, 2, \cdots.$$

(5c) $\sum_{n=1}^{\infty} f_n = \dfrac{\mathrm{d}\nu}{\mathrm{d}\mu}$, $\sum_{n=1}^{\infty} g_n = 1 \, [\mu]$. 提示: 因为对于 $n = 1, 2, \cdots$ 有

$$\sum_{i=1}^{n} \mu_i(E) = \int_E (g_1 + \cdots + g_n) \mathrm{d}\mu,$$

$$\sum_{i=1}^{n} \nu_i(E) = \int_E (f_1 + \cdots + f_n) \mathrm{d}\mu,$$

再由定理 27.B 和定理 25.E 即可证得结论.

第 7 章　乘积空间

§33.　笛卡儿乘积空间

若 X 和 Y 是任意两个集合（不必是同一空间的子集），则由所有有序数对 (x, y) 组成的集合（其中 $x \in X$，$y \in Y$）称为**笛卡儿乘积空间**，记为 $X \times Y$. 笛卡儿乘积空间最为人熟知的例子就是欧几里得平面，它常被看作两个坐标轴的乘积. 随后许多地方要用到由这个例子所给出的术语和概念. 例如，设 $A \subseteq X$，$B \subseteq Y$，我们称集合 $E = A \times B$（$X \times Y$ 的一个子集）为**矩形**，组成这个矩形的集合 A 和 B 称为矩形的**边**.（注意：除非在矩形的边是区间的情形下，此处的用法和平时的矩形意义不同.）

定理 A　矩形为空集，当且仅当它的任意一边为空集.

证明　若 $A \times B \neq \varnothing$，设 $(x, y) \in A \times B$，则有 $x \in A$，$y \in B$，进而有 $A \neq \varnothing$，$B \neq \varnothing$. 在另一个方向上，若 A 和 B 都不是空集，则存在一点 $(x, y) \in A \times B$，于是有 $A \times B \neq \varnothing$.　∎

定理 B　若 $E_1 = A_1 \times B_1$ 和 $E_2 = A_2 \times B_2$ 是两个非空矩形，则 $E_1 \subseteq E_2$ 当且仅当

$$A_1 \subseteq A_2 \quad 且 \quad B_1 \subseteq B_2.$$

证明　充分性是显然的. 现在来证必要性. 设 (x, y) 是 $A_1 \times B_1$ 中的一个点，假设存在点 $x_1 \in A_1$ 使得 $x_1 \notin A_2$，则

$$(x_1, y) \in A_1 \times B_1 \quad 且 \quad (x_1, y) \notin A_2 \times B_2.$$

由此可见这样的点 x_1 是不存在的，因此有 $A_1 \subseteq A_2$. 同理可证 $B_1 \subseteq B_2$.　∎

定理 C　若 $A_1 \times B_1 = A_2 \times B_2$ 是一个非空矩形，则 $A_1 = A_2$ 且 $B_1 = B_2$.

证明　由定理 B 可知 $A_1 \subseteq A_2 \subseteq A_1$ 且 $B_1 \subseteq B_2 \subseteq B_1$，故定理得证.　∎

定理 D　若 $E = A \times B$、$E_1 = A_1 \times B_1$ 和 $E_2 = A_2 \times B_2$ 都是非空矩形，则 E 是 E_1 和 E_2 的不相交并集的充分要必条件是：或者 A 是 A_1 和 A_2 的不相交并集，且 $B = B_1 = B_2$；或者 B 是 B_1 和 B_2 的不相交并集，且 $A = A_1 = A_2$.

证明　我们先证明定理的必要性. 因为 $E_1 \subseteq E$，$E_2 \subseteq E$，由定理 B 可知 $A_1 \subseteq A$ 且 $A_2 \subseteq A$，所以有 $A_1 \cup A_2 \subseteq A$；同理有 $B_1 \cup B_2 \subseteq B$. 由于

$$E_1 \cup E_2 \subseteq (A_1 \cup A_2) \times (B_1 \cup B_2),$$

所以有 $A \subseteq A_1 \cup A_2$ 且 $B \subseteq B_1 \cup B_2$, 故 $A = A_1 \cup A_2$ 且 $B = B_1 \cup B_2$. 最后类似地有

$$\varnothing = E_1 \cap E_2 \supseteq (A_1 \cap A_2) \times (B_1 \cap B_2),$$

所以由定理 A 可知 $A_1 \cap A_2$ 和 $B_1 \cap B_2$ 中至少有一个是空集.

　　例如, 假设 $A_1 \cap A_2 = \varnothing$, 我们要在此条件下证明 $B = B_1 = B_2$. (也可以类似地讨论 $B_1 \cap B_2 = \varnothing$ 的情形.) 使用反证法, 假设存在一点 $y \in B - B_1$. 如果 x 是 A_1 中的任意一点, 我们有 $(x,y) \in E$, 但是 (由于 $y \notin B_1$) $(x,y) \notin E_1$ 且 (由于 $x \notin A_2$) $(x,y) \notin E_2$. 由于这个结论与假设 $E = E_1 \cup E_2$ 矛盾, 于是就有 $B - B_1 = \varnothing$. 可类似地得到 $B - B_2 = \varnothing$.

　　定理充分性的证明比较简单. 例如, 设 A 是互不相交集合 A_1 和 A_2 的并集, 且 $B = B_1 = B_2$, 则 $A \supseteq A_1$, $A \supseteq A_2$, $B \supseteq B_1$, $B \supseteq B_2$, 于是有 $E \supseteq E_1 \cup E_2$. 此外, 若 $(x,y) \in E$, 则按照 $x \in A_1$ 或 $x \in A_2$ 分别有

$$(x,y) \in E_1 \quad 或 \quad (x,y) \in E_2,$$

可见 E 是互不相交集合 E_1 和 E_2 的并集. ■

　　定理 E　若 **S** 和 **T** 分别是由 X 和 Y 的子集生成的环, 则由形如 $A \times B$ 的矩形的所有不相交有限并组成的类 **R** 是一个环, 其中 $A \in \mathbf{S}$ 且 $B \in \mathbf{T}$.

　　证明　首先证明, 两个形如 $A \times B$ 的集合的交集还是形如 $A \times B$ 的集合. 如果两个集合中有一个是空集, 或者两个集合的交集是空集, 结论显然成立. 若

$$E_1 = A_1 \times B_1, \quad E_2 = A_2 \times B_2, \quad (x,y) \in E_1 \cap E_2,$$

则 $x \in A_1 \cap A_2$ 且 $y \in B_1 \cap B_2$, 于是有

$$E_1 \cap E_2 \subseteq (A_1 \cap A_2) \times (B_1 \cap B_2).$$

另外, 由定理 B 可知 $(A_1 \cap A_2) \times (B_1 \cap B_2)$ 被包含在 E_1 和 E_2 中, 因而也被包含在 $E_1 \cap E_2$ 中, 于是有

$$E_1 \cap E_2 = (A_1 \cap A_2) \times (B_1 \cap B_2).$$

由于 **S** 和 **T** 是环, 所以 $A_1 \cap A_2 \in \mathbf{S}$ 且 $B_1 \cap B_2 \in \mathbf{T}$. 由此立即可得类 **R** 对于有限交运算是封闭的.

　　由于

$$(A_1 \times B_1) - (A_2 \times B_2) = \left[(A_1 \cap A_2) \times (B_1 - B_2) \right] \cup \left[(A_1 - A_2) \times B_1 \right],$$

我们看出，给定的两个集合的差是另外两个相同形式的集合的不相交并集. 由于

$$\bigcup_{i=1}^{n} E_i - \bigcup_{j=1}^{m} F_j = \bigcup_{i=1}^{n} \bigcap_{j=1}^{m} (E_i - F_j),$$

利用上一段的结果可知类 **R** 对于差运算是封闭的. 由于类 **R** 对于不相交有限并运算显然是封闭的，故定理得证. ■

现在，假定有两个集合 X 和 Y，以及分别由 X 和 Y 的子集生成的 σ 环 **S** 和 **T**. 我们用记号 **S × T** 表示由 $X \times Y$ 的子集生成的 σ 环，其中 $X \times Y$ 是所有形如 $A \times B$ 的集合的类，$A \in \mathbf{S}$ 且 $B \in \mathbf{T}$.

定理 F 若 $(X, \mathbf{S})$ 和 $(Y, \mathbf{T})$ 是可测空间，则 $(X \times Y, \mathbf{S} \times \mathbf{T})$ 也是可测空间.

可测空间 $(X \times Y, \mathbf{S} \times \mathbf{T})$ 是这两个给定的可测空间的**笛卡儿乘积空间**.

证明 若 $(x, y) \in X \times Y$，则存在集合 A 和 B 使得 $x \in A \in \mathbf{S}$ 且 $y \in B \in \mathbf{T}$，于是有 $(x, y) \in A \times B \in \mathbf{S} \times \mathbf{T}$. ■

注意，这是我们首次给出可测空间是它的可测集的并集这样的事实. 在本章中，我们将会着重运用可测空间的这个性质.

我们将常常用到**可测矩形**的概念. 这里给出两个很显然也很自然的定义. 第一个定义：对于两个可测空间 $(X, \mathbf{S})$ 和 $(Y, \mathbf{T})$ 上的笛卡儿乘积空间中的矩形，如果该矩形属于 $\mathbf{S} \times \mathbf{T}$，则称它是可测的. 第二个定义：如果 $A \in \mathbf{S}$ 且 $B \in \mathbf{T}$，则称 $A \times B$ 是可测的. 对于非空矩形易知，这两个定义是相同的. 现在我们采用第二个定义. 按照这个定义，我们可以说，两个可测空间上的笛卡儿乘积空间中的全体矩形类是由全体可测矩形生成的 σ 环.

习题

1. [可测]矩形的任何可数类的交集是[可测]矩形. 若将"可数"去掉，这个结论是否成立？

2. 对于空的矩形而言，定理 B 和定理 D 的必要条件都是失效的，定理 C 亦不成立.

3. 在定理 E 的假设下，由所有形如 $A \times B$ 的集合构成的类 **P** 是一个半环，其中 $A \in \mathbf{S}$ 且 $B \in \mathbf{T}$. 若 **S** 和 **T** 不是环，而仅仅是半环，这个结论是否依然成立？

4. 若习题 3 中环 **S** 和 **T** 各包含至少两个不同的非空集合，则 **P** 不是环.

5. **S × T** 是 σ 代数的充分必要条件是 **S** 和 **T** 是 σ 代数.

6. 若 $(X, \mathbf{S})$ 和 $(Y, \mathbf{T})$ 是可测空间，则 $X \times Y$ 中任一可测集都被一个可测矩形包含. 提示：由被可测矩形包含的集合构成的类是一个 σ 环.

§34. 截口

设 $(X, \mathbf{S})$ 和 $(Y, \mathbf{T})$ 是可测空间，$(X \times Y, \mathbf{S} \times \mathbf{T})$ 是它们的笛卡儿乘积空间. 若 E 是 $X \times Y$ 的任一子集，x 是 X 中的任意一点，我们称集合 $E_x = \{y : (x, y) \in E\}$ 是 E 的一个**截口**，更确切地说，是由 x **确定**的截口. 有时我们只关注这个截口是由空间 X 中的某个点所确定（因此这个截口是 Y 的一个子集），究竟是哪个点所确定的则是无关紧要的，我们将用术语 X **截口**来表示. 称集合 $E^y = \{x : (x, y) \in E\}$ 为 Y 中的点 y 确定的 Y **截口**. 要对 X 截口和 Y 截口加以区分. 注意，乘积空间中的集合的截口不是这个乘积空间中的集合，而是分支空间的子集.

设 f 是定义在乘积空间 $X \times Y$ 的子集 E 上的任意函数，x 是 X 中的任一点，记

$$f_x(y) = f(x, y),$$

我们称 f_x 为定义在截口 E_x 上的函数 f 的一个**截口**，更准确地说是 f 的 X **截口**，或更准确地说是由 x **确定**的截口. 类似地，由 Y 中的点 y 确定的 f 的 Y **截口**定义为 $f^y(x) = f(x, y)$.

定理 A 可测集的每一个截口都是可测集.

证明 设 $\mathbf{E}$ 是由 $X \times Y$ 中具有以下性质的所有子集构成的类：它的每一个截口都是可测集. 若 $E = A \times B$ 是一个可测矩形，则 E 的任意截口或者是空集，或者等于 E 的一个边（A 或 B，按照截口是 Y 截口或 X 截口而定），因此 $E \in \mathbf{E}$. 容易验证 $\mathbf{E}$ 是一个 σ 环，于是有 $\mathbf{S} \times \mathbf{T} \subseteq \mathbf{E}$. ∎

定理 B 可测函数的每一个截口都是可测函数.

证明 设 f 是定义在 $X \times Y$ 上可测函数，x 是 X 中的一点，M 是实直线上任意一个博雷尔集，由定理 A 及

$$f_x^{-1}(M) = \{y : f_x(y) \in M\} = \{y : f(x, y) \in M\}$$
$$= \{y : (x, y) \in f^{-1}(M)\} = \left(f^{-1}(M)\right)_x$$

可知 $N(f_x) \cap f_x^{-1}(M)$ 是可测的（注意 $N(f_x) = \left(N(f)\right)_x$）. 同理可证 f 的任意 Y 截口也是可测的. ∎

习题

1. 若 χ 是 $X \times Y$ 的子集 E 的特征函数，则 χ_x 和 χ^y 分别是 E_x 和 E^y 的特征函数. 特别地，若 χ 是矩形 $A \times B$ 的特征函数，则有

$$\chi(x, y) = \chi_A(x)\chi_B(y).$$

简单函数的每一个截口都是简单函数.

2. 设 $X = Y$ 是任意不可数集，$\mathbf{S} = \mathbf{T}$ 是由所有可数子集构成的类. 若 $D = \{(x, y) : x = y\}$ 是 $X \times Y$ 中的 "对角线"，则 D 的每一个截口都是可测的，但 D 是不可测的. 换句话说，定理 A 的逆命题是不正确的.

3. 若定义在两个可测空间 X 和 Y 构成的笛卡儿乘积空间上的广义实值函数 f 具有以下性质：对于实直线上的每一个博雷尔集 M，$f^{-1}(M)$ 与任何可测集的交集是可测的. 则 f 的每一个截口也具有这个性质. 如果在可测空间的定义中将 "可测空间是全体可测集的并集" 这一条件去掉，上述命题是否成立？上述性质与可测性之间的关系又如何？

4. 非空矩形是可测集，当且仅当它是可测矩形. 提示：若 $A \times B$ 是可测的，则 $A \times B$ 的每一个截口都是可测的.

5. 设 $(X, \mathbf{S})$ 是满足 $X \in \mathbf{S}$（即 $\mathbf{S}$ 是 σ 代数）的可测空间，Y 是实直线，$\mathbf{T}$ 是所有博雷尔集构成的类. 若 f 是定义在 X 上的非负实值函数，则 f 的上纵标集定义为 $X \times Y$ 的子集

$$V^*(f) = \{(x, y) : x \in X, 0 \leqslant y \leqslant f(x)\},$$

f 的下纵标集定义为

$$V_*(f) = \{(x, y) : x \in X, 0 \leqslant y < f(x)\}.$$

（注意，例如，恒等于 0 的函数的下纵标集是空集.）下面的结论是基于函数可测性的另一种考虑.

(5a) 若 f 是 g 非负简单函数，则 $V^*(f)$ 和 $V_*(f)$ 是可测的. 提示：这两个集合中每一个都是有限个可测矩形的并集.

(5b) 若 f 和 g 是非负函数使得对所有 x 有 $f(x) \leqslant g(x)$，则 $V^*(f) \subseteq V^*(g)$ 且 $V_*(f) \subseteq V_*(g)$.

(5c) 若 $\{f_n\}$ 是非负函数的递增序列，且这个序列每一点都收敛到 f，则 $\{V_*(f_n)\}$ 是递增序列，且这个序列的并集是 $V_*(f)$. 类似地，设 $\{f_n\}$ 是非负函数的递减序列，且这个序列每一点都收敛到 f，则 $\{V^*(f_n)\}$ 是递减序列，且这个序列的交集是 $V^*(f)$.

(5d) 若 f 是非负可测函数，则 $V_*(f)$ 和 $V^*(f)$ 是可测的. 提示：若 f 是有界的，则存在简单函数序列 $\{g_n\}$ 和 $\{h_n\}$ 使得

$$0 \leqslant g_n \leqslant g_{n+1} \leqslant f \leqslant h_{n+1} \leqslant h_n, \quad n = 1, 2, \cdots,$$

并使得 $\lim_n g_n = \lim_n h_n = f$.

(5e) 若 E 是 $X \times Y$ 中的任意可测集，α 和 β 是两个实数，且 $\alpha > 0$，则集合 $\{(x, y) : (x, \alpha y + \beta) \in E\}$ 是 $X \times Y$ 中的可测子集. 提示：当 E 是可测矩形时，结论成立. 能使结论成立的所有集合构成一个 σ 环.

(5f) 若 f 是非负函数, 使得 $V^*(f)$ [或 $V_*(f)$] 可测, 则 f 是可测函数. 提示: 对于 $V^*(f)$ 的部分, 只需证明对每一个正实数 c, $\{x : f(x) > c\}$ 是可测集. 若 $E = V^*(f)$, 则

$$\bigcup_{n=1}^{\infty} \{(x,y) : (x, \tfrac{1}{n}y + c) \in E, y > 0\} = \{(x,y) : f(x) > c, y > 0\}.$$

因可测矩形的边是可测的, 由此可知命题的结论成立.

(5g) 若 (不必是非负的) 函数 f 的图像定义为集合 $\{(x,y) : f(x) = y\}$, 则可测函数的图像是可测集.

§35.　乘积测度

我们继续进行笛卡儿乘积空间的研究, 现在考虑乘积空间的分支空间不但是可测空间, 而且是测度空间的情况.

定理 A　若 $(X, \mathbf{S}, \mu)$ 和 $(Y, \mathbf{T}, \nu)$ 是 σ 有限测度空间, E 是 $X \times Y$ 的任意可测子集, 则定义在 X 上由 $f(x) = \nu(E_x)$ 确定的函数 f 和定义在 Y 上由 $g(x) = \mu(E^y)$ 确定的函数 g 都是非负可测函数, 且 $\int f \mathrm{d}\mu = \int g \mathrm{d}\nu$.

证明　设 $\mathbf{M}$ 是由能使结论成立的所有集合 E 构成的类, 易知 $\mathbf{M}$ 对于互不相交的可数并运算封闭. 可以看出 μ 和 ν 的 σ 有限性意味着 $\mathbf{S} \times \mathbf{T}$ 中的每一个集合都能被可数个互不相交的可测矩形的并集所覆盖, 其中每一个可测矩形的边都具有有限测度. 因此, 如果我们能够证明对于边的测度为有限的每一个可测矩形, 它的每一个可测子集都属于 $\mathbf{M}$, 则任何可测子集都将属于 $\mathbf{M}$. 换句话说, 定理的证明只需在有限测度的情形下进行: 证明每一个可测矩形 (因此可测矩形的每一个互不相交的有限并) 属于 $\mathbf{M}$, 且 $\mathbf{M}$ 是一个单调类.

若 $E = A \times B$ 是非空可测矩形, 则 $f = \nu(B)\chi_A$ 且 $g = \mu(A)\chi_B$. 所以 f 和 g 是可测的, 且 $\int f \mathrm{d}\mu = \mu(A)\nu(B) = \int g \mathrm{d}\nu$.

$\mathbf{M}$ 是单调类这一结论可由函数序列积分的标准定理导出, 特别是定理 26.D 和定理 27.B. (测度 μ 和 ν 的有限性表明我们可以应用这些定理.)

由可测矩形的所有互不相交的有限并构成的类是一个环 (见定理 33.E), 且根据定义, 所有可测集的类是由这个环生成的 σ 环, 所以 (见定理 6.B) 每一个可测集都属于 $\mathbf{M}$, 于是定理得证. ∎

定理 B　若 $(X, \mathbf{S}, \mu)$ 和 $(Y, \mathbf{T}, \nu)$ 是 σ 有限测度空间, 则定义在 $\mathbf{S} \times \mathbf{T}$ 的任意集合 E 上由

$$\lambda(E) = \int \nu(E_x) \mathrm{d}\mu(x) = \int \mu(E^y) \mathrm{d}\nu(y)$$

确定集函数 λ 是 σ 有限测度, 且具有如下性质: 对于每一个可测矩形 $A \times B$ 有

$$\lambda(A \times B) = \mu(A)\nu(B).$$

这个条件确定了 λ 的唯一性.

测度 λ 称为给定测度 μ 和 ν 的**乘积测度**, 记作 $\lambda = \mu \times \nu$. 测度空间 $(X \times Y, \mathbf{S} \times \mathbf{T}, \mu \times \nu)$ 称为给定测度空间 $(X, \mathbf{S}, \mu)$ 和 $(Y, \mathbf{T}, \nu)$ 的**笛卡儿乘积空间**.

证明 由单调序列的积分定理 (定理 27.B, 也见习题 27.2) 可知 λ 是一个测度. λ 的 σ 有限性可由以下事实得出: $X \times Y$ 的每一个可测集可以被可数个具有有限测度的可测矩形所覆盖. 由定理 13.A 可推得 λ 的唯一性. ∎

习题

1. 设 $X = Y$ 是单位区间, $\mathbf{S} = \mathbf{T}$ 是博雷尔集类, $\mu(E)$ 是 E 的勒贝格测度, $\nu(E)$ 表示 E 中的点的个数. 若 $D = \{(x, y) : x = y\}$, 则 D 是 $X \times Y$ 的可测子集, 使得 $\int \nu(D_x)\mathrm{d}\mu(x) = 1$ 且 $\int \mu(D^y)\mathrm{d}\nu(y) = 0$. 换句话说, 若将 σ 有限这个条件去掉, 则定理 A 不成立.

2. 两个 σ 有限的完备测度空间的笛卡儿乘积空间不一定是完备的. 提示: 设 $X = Y$ 为单位区间, M 是 X 的一个不可测子集, y 是 Y 中的任意一点. 考虑集合 $M \times \{y\}$. 见习题 34.4.

3. 设 $(X, \mathbf{S}, \mu)$ 是全 σ 有限测度空间, $(Y, \mathbf{T}, \nu)$ 是实直线, 其中 $\mathbf{T}$ 是所有博雷尔集的类, ν 是勒贝格测度. 设 λ 是乘积测度 $\mu \times \nu$. 我们已经在习题 34.5 中看到, 对于定义在 X 上的每一个非负可测函数 f, 甚至是对于每一个非负可积函数 f, 纵标集 $V^*(f)$ 和 $V_*(f)$ 都是 $X \times Y$ 的可测子集. 现在我们断言 $\lambda(V^*(f)) = \lambda(V_*(f)) = \int f\mathrm{d}\mu$. (提示: 考虑关于用简单函数来逼近函数以及关于函数序列积分的相关结论, 只需对简单函数证明上述等式.) 这个等式在阐述积分理论的另一个系统中用来作为 $\int f\mathrm{d}\mu$ 的定义, 这就是 "积分是曲线下的面积" 的一个精确表达式.

4. 在习题 3 的假设条件下, 可测函数的图像是测度为 0 的集合. 提示: 只需考虑定义在全有限测度空间上的非负有界可测函数, 可以对这种函数应用习题 3.

5. 若 $(X, \mathbf{S}, \mu)$ 和 $(Y, \mathbf{T}, \nu)$ 是 σ 有限测度空间, $\lambda = \mu \times \nu$, 则对于 $\mathbf{H}(\mathbf{S} \times \mathbf{T})$ 中的每一个集合 E, $\lambda^*(E)$ 是形如 $\sum_{n=1}^{\infty} \lambda(E_n)$ 的无限和的下确界, 其中 $\{E_n\}$ 是覆盖 E 的可测矩形序列. 提示: 见习题 33.3、定理 10.A 和定理 8.E.

§36. 富比尼定理

本节研究乘积空间上的积分与分支空间上的积分之间的关系. 在本节中, 我们假定:

$(X, \mathbf{S}, \mu)$ 和 $(Y, \mathbf{T}, \nu)$ 是 σ 有限测度空间, $\lambda = \mu \times \nu$ 是 $\mathbf{S} \times \mathbf{T}$ 上的乘积测度.

若定义在 $X \times Y$ 上的函数 h 的积分有定义 (例如, h 为可积函数或非负可测函数), 则用

$$\int h(x, y) \mathrm{d}\lambda(x, y) \quad 或 \quad \int h(x, y) \mathrm{d}(\mu \times \nu)(x, y)$$

来定义积分, 此积分称为 h 的重积分. 若 h_x 能使

$$\int h_x(y) \mathrm{d}\nu(y) = f(x)$$

有定义, 且 $\int f \mathrm{d}\mu$ 有定义, 我们习惯上记

$$\int f \mathrm{d}\mu = \iint h(x, y) \mathrm{d}\nu(y) \mathrm{d}\mu(x) = \int \mathrm{d}\mu(x) \int h(x, y) \mathrm{d}\nu(y).$$

类似地, 符号 $\iint h(x, y) \mathrm{d}\mu(x) \mathrm{d}\nu(y)$ 和 $\int \mathrm{d}\nu(y) \int h(x, y) \mathrm{d}\mu(x)$ 定义为函数 g 在 Y 上的积分 (如果它存在), 其中函数 g 定义为 $g(y) = \int h^y(x) \mathrm{d}\mu(x)$. 称 $\iint h \mathrm{d}\mu \mathrm{d}\nu$ 和 $\iint h \mathrm{d}\nu \mathrm{d}\mu$ 为 h 的 **累次积分**. 我们给出 h 在 $X \times Y$ 的可测子集 E 上的重积分和累次积分 (即 $\chi_E h$ 的积分) 的记号如下:

$$\int_E h \mathrm{d}\lambda, \qquad \iint_E h \mathrm{d}\mu \mathrm{d}\nu, \qquad \iint_E h \mathrm{d}\nu \mathrm{d}\mu.$$

因为 (集合或函数的) X 截口是由 X 中的点所给定的, 所以, 若我们说某一个命题对于几乎每一个 X 截口都成立, 这当然是说使得命题不成立的点 x 所组成的集合是 X 中的测度为 0 的集合. 类似地, 可以定义 "几乎每一个 Y 截口". 若一个命题同时对于几乎每一个 X 截口和几乎每一个 Y 截口成立, 我们就说命题对于几乎每一个截口都成立.

下面是一个基本但重要的结论.

定理 A $X \times Y$ 的可测子集 E 具有零测度充分必要条件是几乎每一个 X 截口 (或几乎每一个 Y 截口) 具有零测度.

证明 由乘积测度的定义, 我们有

$$\lambda(E) = \begin{cases} \int \nu(E_x) \mathrm{d}\mu(x), \\ \int \mu(E^y) \mathrm{d}\nu(y). \end{cases}$$

若 $\lambda(E) = 0$, 则上式右端的积分是有限的, 因此 (由定理 25.B) 它们的非负被积函数必须几乎处处为零. 另外, 若任何一个被积函数几乎处处为零, 则 $\lambda(E) = 0$.

定理 B　若 h 是 $X \times Y$ 上的非负可测函数，则

$$\int h\mathrm{d}(\mu \times \nu) = \iint h\mathrm{d}\mu\mathrm{d}\nu = \iint h\mathrm{d}\nu\mathrm{d}\mu.$$

证明　若 h 是可测集 E 的特征函数，则

$$\int h(x,y)\mathrm{d}\nu(y) = \nu(E_x) \quad \text{且} \quad \int h(x,y)\mathrm{d}\mu(x) = \mu(E^y),$$

由定理 35.B 可知结论成立. 一般情况下，我们可以找到一个处处收敛到 h 的非负简单函数的递增序列 $\{h_n\}$（见定理 20.B）. 因为简单函数是由有限个特征函数构成的线性组合，所以在定理中将 h 换成 h_n，定理的结论也是成立的.

由定理 27.B 可得 $\lim_n \int h_n\mathrm{d}\lambda = \int h\mathrm{d}\lambda$，若 $f_n(x) = \int h_n(x,y)\mathrm{d}\nu(y)$，则由序列 $\{h_n\}$ 的性质可得 $\{f_n\}$ 是非负可测函数的递增序列，对于每一个 x，$\{f_n\}$ 收敛到 $f(x) = \int h(x,y)\mathrm{d}\nu(y)$（见定理 27.B）. 因此 f 是可测的（并且显然是非负的）. 再次利用定理 27.B 可得

$$\lim_n \int f_n\mathrm{d}\mu = \int f\mathrm{d}\mu.$$

这证明了重积分与累次积分中的一个相等. 类似地，可证重积分与累次积分中的另一个也相等. ∎

有时定理 A 和定理 B 可以看作**富比尼定理**的一部分. 下面这个定理就是众所周知的富比尼定理.

定理 C　若 h 是定义在 $X \times Y$ 上的可积函数，则 h 的几乎每一个截口都是可积的. 若函数 f 和 g 定义为 $f(x) = \int h(x,y)\mathrm{d}\nu(y)$ 和 $g(y) = \int h(x,y)\mathrm{d}\mu(x)$，则 f 和 g 都是可积的，且

$$\int h\mathrm{d}(\mu \times \nu) = \int f\mathrm{d}\mu = \int g\mathrm{d}\nu.$$

证明　由于实值函数可积的充分必要条件是它的正部和负部都可积，所以只需要考虑 h 为非负函数的情形. 由定理 B 可知结论成立. 因为非负可测函数 f 和 g 具有有限的积分，所以它们是可积的. 因此这也就意味着 f 和 g 是几乎处处取有限值的，h 的截口具有定理所描述的可积性，故定理得证. ∎

习题

1. 设 X 是一个基数为 $\aleph_1$ 的集合，$\mathbf{S}$ 是由所有可数集及其补集组成的类，对于 $A \in \mathbf{S}$，当 A 是可数集时令 $\mu(A) = 0$，当 A 是不可数集时令 $\mu(A) = 1$. 若 $(Y, \mathbf{T}, \nu) = (X, \mathbf{S}, \mu)$，

E 是 $X \times Y$ 的子集，E 在每一条铅直线上是可数的，在每一条水平线上是满的（见习题 31.11），h 是 E 的特征函数，则 h 是非负函数，使得

$$\int h(x,y)\mathrm{d}\mu(x) = 1 \quad 且 \quad \int h(x,y)\mathrm{d}\nu(y) = 0.$$

为什么这个例子不是定理 B 的反例?

2. 若 $(X, \mathbf{S}, \mu)$ 和 $(Y, \mathbf{T}, \nu)$ 是具有勒贝格测度的单位区间，E 是 $X \times Y$ 的子集，使得对于每一个 x 和 y，E_x 和 $X - E^y$ 都是可数的（见习题 1），则 E 是不可测的.

3. 下面考虑本节定理的一个有趣的扩展. 若 $(X, \mathbf{S}, \mu)$ 是全有限测度空间，$(Y, \mathbf{T})$ 是满足 $Y \in \mathbf{T}$ 的可测空间. 假设对于 X 中几乎每一个 x，有 $\mathbf{T}$ 上的一个有限测度 ν_x 与之对应，并使得对于 Y 的每一个固定的可测子集 B 有 $\phi(x) = \nu_x(B)$，则 ϕ 是定义在 X 上的可测函数. 若 $\nu(B) = \int \nu_x(B)\mathrm{d}\mu(x)$，$g$ 是定义在 Y 上的非负可测函数，且 $f(x) = \int g(y)\mathrm{d}\nu_x(y)$，则 f 是定义在 X 上的非负可测函数，且 $\int f\mathrm{d}\mu = \int g\mathrm{d}\nu$.

4. 在其他文献中富比尼定理的证明比我们所给的证明稍微复杂些，这是由于将 λ 增补成为完备测度引起的. 换句话说，若将 λ 替换为 $\bar{\lambda}$，本节的几个定理仍然成立. 提示：每一个 $(\overline{\mathbf{S} \times \mathbf{T}})$ 可测的函数必与一个 $(\mathbf{S} \times \mathbf{T})$ 可测的函数几乎处处相等 $[\bar{\lambda}]$，见习题 21.1.

  在以下的习题 5 至习题 9 中，我们假设测度空间 $(X, \mathbf{S}, \mu)$ 和 $(Y, \mathbf{T}, \nu)$ 是全有限的. 易证所得的结论可以扩展到全 σ 有限测度空间的情形，因而也可以扩展到两个全 σ 有限测度空间的乘积空间中的每一个可测子集上.

5. 若 E 和 F 是 $X \times Y$ 上使得对于 X 中 [几乎] 每一个 x 都有 $\nu(E_x) = \nu(F_x)$ 的可测子集，则 $\lambda(E) = \lambda(F)$.（这个命题的某些特殊情况常以不严格的形式给出，称为**开伐里里原理**.）

6. 若 f 和 g 分别是定义在 X 和 Y 上的可积函数，则由 $h(x,y) = f(x)g(y)$ 定义的函数 h 是定义在 $X \times Y$ 上的可积函数，且

$$\int h\mathrm{d}(\mu \times \nu) = \int f\mathrm{d}\mu \int g\mathrm{d}\nu.$$

7. 假设 $\mu(X) = \nu(Y) = 1$，A_0 和 B_0 分别是 X 和 Y 上的可测子集，使得 $\mu(A_0) = \nu(B_0) = 1/2$. χ 是 $(A_0 \times Y)\Delta(X \times B_0)$ 的特征函数，记 $f(x,y) = 2\chi(x,y)$. 若对于 $X \times Y$ 上的每一个可测集 E，

$$\bar{\lambda}(E) = \int_E f(x,y)\mathrm{d}\lambda(x,y),$$

则 $\bar{\lambda}$ 是 $\mathbf{S} \times \mathbf{T}$ 上的有限测度，且具有以下性质：当 $A \in \mathbf{S}$ 且 $B \in \mathbf{T}$ 时，有 $\bar{\lambda}(A \times Y) = \mu(A)$ 且 $\bar{\lambda}(X \times B) = \nu(B)$. 换句话说，乘积测度 λ 并不由它在这些特殊矩形上的值唯一确定.

8. 乘积空间的存在性常常用下述直接但比较复杂的方法来证明. 可测矩形的所有不相交的有限并组成的类是一个环 $\mathbf{R}$（见定理 33.E）. 若

$$\bigcup_{i=1}^{n}(A_i \times B_i) \quad 和 \quad \bigcup_{j=1}^{m}(C_j \times D_j)$$

是 $\mathbf{R}$ 中同一个集合的两种表达形式，则因为

$$\bigcup_{i=1}^{n}\bigcup_{j=1}^{m}\left[(A_i \cap C_j) \times (B_i \cap D_j)\right]$$

是这个集合的另一种表达形式，我们有

$$\sum_{i=1}^{n}\mu(A_i)\nu(B_i) = \sum_{j=1}^{m}\nu(C_j)\nu(D_j).$$

换句话说，由

$$\lambda\left(\bigcup_{i=1}^{n}(A_i \times B_i)\right) = \sum_{i=1}^{n}\mu(A_i)\nu(B_i)$$

唯一确定了定义在 $\mathbf{R}$ 上的集函数 λ. 可以证明（主要是对 $\mathbf{R}$ 中的集合证明一种较弱形式的富比尼定理）λ 是一个测度，对这个测度可以应用测度的扩张定理（定理 13.A）.

9. 若 A 和 B 分别是 X 和 Y 上的任意子集（不必是可测的），则

$$\lambda^*(A \times B) = \mu^*(A)\nu^*(B).$$

提示：若 A^* 和 B^* 分别是覆盖 A 和 B 的可测集，则 $A \times B \subseteq A^* \times B^*$ 蕴涵 $\lambda^*(A \times B) \leqslant \mu^*(A)\nu^*(B)$. 当考虑覆盖 $A \times B$ 的一个可测覆盖 E^* 时，反方向的不等式成立. 因为 $E^* \cap (A^* \times B^*)$ 也是 $A \times B$ 的一个可测覆盖，可以假定 $E^* \subseteq A^* \times B^*$. 由富比尼定理可知

$$\lambda(E^*) \geqslant \int_{A^*} \nu(E_x^*)\mathrm{d}\mu(x) \geqslant \nu(A^*)\nu^*(B).$$

§37. 有限维乘积空间

之前我们建立了两个因子的乘积空间的理论，接下来要研究怎样将这个理论扩展到有限个因子的情形. 假设 $n\,(>1)$ 是一个正整数，$X_1, \cdots, X_n$ 是 n 个集合. 设 $x_i \in X_i\,(i = 1, \cdots, n)$，定义由所有形如 $(x_1, \cdots, x_n)$ 的元素构成的集合的**笛卡儿乘积空间**为

$$X_1 \times \cdots \times X_n \quad \text{或} \quad \bigtimes_{i=1}^{n}X_i \quad \text{或} \quad \bigtimes\{X_i : i = 1, \cdots, n\}.$$

若 A_i 是 X_i 的任一子集（$i = 1, \cdots, n$），则集合 $\bigtimes_{i=1}^{n}A_i$ 是一个**矩形**.

值得注意的是，如同每一个代数运算，我们要问，笛卡儿乘积是否满足结合律. 例如，若 X_1, X_2, X_3 是三个集合，在不改变它们的顺序时我们可以得到三个新的集合：$(X_1 \times X_2) \times X_3, X_1 \times (X_2 \times X_3), X_1 \times X_2 \times X_3$. 在什么情况下可以将这三个笛卡儿乘积看成相等的？显然它们并不是由相同的元素组成的，将有序对 $((x_1, x_2), x_3)$（它的第一个元素自身也是一个有序对）和有序三元组 (x_1, x_2, x_3)

混淆起来是不正确的. 但在上述三个笛卡儿乘积空间中的每两个之间, 存在一个很自然的一一对应关系, 这就使得点

$$((x_1, x_2), x_3), \quad (x_1, (x_2, x_3)), \quad (x_1, x_2, x_3)$$

具有相互对应的关系. 可以证明, 就我们所感兴趣的笛卡儿乘积空间中的那些结构性的性质来说, 这个对应关系可以使它们保持不变, 因此我们以后可以将上面三个乘积看作恒等的. 我们将采用这种恒等的逻辑结论. 例如, 考虑 7 个因子的例子, 将集合 $((X_1 \times X_2) \times X_3) \times ((X_4 \times X_5) \times (X_6 \times X_7))$ 中的点

$$\Big(((x_1, x_2), x_3), ((x_4, x_5), (x_6, x_7))\Big)$$

与集合 $X_1 \times X_2 \times X_3 \times X_4 \times X_5 \times X_6 \times X_7$ 中的点

$$(x_1, x_2, x_3, x_4, x_5, x_6, x_7)$$

看作相同的点.

　　上面所述可以简化许多证明的叙述. 例如, 我们可以将 $X_1 \times \cdots \times X_n$ 看作每次取两个因子的重复乘积

$$\Big(\cdots((X_1 \times X_2) \times X_3) \times \cdots\Big) \times X_n,$$

可以采用数学归纳法来证明第 33 节中类似的定理. 这些定理的表达要稍加注意. 例如, 定理 33.D 的推广, 正确的说法如下. 若

$$E = \bigtimes_{i=1}^{n} A_i, \quad F = \bigtimes_{i=1}^{n} B_i, \quad G = \bigtimes_{i=1}^{n} C_i$$

是三个非空矩形, 则 E 成为 F 与 G 的不相交并集的充分必要条件是存在正整数 j（$1 \leqslant j \leqslant n$）, 使得 A_j 是 B_j 与 C_j 的不相交并集, 且使得

$$对于 \ i \neq j \ 有 \ A_i = B_i = C_i.$$

（集合或函数的）截口的概念也要稍加修改. 由 X_j 中的点 x_j 确定的 $\bigtimes_{i=1}^{n} X_i$ 中某个集合的 X_j 截口是

$$\bigtimes \{X_i : 1 \leqslant i \leqslant n, i \neq j\}$$

的一个子集.

　　若 $(X_i, \mathbf{S}_i)$（$i = 1, \cdots, n$）是可测空间, 我们用

$$\mathbf{S}_1 \times \cdots \times \mathbf{S}_n \quad \text{或} \quad \underset{i=1}{\overset{n}{\times}}\mathbf{S}_i \quad \text{或} \quad \times\{\mathbf{S}_i : i = 1,\cdots,n\}$$

来定义由所有形如 $\underset{i=1}{\overset{n}{\times}}A_i$ 的矩形的类生成的 σ 环，其中 $A_i \in \mathbf{S}_i$（$i = 1,\cdots,n$），我们定义可测空间 $(X_1 \times \cdots \times X_n, \mathbf{S}_1 \times \cdots \times \mathbf{S}_n)$ 为上述 n 个可测空间的笛卡儿乘积空间。所以，可测集［或可测函数］的每一个截口都是可测集［或可测函数］。采用数学归纳法可以定义由 n 个 σ 有限测度空间 $(X_i, \mathbf{S}_i, \mu_i)$（$i = 1,\cdots,n$）构造的笛卡儿乘积空间。在 $\mathbf{S}_1 \times \cdots \times \mathbf{S}_n$ 上存在唯一测度 μ（记为 $\mu_1 \times \cdots \times \mu_n$）使得对于每一个可测矩形 $A_1 \times \cdots \times A_n$ 都有

$$\mu(A_1 \times \cdots \times A_n) = \prod_{i=1}^{n} \mu_i(A_i).$$

富比尼定理可以直接推广，所以，乘积空间上的任一可积函数的积分可以化为任何次序的累次积分。

习惯上可以把乘积空间 $X = \underset{i=1}{\overset{n}{\times}}X_i$ 看作 **n 维**的。这个术语并不是要对维数概念给予定义，也并不认为对于一个空间来说 n 维是它内在结构的性质。它仅提醒我们由分支空间 X_i 构成 X 的方式。一个测度空间有时被看作三维的，有时却被看作二维的。例如，若 $n = 3$，我们可以将 X 看作 $X_1 \times X_2 \times X_3$，也可以看作 $X_0 \times X_3$（其中 $X_0 = X_1 \times X_2$）。

习题

在以下的习题 1 至习题 5 中，对于 $i = 1,\cdots,n$，假设 X_i 是实直线，$\mathbf{S}_i$ 是所有博雷尔集的类，μ_i 是勒贝格测度。记

$$(X, \mathbf{S}, \mu) = \underset{i=1}{\overset{n}{\times}}\big((X_i, \mathbf{S}_i, \mu_i)\big).$$

1. σ 环 $\mathbf{S}$ 中的集合称为 n 维欧几里得空间上的**博雷尔集**。所有博雷尔集的类就是由全体开集类生成的 σ 环。

2. 若 ϕ 是定义在 X 上的博雷尔可测函数，$(Y, \mathbf{T})$ 是可测空间，$Y \in \mathbf{T}$，$f_1,\cdots,f_n$ 是定义在 Y 上的实值可测函数，则由 $\bar{f}(y) = \phi\big(f_1(y),\cdots,f_n(y)\big)$ 定义的函数 $\bar{f}$ 是定义在 Y 上的可测函数（见定理 19.B）。

3. 完备测度 $\bar{\mu}$ 称为 n 维勒贝格测度。第 15 节和第 16 节中的绝大多数结论对 $\bar{\mu}$ 成立。特别地，若 $\mathbf{U}$ 和 $\mathbf{C}$ 分别是全体开集类和全体闭集类，则对 X 中的任一集合 E，有

$$\mu^*(E) = \inf\big\{\mu(\mathbf{U}) : E \subseteq U \in \mathbf{U}\big\} \quad \text{且} \quad \mu_*(E) = \sup\big\{\mu(\mathbf{C}) : E \supseteq C \in \mathbf{C}\big\}.$$

4. 若 T 是由

$$T(x_1,\cdots,x_n) = (y_1,\cdots,y_n), \qquad y_i = \sum_{j=1}^{n} a_{ij}x_j + b_i, \quad i = 1,\cdots,n$$

确定的线性变换, 对 X 中的任一集合 E, 有

$$\mu^*(T(E)) = |\Delta| \cdot \mu^*(E) \quad 且 \quad \mu_*(T(E)) = |\Delta| \cdot \mu_*(E),$$

其中 Δ 是矩阵 (a_{ij}) 的行列式. 提示: 只需对边为区间的可测矩形 E 证明这个结论即可. 首先考虑以下 4 种特殊情形.

(4a)　$y_i = x_i + b_i$, $i = 1, \cdots, n$.

(4b)　$y_i = x_i$, 若 $i \neq j$ 且 $i \neq k$; $y_j = x_k$; $y_k = x_j$.

(4c)　$y_i = x_i$, 若 $i \neq j$; $y_j = x_j \pm x_k$, 其中 $k \neq j$.

(4d)　$y_i = x_i$, 若 $i \neq j$; $y_j = cx_j$.

要证明一般情形, 可以将 T 写成上述 4 种情形的变换的乘积.

5. 定义在 X 上的由

$$\phi_j(x_1, \cdots, x_n) = x_j, \quad j = 1, \cdots, n$$

确定的函数 ϕ_j 是可测的.

6. 有一种可以不借助乘积空间的一般理论来定义 n 维勒贝格测度的方法. 为了展示这种方法, 我们考虑空间 $X_1 \times \cdots \times X_n$, 其中 $X_i = X =$ 单位区间. 对于 X 中每一个 x, 令 $x = 0.\alpha_1\alpha_2\alpha_3 \ldots$ 是 x 的二进制小数展开式, 并记

$$x_i = 0.\alpha_i\alpha_{n+i}\alpha_{2n+i} \ldots, \quad i = 1, \cdots, n.$$

(对具有两种二进制展开式的 x, 取其中的一种展开式. 例如, 可取它的有限展开式.) 由 $T(x) = (x_1, \cdots, x_n)$ 定义的从 X 到 $X_1 \times \cdots \times X_n$ 的变换 T 具有以下性质: 若 $X_1 \times \cdots \times X_n$ 上的集合 E 是可测的, 则 $T^{-1}(E) = \{x : T(x) \in E\}$ 是 X 的可测子集. (为了证明这个结论, 可考虑 E 是矩形并且它的边是以二进制有理数为端点的区间的情形.) 等式 $(\mu_1 \times \cdots \times \mu_n)(E) = \mu(T^{-1}(E))$ (其中 μ 是 X 中的勒贝格测度) 可以作为乘积测度 $\mu_1 \times \cdots \times \mu_n$ 的定义. 这个定义和我们之前给出的定义是一致的.

7. 利用熟知的对角线过程, 记

$$x_1 = 0.\alpha_1\alpha_2\alpha_4\alpha_7 \ldots,$$
$$x_2 = 0.\alpha_3\alpha_5\alpha_8\alpha_{12} \ldots,$$
$$x_3 = 0.\alpha_6\alpha_9\alpha_{13}\alpha_{18} \ldots,$$
$$x_4 = 0.\alpha_{10}\alpha_{14}\alpha_{19}\alpha_{25} \ldots,$$
$$\cdots$$

习题 6 中的过程可以推广, 得到一个 "无限维" 欧几里得空间中乘积测度的定义.

§38. 无限维乘积空间

将乘积空间理论推广到无限维情形的第一步是很自然的. 若 $\{X_i\}$ 是一个集合序列，笛卡儿乘积空间

$$X = \mathop{\mathsf{X}}_{i=1}^{\infty} X_i$$

定义为由形如 $(x_1, x_2, \cdots)$ 的所有序列组成的集合，其中 $x_i \in X_i$ ($i = 1, 2, \cdots$). 若每一个 X_i 都是测度空间，$\mathbf{S}_i$ 是由 X_i 的可测集组成的 σ 环，μ_i 是 $\mathbf{S}_i$ 上的测度，则在 X 中可测性与测度的概念应该怎样定义是不明确的. 本节将在下面的假设条件下给出它们的定义：对于 $i = 1, 2, \cdots$，空间 X_i 是全有限测度空间，使得 $\mu_i(X_i) = 1$. 我们注意到，对于任何一个全有限测度空间 $(X, \mathbf{S}, \mu)$，只要 $\mu(X) \neq 0$，将每一个可测集的测度除以 $\mu(X)$，总可以使得整个空间的测度是 1. 然而我们也将看到，由于 1 这个数在乘积（特别是无限乘积）的形成过程中占有不寻常的地位，所以 $\mu_i(X_i) = 1$ 绝不只是一个普通的条件.

对于 $i = 1, 2, \cdots$，假设 X_i 是一个集合，$\mathbf{S}_i$ 是由 X_i 的子集生成的 σ 代数，μ_i 是 $\mathbf{S}_i$ 上的测度且 $\mu_i(X_i) = 1$. 在这种情况下，我们可以将**矩形**定义为形如 $\mathop{\mathsf{X}}_{i=1}^{\infty} A_i$ 的集合，其中，对所有 i 有 $A_i \subseteq X_i$，除了对有限个 i 的值以外有 $A_i = X_i$. 若每一个 A_i 都是 X_i 的可测子集，我们就称矩形 $\mathop{\mathsf{X}}_{i=1}^{\infty} A_i$ 为**可测矩形**. 根据之前的定义，这个条件只限制在有限个 A_i 上. 若 $\mathop{\mathsf{X}}_{i=1}^{\infty} X_i$ 的子集属于 σ 环 $\mathbf{S}$（$\mathbf{S}$ 实际上是一个 σ 代数），其中 $\mathbf{S}$ 是由所有可测矩形生成的类（记为 $\mathbf{S} = \mathop{\mathsf{X}}_{i=1}^{\infty} \mathbf{S}_i$），则该子集称为**可测集**.

假设 J 是全体正整数集合 I 的任一子集，若对 J 中的每一个 j 都有 $x_j = y_j$，则称

$$x = (x_1, x_2, \cdots) \quad \text{和} \quad y = (y_1, y_2, \cdots)$$

这两个点在 J 上是**相同的**，记为 $x \equiv y(J)$. 设 E 是 X 的子集，若 $x \equiv y(J)$ 意味着 x 和 y 或者同时属于 E，或者同时不属于 E，则称 E 是 **J 柱面**. 换句话说，若对任意一个点，改变它的那些指标不在 J 中的坐标，既不能使原来在 E 中的点移出 E 外，也不能使原来不在 E 中的点移进 E 中，则称 E 是 J 柱面（见习题 6.5d）. 例如，若 $J = \{1, \cdots, n\}$，对于 $j = 1, \cdots, n$，A_j 是 X_j 的任意子集，则矩形 $A_1 \times \cdots \times A_n \times X_{n+1} \times X_{n+2} \times \cdots$ 是 J 柱面.

我们记

$$X^{(n)} = \mathop{\mathsf{X}}_{i=n+1}^{\infty} X_i, \quad n = 0, 1, 2, \cdots.$$

根据关于乘积空间恒等的规定，可以记 $X = \mathop{\mathsf{X}}_{i=1}^{\infty} X_i = (X_1 \times \cdots \times X_n) \times X^{(n)}$. 由于每一个 $X^{(n)}$ 都与 $X\,(= X^{(0)})$ 一样是无限维乘积空间，因此，施行于 X 的

论点（在上文中和在下文中）可以同样用于 $X^{(n)}$. 对 $X_1 \times \cdots \times X_n$ 中的每一个点 $(x_1, \cdots, x_n)$ 和 X 中的每一个集合 E, 用记号 $E(x_1, \cdots, x_n)$ 表示由 $(x_1, \cdots, x_n)$ 确定的 E（在 $X^{(n)}$ 中）的截口. 我们看到 X 中的每个［可测］矩形的截口都是 $X^{(n)}$ 中的［可测］矩形.

定理 A　若 $J = \{1, \cdots, n\}$, X 的子集 E 是［可测］J 柱面, 则 $E = A \times X^{(n)}$, 其中 A 是 $X_1 \times \cdots \times X_n$ 的［可测］子集.

证明　若 $(\bar{x}_{n+1}, \bar{x}_{n+2}, \cdots)$ 是 $X^{(n)}$ 中的任意一点, A 是由这个点所确定的 E（在 $X_1 \times \cdots \times X_n$ 中）的 $X^{(n)}$ 截口. 因为集合 E 和 $A \times X^{(n)}$ 都是 J 柱面, 若 X 中一个点 $(x_1, x_2, \cdots)$ 属于这两个 J 柱面中任何一个, 则点 $(x_1, \cdots, x_n, \bar{x}_{n+1}, \bar{x}_{n+2}, \cdots)$ 也属于同一个 J 柱面. 显然, 若这个点属于 E 和 $A \times X^{(n)}$ 中的一个, 则该点也属于 E 和 $A \times X^{(n)}$ 中的另一个. 再一次利用这两个集合都是 J 柱面的事实, 若 $(x_1, \cdots, x_n, \bar{x}_{n+1}, \bar{x}_{n+2}, \cdots)$ 属于这两个柱面中任何一个, 则 $(x_1, \cdots, x_n, x_{n+1}, x_{n+2}, \cdots)$ 也属于这两个 J 柱面中相同的一个, 由此可得 E 和 $A \times X^{(n)}$ 是由相同的点构成的. 由定理 34.A 可知 E 的可测性就意味着 A 的可测性.　∎

若 m 和 n 是正整数且 $m < n$, 则 X 中的非空子集 E 可能既是 $\{1, \cdots, m\}$ 柱面, 同时又是 $\{1, \cdots, n\}$ 柱面. 由定理 A 我们有

$$E = A \times X^{(m)} \quad \text{且} \quad E = B \times X^{(n)},$$

其中 $A \subseteq X_1 \times \cdots \times X_m$ 且 $B \subseteq X_1 \times \cdots \times X_n$. 上面两个表达式中的第一个可以重新写为

$$E = (A \times X_{m+1} \times \cdots \times X_n) \times X^{(n)},$$

由定理 33.C 可知 $B = A \times X_{m+1} \times \cdots \times X_n$. 所以, 若 E 是可测集, 从而 A 和 B 都是可测集, 则

$$(\mu_1 \times \cdots \times \mu_m)(A) = (\mu_1 \times \cdots \times \mu_n)(B).$$

所以, 对于每一个可测 $\{1, \cdots, n\}$ 柱面 $A \times X^{(n)}$, 若定义

$$\mu\left(A \times X^{(n)}\right) = (\mu_1 \times \cdots \times \mu_n)(A),$$

则 μ 是有确定意义的集函数. μ 的定义域记为 **F**, 它是由所有满足如下性质的可测集 E 构成的类: 对 n 的某一个值, E 是 $\{1, \cdots, n\}$ 柱面. **F** 中的集合称为 X 的有限维子集. 易证 **F** 是一个代数, $\mathbf{S}(\mathbf{F}) = \mathbf{S}$, 定义在 **F** 上的集函数 μ 是取非负有限值的集函数, 具有有限可加性.

类似于 $\mathbf{F}$ 和 μ, 对于 $n = 1, 2, \cdots$, 可以在空间 $X^{(n)}$ 上定义 $F^{(n)}$ 和 $\mu^{(n)}$, 由关于有限维乘积空间的性质可知, 若 $E \in \mathbf{F}$, 则每一个形如 $E(x_1, \cdots, x_n)$ 的截口都属于 $F^{(n)}$, 且

$$\mu(E) = \int \cdots \int \mu^{(n)}\big(E(x_1, \cdots, x_n)\big) \mathrm{d}\mu_1(x_1) \cdots \mathrm{d}\mu_n(x_n).$$

定理 B　若 $\big\{(X_i, \mathbf{S}_i, \mu_i)\big\}$ 是满足 $\mu_i(X_i) = 1$ 的全有限测度空间序列, 则存在定义在 σ 代数 $\mathbf{S} = \underset{i=1}{\overset{\infty}{\text{\Large×}}} \mathbf{S}_i$ 上的唯一测度 μ, 使得对于每一个形如 $A \times X^{(n)}$ 的可测集 E 有

$$\mu(E) = (\mu_1 \times \cdots \times \mu_n)(A).$$

测度 μ 称为给定测度 μ_i 的**乘积测度**, 记为 $\mu = \underset{i=1}{\overset{\infty}{\text{\Large×}}} \mu_i$. 测度空间

$$\left(\underset{i=1}{\overset{\infty}{\text{\Large×}}} X_i, \ \underset{i=1}{\overset{\infty}{\text{\Large×}}} \mathbf{S}_i, \ \underset{i=1}{\overset{\infty}{\text{\Large×}}} \mu_i \right)$$

称为给定测度空间 $(X_i, \mathbf{S}_i, \mu_i)$ 的**笛卡儿乘积空间**.

证明　由定理 9.F 和定理 13.A 可知, 我们只需证明定义在由全体有限维可测集组成的代数 $\mathbf{F}$ 上的集函数 μ 在 $\varnothing$ 上是上连续的, 即, 若 $\{E_n\}$ 是 $\mathbf{F}$ 中集合的一个递减序列, 使得对于 $j = 1, 2, \cdots$ 有 $0 < \varepsilon \leqslant \mu(E_j)$, 则 $\bigcap_{j=1}^{\infty} E_j \neq \varnothing$.

若 $F_j = \big\{ x_1 : \mu^{(1)}\big(E_j(x_1)\big) > \varepsilon/2 \big\}$, 则由等式

$$\begin{aligned}
\mu(E_j) &= \int \mu^{(1)}\big(E_j(x_1)\big) \mathrm{d}\mu_1(x_1) \\
&= \int_{F_j} \mu^{(1)}\big(E_j(x_1)\big) \mathrm{d}\mu_1(x_1) + \int_{F_j'} \mu^{(1)}\big(E_j(x_1)\big) \mathrm{d}\mu_1(x_1)
\end{aligned}$$

可得 $\mu(E_j) \leqslant \mu_1(F_j) + \varepsilon/2$, 进而有

$$\mu_1(F_j) \geqslant \varepsilon/2.$$

因为 $\{F_j\}$ 是 X_1 中可测子集的递减序列, μ_1 (具有可数可加性) 在 $\varnothing$ 上是上连续的, 所以对于 $j = 1, 2, \cdots$, 在 X_1 中至少存在一点 $\bar{x}_1$ 使得 $\mu^{(1)}\big(E_j(\bar{x}_1)\big) > \varepsilon/2$. 因为 $\{E_j(\bar{x}_1)\}$ 是 $X^{(1)}$ 中可测子集的递减序列, 所以刚才施之于 $X, \{E_j\}, \varepsilon$ 的讨论可以重复应用在 $X^{(1)}, \{E_j(\bar{x}_1)\}, \varepsilon/2$ 上. 对于 $j = 1, 2, \cdots$, 可以得到 X_2 中一点 $\bar{x}_2$ 使得 $\mu^{(2)}\big(E_j(\bar{x}_1, \bar{x}_2)\big) > \varepsilon/4$. 采用相同的方法进行下去, 我们得到一个序列 $\{\bar{x}_1, \bar{x}_2, \cdots\}$, 使得对于 $n = 1, 2, \cdots$ 有 $\bar{x}_n \in X_n$, 且

$$\mu^{(n)}\big(E_j(\bar{x}_1, \cdots, \bar{x}_n)\big) \geqslant \frac{\varepsilon}{2^n}, \quad j = 1, 2, \cdots.$$

点 $(\bar{x}_1, \bar{x}_2, \cdots)$ 属于 $\bigcap_{j=1}^{\infty} E_j$. 为了证明这个结论, 考虑任意一个 E_j, 选择正整数 n 使得 E_j 是 $\{1, \cdots, n\}$ 柱面. 事实上, $\mu^{(n)}\big(E_j(\bar{x}_1, \cdots, \bar{x}_n)\big) > 0$ 意味着 E_j 至少包含一点 $(x_1, x_2, \cdots)$ 使得对于 $i = 1, \cdots, n$ 有 $x_i = \bar{x}_i$. E_j 是 $\{1, \cdots, n\}$ 柱面意味着点 $(\bar{x}_1, \bar{x}_2, \cdots)$ 属于 E_j. ■

习题

1. 就本节的结论来说, 指标集 I 为全体正整数的集合这个条件并不是本质的. 任何可数无限集合都可作为 I. (按照定义, 空间 $X = \bigtimes\{X_i : i \in I\}$ 是由定义在 I 上具有以下性质的所有函数 x 组成的: 对每个指标 i, 函数值 $x(i)$ 是 X_i 中的一点.) 这个结论的证明可以采用列举法, 就是在 I 与全体正整数的集合之间建立任意一个固定的一一对应关系. 例如, 在 I 是全体整数的集合的情况下就有很多应用.

2. 很容易将乘积空间的理论推广到不可数无限个因子的情形. 若 I 是任意一个指标集, 且对于 I 中每一个 i, $(X_i, \mathbf{S}_i, \mu_i)$ 是使得 $\mu_i(X_i) = 1$ 的全有限测度空间, 则和在习题 1 中一样定义 $X = \bigtimes\{X_i : i \in I\}$. 至于矩形、可测矩形和可测集的定义, 只需逐字重复可数个因子的情形即可. 对于 I 的某个可数子集 J, J 柱面所包含的全体集合组成一个包含全体可测矩形的 σ 代数, 使得该 σ 代数上每一个可测集 E 都是一个 J 柱面. 若定义 $\mu(E) = \big(\bigtimes_{j \in J} \mu_j\big)(E)$, 则 μ 是定义在所有可测集的类上的一个测度, 且 μ 具有符合记号 $\bigtimes_{i \in I} \mu_i$ 的乘积性质.

3. 将有限维和无限维乘积空间的理论结合在一起可以得出一种无限维乘积空间的理论, 对于其中的有限个因子可以不要求它们是全有限的测度空间, 而只要求是 σ 有限的就行.

4. 若 $X = \bigtimes_{i=1}^{\infty} X_i$ 是如定理 B 所描述的乘积空间, 对于每一个 i, E_i 是 X_i 中的可测集, 则 $E = \bigtimes_{i=1}^{\infty} E_i$ 是 X 中的可测集, 且

$$\mu(E) = \prod_{i=1}^{\infty} \mu_i(E_i) = \lim_n \prod_{i=1}^{n} \mu_i(E_i).$$

提示: 若 $F_n = E_1 \times \cdots \times E_n \times X^{(n)}$, 则 $\{F_n\}$ 是 X 中可测集的递减序列, 使得

$$\bigcap_{n=1}^{\infty} F_n = \bigtimes_{i=1}^{\infty} E_i \quad \text{且} \quad \mu(F_n) = \prod_{i=1}^{n} \mu_i(E_i).$$

5. 由乘积空间的理论可以给出实直线上勒贝格测度的一种完全非拓扑的构造 (见定理 8.C 的证明), 从而得到 n 维欧几里得空间上勒贝格测度的构造 (见习题 37.6). 为了获得这种构造, 设 $(X_0, \mathbf{S}_0, \mu_0)$ 是仅包含实数 0 和 1 这两个点的测度空间, $\mathbf{S}_0$ 是由 X_0 的所有子集组成的类, 且 $\mu_0(\{0\}) = \mu_0(\{1\}) = 1/2$. 对于 $i = 1, 2, \cdots$, 记 $(X_i, \mathbf{S}_i, \mu_i) = (X_0, \mathbf{S}_0, \mu_0)$, 并形成乘积空间

$$(X, \mathbf{S}, \mu) = \big(\bigtimes_{i=1}^{\infty} X_i, \bigtimes_{i=1}^{\infty} \mathbf{S}_i, \bigtimes_{i=1}^{\infty} \mu_i\big).$$

(5a) 对于 X 中每一个点 $x = (x_1, x_2, \cdots)$, 集合 $\{x\}$ 是可测的, 且 $\mu(\{x\}) = 0$. 提示: 见习题 4.

(5b) 若集合 $\overline{E}$ 由 X 中的所有点 $x = (x_1, x_2, \cdots)$ 组成，其中点 x 满足除了有限个 i 值外其他任何 i 的值都有 $x_i = 1$，则 $\overline{E}$ 是测度为 0 的可测集.（提示：$\overline{E}$ 是可数的.）记 $\overline{X} = X - \overline{E}$，以下我们将考虑测度空间 $(\overline{X}, \overline{\mathbf{S}}, \overline{\mu})$，其中 $\overline{\mathbf{S}} = \mathbf{S} \cap \overline{X}$ 且对于 $E \in \mathbf{S}$ 有 $\overline{\mu}(E \cap \overline{X}) = \mu(E)$.

(5c) 若对于 $\overline{X}$ 中的每一个点 $x = (x_1, x_2, \cdots)$，记 $z(x) = \sum_{i=1}^{\infty} x_i/2^i$，则函数 z 建立了 $\overline{X}$ 与区间 $Z = \{z : 0 \leqslant z < 1\}$ 之间的一一对应关系. 提示：考虑 Z 中每一个 z 的二进制小数展开式，若展开式不是唯一的，则取有限展开式.

(5d) 若 $A = \{z : 0 \leqslant a \leqslant z < b < 1\}$ 且 $E = \{x : z(x) \in A\}$，则 E 是可测集，且 $\overline{\mu}(E) = b - a$. 提示：只需考虑 a 和 b 是有理数的情形即可.

(5e) 若 A 是 Z 中任意的博雷尔集，$E = \{x : z(x) \in A\}$，则 E 是可测集，且 $\overline{\mu}(E)$ 等于 A 的勒贝格测度. 提示：由 $\nu(A) = \overline{\mu}(E)$ 确定的集函数 ν 是一个测度，它在区间上的取值与勒贝格测度相等.

　　　　以上习题 (5a) 至 (5e) 所考虑的可用来建立区间 Z 上的勒贝格测度，将整个实直线看作这类区间的不相交可数并集，我们就可以得到实直线上的勒贝格测度. 另外一种方法是考虑由全体整数构成的空间 I（以 I 的全体子集组成的类作为可测集类，定义一个集合的测度为这个集合所含点的数目），并注意到在实直线与乘积空间 $I \times Z$ 之间存在明显的一一对应关系.

6. 下面是与习题 5 类似的另外一种建立勒贝格测度的构造方法. 考虑空间 $(X_0, \mathbf{S}_0, \mu_0)$，其中 X_0 是全体正整数的集合，$\mathbf{S}_0$ 是由 X_0 的所有子集组成的类，$\mu_0(E) = \sum_{i \in E} 2^{-i}$. 和前面一样，我们构造乘积空间 $X = \bigtimes_{i=1}^{\infty} X_i$，此时 X 中的点是正整数的序列，对于 X 中每一点 $x = (x_1, x_2, \cdots)$，记

$$z(x) = \sum_{n=1}^{\infty} 2^{-(x_1 + \cdots + x_n)}.$$

考虑二进制展开式，就可以证明习题 (5c)(5d)(5e) 中的结论对于这个 z 都是成立的.

7. 若 $X_0 = \{x : 0 \leqslant x < 1\}$ 是半闭单位区间，$\mathbf{S}_0$ 是由 X_0 中所有博雷尔集组成的类，μ_0 是 $\mathbf{S}_0$ 上的勒贝格测度. 记

$$(X_i, \mathbf{S}_i, \mu_i) = (X_0, \mathbf{S}_0, \mu_0), \quad i = 1, 2, \cdots,$$

我们构造乘积空间 $X = \bigtimes_{i=1}^{\infty} X_i$. 在 X 和 X_0 之间存在一一对应关系，使得 X_0 中每一个博雷尔集与 X 中的一个可测集（即属于 $\bigtimes_{i=1}^{\infty} \mathbf{S}_i$ 的集合）相对应，并使得相对应的两个集合具有相同的测度. 提示：若 Y_0 是习题 5 中所描述的仅包含两个点的空间 X_0，对于 $i = 0, 1, 2, \cdots$ 和 $j = 1, 2, \cdots$，若 $Y_{ij} = Y_0$，则对于 $i = 0, 1, 2, \cdots$ 有 $X_i = \bigtimes_{j=1}^{\infty} Y_{ij}$. 一一对应建立在通常关于二重序列 $X = \bigtimes_{i=1}^{\infty} X_i = \bigtimes_{i=1}^{\infty} \bigtimes_{j=1}^{\infty} Y_{ij}$ 的元素与简单序列 $X_0 = \bigtimes_{j=1}^{\infty} Y_{0j}$ 的元素之间的对应关系上.

第 8 章 变换与函数

§39. 可测变换

对于每一种数学系统，能使其中某些或全部结构性质保持不变的变换是值得研究的. 尽管我们并不准备详尽讨论在测度论中出现的全部变换，但在本节中将介绍它们的一些基本性质.

定义在集合 X 上且在集合 Y 中取值的函数 T 称为**变换**. 集合 X 称为 T 的**定义域**，X 中的点 x 对应的 Y 中形如 $T(x)$ 的点构成的集合称为**值域**. 以 X 为定义域且以 Y 为值域的变换常称为 X **到** Y **中**的变换. 若 T 的值域是 Y，称 T 是 X **到** Y **上**的变换. 对于 X 的每一个子集 E，E 在 Y 中的变换 T 的值域称为 E 对于 T 的**映像**，记为 $T(E)$. 对于 Y 的每一个子集 F，X 中映像属于 F 的所有点组成的集合称为 F 对 T 的**逆像**，记为 $T^{-1}(F)$，即

$$T^{-1}(F) = \{x : T(x) \in F\}.$$

若当且仅当 $x_1 = x_2$ 时 $T(x_1) = T(x_2)$ 成立，则称变换 T 是**一一变换**. 一一变换 T 的**逆变换**，记为 T^{-1}，对于每一个 $y = T(x)$，它定义为 $T^{-1}(y) = x$.

若 T 是 X 到 Y 中的变换，S 是 Y 到 Z 中的变换，则 S 和 T 的**乘积**是 X 到 Z 中的变换，记为 ST，即 $(ST)(x) = S(T(x))$.

若 T 是 X 到 Y 中的变换，则对于定义在 Y 上的每一个函数 g 都有定义在 X 上的函数 f 与之对应，f 由 $f(x) = g(T(x))$ 定义，记为 $f = gT$.

定理 A 若 T 是 X 到 Y 中的变换，g 是定义在 Y 上的函数，M 是 g 的值所在空间的任何子集，则

$$\{x : (gT)(x) \in M\} = T^{-1}(\{y : g(y) \in M\}).$$

证明 以下命题是相互等价的：

(a) $x_0 \in \{x : (gT)(x) \in M\}$;

(b) $(gT)(x_0) \in M$;

(c) 若 $y_0 = T(x_0)$ 则 $g(y_0) \in M$;

(d) $T(x_0) \in \{y : g(y) \in M\}$.

第一个命题与最后一个命题的等价性恰好就是定理的结论. ∎

若 $(X, \mathbf{S})$ 和 $(Y, \mathbf{T})$ 是可测空间，T 是 X 到 Y 中的变换，应该怎样定义 T 的可测性呢？受 Y 为实直线的特殊情况的启发，若每一个可测集的逆像是可测集，则称 T 是**可测变换**. 我们注意到，这个概念与我们以前引入的可测函数的概念是不同的. 由于实数 0 所起到的特殊角色，可测函数不一定是可测变换. 但是这样定义的可测变换在应用上却很方便，只要我们正确运用"函数"和"变换"这两个术语，就不至于产生任何歧义. 在 X 本身属于 $\mathbf{S}$ 且 Y 是实直线重要情况中，可测变换与可测函数这两个概念是相同的.

若 T 是由 $(X, \mathbf{S})$ 到 $(Y, \mathbf{T})$ 中的可测变换，我们用 $T^{-1}(\mathbf{T})$ 表示所有形如 $T^{-1}(F)$ 的 X 的子集组成的类，其中 $F \in \mathbf{T}$. 显然 $T^{-1}(\mathbf{T})$ 是包含于 $\mathbf{S}$ 中的 σ 环.

定理 B　若 T 是由 $(X, \mathbf{S})$ 到 $(Y, \mathbf{T})$ 中的可测变换，g 是定义在 Y 上的广义实值可测函数，则 gT 关于 σ 环 $T^{-1}(\mathbf{T})$ 是可测的.

证明　由定理 A 可知，对于实直线上的每一个博雷尔集 M，

$$
\begin{aligned}
N(gT) \cap (gT)^{-1}(M) &= \{x : (gT)(x) \in M - \{0\}\} \\
&= T^{-1}(\{y : g(y) \in M - \{0\}\}) \\
&= T^{-1}(N(g) \cap (g)^{-1}(M)),
\end{aligned}
$$

由 T 的可测性可知上式左端的集合属于 $T^{-1}(\mathbf{T})$. ∎

设 T 是由 $(X, \mathbf{S})$ 到 $(Y, \mathbf{T})$ 中的可测变换，对于定义在 $\mathbf{S}$ 上的每一个集函数 μ，可以指定一个定义在 $\mathbf{T}$ 上的集函数 ν；对于 $\mathbf{T}$ 中的每一个集合 F，ν 定义为 $\nu(F) = \mu(T^{-1}(F))$，记为 $\nu = \mu T^{-1}$.

定理 C　若 T 是由可测空间 $(X, \mathbf{S}, \mu)$ 到可测空间 $(Y, \mathbf{T}, \nu)$ 中的可测变换，g 是定义在 Y 上的广义实值可测函数，则

$$
\int g \mathrm{d}(\mu T^{-1}) = \int (gT) \mathrm{d}\mu
$$

在以下意义下成立：若两个积分中任意一个存在，则另一个也存在，且二者相等.

证明　只需考虑非负函数 g. 若 g 是 Y 的可测子集 F 的特征函数，则由定理 A 可知，gT 是 $T^{-1}(F)$ 的特征函数，因此

$$
\int g \mathrm{d}(\mu T^{-1}) = (\mu T^{-1})(F) = \mu(T^{-1}(F)) = \int (gT) \mathrm{d}\mu.
$$

由此可知，若 g 是简单函数，则定理成立. 在一般的情况下，令 $\{g_n\}$ 为收敛到 g 的简单函数的递增序列，则 $\{g_n T\}$ 是收敛到 gT 的简单函数的递增序列，取极限即可证得定理. ∎

采用定理 C 中的记号，若 F 是 Y 的可测子集，对于函数 $\chi_F g$ 应用定理 C 可得

$$\int_F g(y)\mathrm{d}\mu T^{-1}(y) = \int_{T^{-1}(F)} g\big(T(x)\big)\mathrm{d}\mu(x).$$

我们看到只需形式地将 $y = T(x)$ 代入上式任何一端，就可以得到等式的另一端.

定理 D　若 T 是由可测空间 $(X, \mathbf{S}, \mu)$ 到全 σ 有限可测空间 $(Y, \mathbf{T}, \nu)$ 中的可测变换，使得 μT^{-1} 关于 ν 是绝对连续的，则在 Y 上存在非负可测函数 ϕ，使得对于每一个可测函数 g，

$$\int g\big(T(x)\big)\mathrm{d}\mu(x) = \int g(y)\phi(y)\mathrm{d}\nu(y)$$

在以下意义下成立：若两个积分中任意一个存在，则另一个也存在，且二者相等.

函数 ϕ 相当于多重积分变换理论中的**雅可比行列式**（或者更确切地说，相当于雅可比行列式的绝对值）.

证明　记 $\phi = \mathrm{d}(\mu T^{-1})/\mathrm{d}\nu$（见第 32 节），将定理 32.B 应用到定理 C 中. ■

设 T 是可测空间 $(X, \mathbf{S})$ 到可测空间 $(Y, \mathbf{T})$ 上的一一变换，若 T 和 T^{-1} 都是可测的，则称 T 是**保持可测性的变换**. 设 T 是由测度空间 $(X, \mathbf{S}, \mu)$ 到测度空间 $(Y, \mathbf{T}, \nu)$ 上的保持可测性的变换，若 $\mu T^{-1} = \nu$，则称 T 是**保持测度的变换**.

习题

1. 两个可测变换的乘积是可测变换.

2. 若 T 是从 $(X, \mathbf{S})$ 到 $(Y, \mathbf{T})$ 中的可测变换，函数 f 在 X 上关于 $T^{-1}(\mathbf{T})$ 是可测的，则当 $T(x_1) = T(x_2)$ 时有 $f(x_1) = f(x_2)$. 提示：若 F_1 是 Y 中包含 $T(x_1)$ 的可测集，则存在 Y 中的可测集 F 使得

$$\{x : f(x) = f(x_1)\} \cap T^{-1}(F_1) = T^{-1}(F).$$

事实上 $x_1 \in T^{-1}(F)$ 意味着 $x_2 \in T^{-1}(F)$.

3. 若 T 是从 $(X, \mathbf{S})$ 到 $(Y, \mathbf{T})$ 上的可测变换，X 上的实值函数 f 关于 $T^{-1}(\mathbf{T})$ 是可测的，则在 Y 上存在唯一的可测函数 g 使得 $f = gT$.（提示：由习题 2 可知，对于每一个 $y = T(x)$，g 由 $g(y) = f(x)$ 无歧义地确定. 事实上，对于实直线上每一个博雷尔集 M，我们有

$$T^{-1}(\{y : g(y) \in M\}) = \{x : f(x) \in M\},$$

因为 $T(X) = Y$，这意味着 $N(g) \cap \{y : g(y) \in M\} \in \mathbf{T}$.）若 T 将 X 映到 Y 中，结论是否仍然成立？

4. 设 $X = Y =$ 单位区间，$\mathbf{S} =$ 所有博雷尔集的类，$\mathbf{T} =$ 所有可数集的类. 若变换 T 由 $T(x) = x$ 确定，则 T 是从 X 到 Y 上的一一可测变换，但 T 不是保持可测性的变换. 能不能构造一个 $(X, \mathbf{S}) = (Y, \mathbf{T})$ 的例子？

5. 若 T 是从 $(X, \mathbf{S})$ 到 $(Y, \mathbf{T})$ 中的可测变换, μ 和 ν 是 $\mathbf{S}$ 上的两个测度, 使得 $\nu \ll \mu$, 则 $\nu T^{-1} \ll \mu T^{-1}$.

§40. 测度环

对于一般代数意义下的一个环, 若它的每个元素都是幂等的, 则称这个环为**布尔环**. 等价地说, 布尔环就是一个集合 $\mathbf{R}$, 对 $\mathbf{R}$ 中每一对元素定义有两种代数运算 (称为加法和乘法), 满足以下限制条件.

(a) 加法和乘法都适合交换率和结合率, 乘法对于加法的分配律成立.

(b) 在 $\mathbf{R}$ 中存在唯一的元素 (记为 0), 使得任意元素 E 与 0 的和仍为 E.

(c) 对于任意元素 E, E 与 E 的和为 0.

(d) 对于任意元素 E, E 与 E 的积为 E.

布尔环的一个典型例子就是由集合 X 的子集构成的一个环, 而以 $E \triangle F$ 和 $E \cap F$ 分别表示 E 和 F 的和与积. 我们引入布尔环这个概念, 完全是受以集合为元素的环的启发, 所以今后将以 $\triangle$ 和 $\cap$ 分别表示布尔环中的加法和乘法.

我们将以集合为元素的环中的许多概念和结论毫无更改地引入布尔环中. 特别地, 若并运算与差运算分别定义为

$$E \cup F = (E \triangle F) \triangle (E \cap F) \quad 和 \quad E - F = E \triangle (E \cap F),$$

则这些运算与集合中相应的运算在形式上完全一致. 类似地, 包含关系 $E \subseteq F$ 和 $E \supseteq F$ 分别由

$$E \cap F = E \quad 和 \quad E \cap F = F$$

定义.

回顾一下, 任何集类的并集是包含全体集合的最小集合, 交集则是被全体集合所包含的最大集合. 在布尔环中, 同样的论述对于并与交也成立 (只要并与交能够形成). 例如, 若 E 和 F 是布尔环 $\mathbf{R}$ 的元素, 则 $E \cup F$ 就是包括 E 和 F 的最小元素, 即 $E \subseteq E \cup F$, $F \subseteq E \cup F$, 且若 G 是 $\mathbf{R}$ 中满足 $E \subseteq G$ 和 $F \subseteq G$ 的元素, 则 $E \cup F \subseteq G$. 然而, 对于元素为无限集合的布尔环却不一定有任何元素能够包含这个集合的全体元素, 即使有也不一定有最小的. 若布尔环 $\mathbf{S}$ 中的元素的每一个可数集都有并集, 则称 $\mathbf{S}$ 为**布尔 σ 环**. 易证布尔环中元素的每一个可数集都有交集. 布尔 σ 环的一个典型例子就是由 X 的子集组成的 σ 环.

若在布尔环 $\mathbf{R}$ 中存在不同于 0 的元素 (显然, 记为 X 比较方便), 使得对于 $\mathbf{R}$ 中每一个 E 有 $E \subseteq X$, 则 $\mathbf{R}$ 称为**布尔代数**. 若一个布尔 σ 环同时是一个布尔代数, 则称其为**布尔 σ 代数**.

对于定义在布尔环上的函数来说，可加性、可测性、σ 有限性等概念的定义，与定义在以集合为元素的环上的集函数的对应定义相同. 设 μ 是定义在布尔环上的测度，若 μ 的值只在 0 元素上为 0，则称 μ 是一个**正测度**.

定义在由集合 X 的子集构成的 σ 环 **S** 上的测度 μ 通常不是正测度. 可是，可以采用几种熟悉的方法从 μ 做出一个正测度. 一种方法就是考虑测度为零的可测集构成的类 **N**，注意到 **N** 是环 **S** 的理想子环（这些术语都按照一般代数学的意义来理解），然后以商环 **S/N** 来代替 **S**. 另外一种（等效的）方法是，当 $\mu(E \Delta F) = 0$ 时用 $E \sim F$ 表示 E 和 F 的关系，注意到关系"$\sim$"具有自反性、对称性和传递性，然后将 **S** 替换为对于关系"$\sim$"的一切等价类的集合.

在测度论中最常用和最方便的方法却是另外一种（我们要采用的也正是这一种方法）. 因为我们要考虑的布尔 σ 环将以可测集为元素，所以不准备用其他的系统来代替 **S**. 现在我们重新定义相等的概念：若 **S** 中两个集合 E 和 F 满足 $\mu(E \Delta F) = 0$，则把 E 和 F 看作相等，记为 $E = F\,[\mu]$. 对于 $n = 1, 2, \cdots$，若 $E_n = F_n\,[\mu]$，则

$$E_1 - F_1 = E_2 - F_2 \quad \text{且} \quad \bigcup_{n=1}^{\infty} E_n = \bigcup_{n=1}^{\infty} F_n\,[\mu],$$

所以，即使在新的相等的意义下，**S** 关于熟知的集运算仍然是一个布尔 σ 环. 若 $E = F\,[\mu]$，则 $\mu(E) = \mu(F)$，所以在新的相等的意义下，定义在 **S** 上的测度 μ 是无歧义的. 因为关系式 $\mu(E) = 0$ 和 $E = 0\,[\mu]$ 是等价的，我们看到，在新的相等的意义下，μ 变成了一个正测度.

若 $(X, \mathbf{S}, \mu)$ 是一个测度空间，我们用符号 $\mathbf{S}(\mu)$ 表示具有上述关于 μ 相等的意义的 σ 环 **S**.

一个布尔 σ 环 **S** 及在 **S** 上定义的一个正测度 μ 构成一个**测度环** $(\mathbf{S}, \mu)$. 正如上面所考虑的，若 $(X, \mathbf{S}, \mu)$ 是测度空间，则 $(\mathbf{S}(\mu), \mu)$ 是一个测度环. 我们称这个测度环为与 X **连带**的测度环，或简称为 X 的测度环. 一个布尔代数，若它同时又是一个测度环，则称为**测度代数**. 如同测度空间一样，我们也将以同样的意义引用[全]有限和 σ 有限这样的术语来表示测度环和测度代数.

设有两个测度环 $(\mathbf{S}, \mu)$ 和 $(\mathbf{T}, \nu)$，还有一个由 **S** 到 **T** 上的一一变换 T，使得对于 **S** 的任意元素 E, F 和 E_n（$n = 1, 2, \cdots$），有

$$T(E - F) = T(E) - T(F), \quad T\left(\bigcup_{n=1}^{\infty} E_n\right) = \bigcup_{n=1}^{\infty} T(E_n), \quad \mu(E) = \nu\bigl(T(E)\bigr),$$

则称 T 是 $(\mathbf{S}, \mu)$ 和 $(\mathbf{T}, \nu)$ 之间的**同构**. 若在两个测度环之间存在一个同构，则

称这两个测度环是同构的. 若两个测度空间 $(X, \mathbf{S}, \mu)$ 和 $(Y, \mathbf{T}, \nu)$ 的连带测度环 $(\mathbf{S}(\mu), \mu)$ 和 $(\mathbf{T}(\nu), \nu)$ 是同构的，则称这两个测度空间是同构的.

如果一个测度环 $(\mathbf{S}, \mu)$ 异于 0 的元素 E，使得若 $F \subseteq E$ 则 $F = 0$ 或 $F = E$，则称 E 是测度环 $(\mathbf{S}, \mu)$ 的（或测度 μ 的）原子. 不含原子的测度环称为**缺原子的**. 若 $(X, \mathbf{S}, \mu)$ 是测度空间，它的测度环是缺原子的，则测度空间 X 和测度 μ 都称为缺原子的.

若 $(\mathbf{S}, \mu)$ 是测度环，我们用记号 $\mathfrak{S}$ [或 $\mathfrak{S}(\mu)$] 表示 S 中所有具有有限测度的元素的集合. 对于 $\mathfrak{S}$ 中任意两个元素 E 和 F，记

$$\rho(E, F) = \mu(E \Delta F).$$

易证函数 ρ 是 $\mathfrak{S}$ 的一个度量，我们称 $\mathfrak{S}$ 为与 $(\mathbf{S}, \mu)$ **连带的度量空间**，或简称为 $(\mathbf{S}, \mu)$ 的度量空间. 用记号 $\mathfrak{S}(\mu)$ 表示与测度空间 $(X, \mathbf{S}, \mu)$ 上的测度环 $(\mathbf{S}(\mu), \mu)$ 连带的度量空间. 一个测度环或一个测度空间，若其连带的度量空间是可分的，则称这个测度环或测度空间为**可分的**.

定理 A　若 $\mathfrak{S}$ 是测度环 $(\mathbf{S}, \mu)$ 的度量空间，且

$$f(E, F) = E \cup F \quad 且 \quad g(E, F) = E \cap F,$$

则 f, g, μ 都是它们的参数的一致连续函数.

证明　由关系式

$$\left.\begin{aligned}
\mu\big((E_1 \cup F_1) - (E_2 \cup F_2)\big) + \mu\big((E_2 \cup F_2) - (E_1 \cup F_1)\big) \\
\mu\big((E_1 \cap F_1) - (E_2 \cap F_2)\big) + \mu\big((E_2 \cap F_2) - (E_1 \cap F_1)\big)
\end{aligned}\right\}$$
$$\leqslant \mu(E_1 - E_2) + \mu(F_1 - F_2) + \mu(E_2 - E_1) + \mu(F_2 - F_1),$$
$$|\mu(E) - \mu(F)| = |\mu(E - F) - \mu(F - E)| \leqslant \mu(E - F) + \mu(F - E)$$

立即证得定理. ∎

定理 B　若 $(X, \mathbf{S}, \mu)$ 是 σ 有限测度空间，$\mathbf{S}$ 是由可数类生成的 σ 环，则具有有限测度的所有可测集的度量空间 $\mathfrak{S}(\mu)$ 是可分的.

证明　若 $\{E_n\}$ 是 $\mathbf{S}$ 中使得 $\mathbf{S} = \mathbf{S}(\{E_n\})$ 的集合序列. 由 μ 的 σ 有限性可知，不失一般性，对于 $n = 1, 2, \cdots$，可以假设 $\mu(E_n) < \infty$. 根据定理 5.C，由 $\{E_n\}$ 生成的环也是可数的，因此可以假设集类 $\{E_n : n = 1, 2, \cdots\}$ 也是一个环. 由定理 13.D 可知，对于 $\mathfrak{S}(\mu)$ 中每一个 E 以及任意正数 ε，存在正整数 n 使得 $\rho(E, E_n) < \varepsilon$. 这就意味着 $\mathfrak{S}(\mu)$ 中的可数集是稠密的，故定理得证. ∎

习题

1. 测度空间 $(X, \mathbf{S}, \mu)$ 的度量空间 $\mathbf{S}$ 是完备的. 提示: 若 $\{E_n\}$ 是 $\mathbf{S}$ 中的一个基本序列, 对于 $n = 1, 2, \cdots$, χ_n 是 E_n 的特征函数, 则 $\{\chi_n\}$ 是依测度基本的, 于是可以应用定理 22.E.

2. 测度环的度量空间是不是完备的?

3. 布尔环的完备性概念与度量空间的完备性概念有关, 但二者并不完全相同. 若布尔环 $\mathbf{R}$ 的每一个子集 $\mathbf{E}$ 都有并集, 则称 $\mathbf{R}$ 是**完备**的. 显然, 每个完备布尔环都是布尔 σ 代数; 反之, 每个全有限测度代数都是完备的. 提示: 设 $\widetilde{E}$ 是由 E 中元素的所有有限并组成的集合. 记 $\alpha = \sup\{\mu(E) : E \in \widetilde{E}\}$, 选取由 $\widetilde{E}$ 中元素的组成的序列 $\{E_n\}$, 使得 $\lim_n \mu(E_n) = \alpha$, 令 $E = \bigcup_{n=1}^{\infty} E_n$.

4. 习题 3 的结论对全有限测度代数也成立.

5. 若 ρ 是测度环 $(\mathbf{S}, \mu)$ 的度量空间 $\mathbf{S}$ 的度量, 则 ρ 是平移不变的, 即当 $E, F, G \in \mathbf{S}$ 时有 $\rho(E \triangle G, F \triangle G) = \rho(E, F)$.

6. 设 T 是从测度环 $(\mathbf{S}, \mu)$ 到测度环 $(\mathbf{T}, \mu)$ 上的一一变换, 当 $E, F \in \mathbf{S}$ 时有 $T(E - F) = T(E) - T(F)$, $T(E \cup F) = T(E) \cup T(F)$, $\mu(E) = \nu(T(E))$, 则 T 是一个同构.

7. 设 T 是从测度环 $(\mathbf{S}, \mu)$ 到测度环 $(\mathbf{T}, \nu)$ 上的一一变换, 当且仅当 $T(E) \subseteq T(F)$ 时有 $\mu(E) = \nu(T(E))$ 且 $E \subseteq F$, 则 T 是一个同构.

8. 给定带有度量 ρ 的度量空间 $\mathbf{S}$, 若对于 $\mathbf{S}$ 中任意两个不相交的元素 E 和 F, 存在不同于元素 E 和 F 的元素 G 使得

$$\rho(E, F) = \rho(E, G) + \rho(G, F),$$

则称度量空间 $\mathbf{S}$ 是凸的. σ 有限测度环的度量空间是凸的当且仅当该测度环是缺原子的.

9. 两个测度环上的同构也是它们所对应的度量空间上的同构.

10. 全 σ 有限测度环 (至多) 有可数多个原子.

11. 若 $\mathbf{S}$ 是测度空间 $(X, \mathbf{S}, \mu)$ 上的度量空间, ν 是 $\mathbf{S}$ 上的有限测度, 满足 $\nu \ll \mu$, 则函数 ν 在 $\mathbf{S}$ 上有明确的定义, 且是连续的.

12. 若 $(X, \mathbf{S}, \mu)$ 是 σ 有限测度空间, $\{\nu_n\}$ 是 $\mathbf{S}$ 上的有限广义测度序列, 满足 ν_n 关于 μ 是绝对连续的, 对于 $\mathbf{S}$ 中的每一个 E, $\lim_n \nu_n(E)$ 存在且有限, 则集函数 ν_n 关于 μ 是一致绝对连续的. 提示: 设 $\mathbf{S}$ 是 $(X, \mathbf{S}, \mu)$ 的度量空间, 对于固定的任意正数 ε, 记

$$\varepsilon_k = \bigcap_{n=k}^{\infty} \bigcap_{m=k}^{\infty} \left\{ E : E \in \mathbf{S},\ |\nu_n(E) - \nu_m(E)| \leqslant \frac{\varepsilon}{3} \right\}.$$

由习题 11 可知, 每个 ε_k 是闭集, 由习题 1 可知, $\mathbf{S}$ 是完备度量空间, 由贝尔分类定理可知, 存在正整数 k_0、正数 r_0 和 $\mathbf{S}$ 中的集合 E_0, 使得 $\{E : \rho(E, E_0) < r_0\} \subseteq \varepsilon_{k_0}$. 设

δ 是满足 $\delta < r_0$ 的正数，使得对于 $\mu(E) < \delta$ 和 $n = 1, \cdots, k_0$ 有 $|\nu_n(E)| < \varepsilon/3$. 显然，若 $\mu(E) < \delta$，则

$$\rho(E_0 - E, E_0) < r_0, \quad 且 \quad \rho(E_0 \cup E, E_0) < r_0,$$

$$|\nu_n(E)| \leqslant |\nu_{k_0}(E)| + |\nu_n(E_0 \cup E) - \nu_{k_0}(E_0 \cup E)| + |\nu_n(E_0 - E) - \nu_{k_0}(E_0 - E)|.$$

13. 采用习题 12 中的记号，若 $\nu(E) = \lim_n \nu_n(E)$，则 ν 是有限广义测度，且 $\nu \ll \mu$.

14. 若 $\{\nu_n\}$ 是有限广义测度序列，使得对于每个可测集 E，$\lim_n \nu_n(E) = \nu(E)$ 存在且有限，则 $\nu(E)$ 是广义测度. 提示：对于 $n = 1, 2, \cdots$，若 $|\nu_n(E)| \leqslant c_n$，记 $\mu(E) = \sum_{n=1}^{\infty} \frac{1}{2^n c_n} |\nu_n|(E)$，并应用习题 13.

15a. 每个布尔环 $\mathbf{R}$ 与集合 X 的子集组成的环（在一般代数学的意义下）是同构的. 这个结论称为**斯东定理**. 提示：考虑由两个元素 0 和 1 构成的布尔代数 $\mathbf{R}_0$，设 X 是由 $\mathbf{R}$ 在 $\mathbf{R}_0$ 中的所有同态组成的集合. 若对于 $\mathbf{R}$ 中每一个 E，

$$T(E) = \{x : x \in X, \ x(E) = 1\},$$

则 T 是 $\mathbf{R}$ 在 X 的所有子集组成的代数中的一个同态. 剩下需要证明的是，若 $E \in \mathbf{R}$ 且 $E \neq 0$，则存在 X 中的 x 使得 $x(E) = 1$. 若 $\mathbf{R}$ 是有限的，这个结论是成立的. 在通常的情形下，设 X^* 是由定义在 $\mathbf{R}$ 上的在 $\mathbf{R}_0$ 中取值的所有函数组成的集合. 对一般乘积拓扑来说，X^* 是紧豪斯多夫空间. 若 $\widetilde{\mathbf{R}}$ 是 $\mathbf{R}$ 的有限子环，且 $E \in \widetilde{\mathbf{R}}$，$X^*\left(\widetilde{\mathbf{R}}\right)$ 是 X^* 中具有如下性质的所有函数 x^* 构成的集合：x^* 是定义在 $\widetilde{\mathbf{R}}$ 上的同态，且 $x^*(E) = 1$. 关系式

$$\bigcap_{i=1}^{n} X^*\left(\widetilde{\mathbf{R}}_i\right) \supseteq X^*\left(\widetilde{\mathbf{R}}\right)$$

（其中 $\widetilde{\mathbf{R}}$ 是由 $\widetilde{\mathbf{R}}_1, \cdots, \widetilde{\mathbf{R}}_n$ 生成的环）说明集类 $\left\{X^*\left(\widetilde{\mathbf{R}}\right)\right\}$ 带有有限交的性质.

15b. 以上提到的斯东定理的证明说明了，$\mathbf{R}$ 与紧豪斯多夫空间中既开又闭的集合构成的一个环同构. 若 $\mathbf{R}$ 是布尔代数，则 $\mathbf{R}$ 与紧豪斯多夫空间中所有既开又闭的集合构成的环同构. 提示：我们将习题 15a 中的记号稍加改变. 若 X 是由 $\mathbf{R}$ 在 $\mathbf{R}_0$ 中具有如下性质的所有同态组成的集合：这些同态将 $\mathbf{R}$ 的最大元素映射成 1. 于是，在变换 T 之下 $\mathbf{R}$ 的映像包含了 X 的拓扑结构的一个基. 若紧豪斯多夫空间的一个既开又闭子集类是一个基，且有限并的运算是封闭的，则这个类包含了所有既开又闭的集合.

15c. 若 $\mathbf{S}$ 是任一布尔 σ 代数，则 $\mathbf{S}$ 与 X 的子集组成的以 σ 理想子环为模的 σ 代数同构. 提示：若 X 是紧豪斯多夫空间，T 是一个代数学的同构，它将 $\mathbf{S}$ 映射为 X 中所有既开又闭的集合组成的代数. 若 $\mathbf{S}_0$ 是由 X 的所有既开又闭的子集类生成的 σ 环，$\mathbf{N}_0$ 是 $\mathbf{S}_0$ 中所有属于第一种范畴的集类. 若 $\{E_n\}$ 是既开又闭集的一个序列，记 $E = T\left(\bigcup_{n=1}^{\infty} T^{-1}(E_n)\right)$，所以，$E - \bigcup_{n=1}^{\infty} E_n$ 是一个处处稠密的集合. 换句话说，所有既开又闭的集合构成的类对于可数并（模 $b\mathbf{N}_0$）的运算是封闭的. $\mathbf{N}_0$ 不包含任何非空的既开又闭的集合. 这样就可以说明，在以 $\mathbf{N}_0$ 为模的情况下，T 还是一个同构. 然而上述命题是贝尔分类定理的一个特殊情况，而贝尔定理对于局部紧空间成立，对于完备度量空间也是一样的.

§41. 同构理论

本节的目的就是要证明测度环的定义并不像看起来那样普通. 事实上, 我们将要说明, 在一些不太严格的条件下, 每一个测度环都是某个测度空间的测度环. 关于这一类的定理有很多, 我们仅仅挑选比较特殊的一个加以讨论, 我们所选的这个定理无论在历史上还是现在的应用上都有重要意义.

以下我们仅限于讨论全有限测度代数. 设 $(\mathbf{S}, \mu)$ 是全有限测度代数, 若没有特别的声明, 符号 X 将用来表示 $\mathbf{S}$ 的最大元素. 若 $\mu(X) = 1$, 则称代数 $\mathbf{S}$ 和测度 μ 是正则化的. $\mathbf{S}$ 中的元素 E 的一个分割指的是 $\mathbf{S}$ 中并集为 E 的不相交的元素构成的一个有限集 $\mathbf{P}$. 分割 $\mathbf{P} = \{E_1, \cdots, E_k\}$ 的范数用 $|\mathbf{P}|$ 表示, 指的是 $\mu(E_1), \cdots, \mu(E_k)$ 中的最大数. 若 $\mathbf{P} = \{E_1, \cdots, E_k\}$ 是 E 的一个分割, F 是 $\mathbf{S}$ 中被 E 所包含的任一元素, 我们用符号 $\mathbf{P} \cap F$ 表示 F 的分割 $\{E_1 \cap F, \cdots, E_k \cap F\}$.

设 $\mathbf{P}_1$ 和 $\mathbf{P}_2$ 是两个分割, 若 $\mathbf{P}_1$ 的每一个元素都包含在 $\mathbf{P}_2$ 的某个元素中, 则记 $\mathbf{P}_1 \leqslant \mathbf{P}_2$. 对于由分割形成的序列 $\{\mathbf{P}_n\}$, 若对于 $n = 1, 2, \cdots$ 有 $\mathbf{P}_{n+1} \leqslant \mathbf{P}_n$, 则称 $\{\mathbf{P}_n\}$ 是**递减的**. 若对于 $\mathbf{S}$ 中每一个元素 E 和任意正数 ε, 存在相应的正整数 n 和 $\mathbf{S}$ 中的元素 E_0, 使得 $\mathbf{P}_n$ 的某些元素以 E_0 为其并集, 并使得 $\rho(E, E_0) = \mu(E \Delta E_0) < \varepsilon$, 则称 $\{\mathbf{P}_n\}$ 是**稠密的**.

定理 A　若 $(\mathbf{S}, \mu)$ 是一个全有限的缺原子的测度代数, $\{\mathbf{P}_n\}$ 是 X 的分割的稠密递减序列, 则 $\lim_n |\mathbf{P}_n| = 0$.

证明　因为 $\{|\mathbf{P}_n|\}$ 是递减的正数序列, 故必有极限. 假设这个极限是一个正数 δ, 我们由此导出矛盾.

若 $\mathbf{P}_1 = \{E_1, \cdots, E_k\}$, 则元素 E_i 中至少有一个能使

$$|\mathbf{P}_n \cap E_i| \geqslant \delta, \quad n = 1, 2, \cdots.$$

令 F_1 是具有上述性质的一个元素, 考虑 F_1 的分割序列 $\{\mathbf{P}_n \cap F_1\}$. 重复上述讨论的过程, 我们可以找到分割 $\mathbf{P}_2$ 的一个元素 F_2, 使得 $F_2 \subseteq F_1$, 且

$$|\mathbf{P}_n \cap F_2| \geqslant \delta, \quad n = 1, 2, \cdots.$$

可以这样无限地继续做下去.

若 $F = \bigcap_{n=1}^{\infty} F_n$, 则 $\mu(F) \geqslant \delta > 0$, 因此, 由于 F 不是一个原子, 所以存在一个元素 F_0 满足 $F_0 \subseteq F$ 且 $0 < \mu(F_0) < \mu(F)$. 我们看到元素 F_0 或者被每一个 $\mathbf{P}_n$ ($n = 1, 2, \cdots$) 中的元素所包含, 或者和它们都不相交. 由此可见, 若 ε 是比 $\mu(F_0)$ 和 $\mu(F) - \mu(F_0)$ 都小的数, 则不存在 $\mathbf{S}$ 中的元素为上述分割 $\mathbf{P}_n$ 中

元素的并集，使得它和 F_0 之间距离小于 ε. 这个事实与 $\{\mathbf{P}_n\}$ 是稠密的假设条件矛盾，故定理得证. ∎

定理 B 设 Y 是一个单位区间，$\mathbf{T}$ 是 Y 的所有博雷尔集的类，ν 是 $\mathbf{T}$ 上的勒贝格测度，若 $\{\mathbf{Q}_n\}$ 是测度代数 $(\mathbf{T}, \nu)$ 中的最大元素 Y 的区间上的分割序列，使得 $\lim_n |\mathbf{Q}_n| = 0$，则 $\{\mathbf{Q}_n\}$ 是稠密的.

证明 对于任意正数 ε，相应地存在正整数 n 满足 $|\mathbf{Q}_n| < \varepsilon/2$. 若 E 是 Y 的任一子区间，令 E_1 是由 $\mathbf{Q}_n$ 唯一确定、包含 E 的左端点的区间. 若 E_1 不包含 E 的右端点，令 E_2 为分割 $\mathbf{Q}_n$ 中与 E_1 右端相邻接的区间，这样有限次地进行下去，直到得出 $\mathbf{Q}_n$ 中包含 E 的右端点的区间 E_k. 从区间 $E_1, \cdots, E_k$ 的并集到 E 的距离小于 ε，这就说明了 Y 的任何子区间能够以 $\{\mathbf{Q}_n\}$ 的元素的并集来逼近. 由区间所有有限并构成的类是稠密的，故定理得证. ∎

定理 C 每一个可分的缺原子的正则化测度代数 $(\mathbf{S}, \mu)$ 与单位区间测度代数 $(\mathbf{T}, \nu)$ 是同构的.

证明 设 $\{E_n\}$ 是 $(\mathbf{S}, \mu)$ 的度量空间 $\mathcal{S}(\mu)$ 中的一个稠密序列. 对于 $n = 1, 2, \cdots$，形如 $\bigcap_{i=1}^n A_i$ 的元素组成的集合是 X 的一个分割 $\mathbf{P}_n$，其中，对于 $i = 1, \cdots, n$，A_i 是 E_i 或 $X - E_i$. 显然分割序列 $\{\mathbf{P}_n\}$ 是递减的. $\{E_n\}$ 是稠密的就意味着分割序列 $\{\mathbf{P}_n\}$ 也是稠密的. 于是由定理 A 可知 $\lim_n |\mathbf{P}_n| = 0$.

对于分割 $\mathbf{P}_1$ 的每一个元素 E，我们以 Y 的一个子区间 $T(E)$ 与之对应，且满足 $\mu(E) = \nu(T(E))$，使得这些区间构成 Y 的一个分割. 对于每一个这样的区间，再按照类似的方法分解得到 $\mathbf{P}_2$，并且以此类推下去. 于是我们得到了将 Y 分解成区间的一个分割序列 $\{\mathbf{Q}_n\}$. 事实上，由于变换 T 是将 $\{\mathbf{P}_n\}$ 的分割元素变为区间的保测变换，于是有 $\lim_n |\mathbf{Q}_n| = 0$，由定理 B 可知 $\{\mathbf{Q}_n\}$ 是稠密的.

若我们不仅对在 $\{\mathbf{P}_n\}$ 中出现的分割元素定义 T，并且也对这些元素的有限并按照以下方式定义 T：对于每一个这样的有限并，以 $\{\mathbf{Q}_n\}$ 中分割元素的对应有限并与之对应，则变换 T 是度量空间 $\mathcal{S}(\mu)$ 的一个稠密子集在 $\mathcal{T}(\nu)$ 中的一个稠密子集上的等距变换，其中 $\mathcal{T}(\nu)$ 是测度代数 $(\mathbf{T}, \nu)$ 的度量空间. 由此可见存在 $\mathcal{S}(\mu)$ 在 $\mathcal{T}(\nu)$ 上的唯一等距变换 $\overline{T}$，它在 T 有定义的地方处处与 T 相等. 由于 T 保持并与差的运算不变，且这些运算形成的函数是一致连续的，所以 $\overline{T}$ 是一个同构. ∎

习题

1. 若 $(\mathbf{S}, \mu)$ 是 σ 有限的缺原子的测度环，且 $E_0 \in \mathbf{S}$，$E_0 \neq 0$，则对任意正数 ε，存在 $\mathbf{S}$ 中的一个元素 E，使得 $E \subseteq E_0$ 且 $0 < \mu(E) < \varepsilon$. 提示：若 $\mu(E) < \infty$，且 $\mathbf{S}$ 中的

一个元素 E_1 满足 $E_1 \subseteq E_0$ 和 $0 < \mu(E) < \mu(E_0)$，则要么 $\mu(E_1) \leqslant \frac{1}{2}\mu(E_0)$，要么 $\mu(E_0 - E_1) \leqslant \frac{1}{2}\mu(E_0)$.

2. 若 $(\mathbf{S}, \mu)$ 是 σ 有限的缺原子的测度环，且 $E_0 \in \mathbf{S}$，则对满足 $0 \leqslant \alpha \leqslant \mu(E_0)$ 的每一个广义实数 α，存在 $\mathbf{S}$ 中的一个元素 E，使得 $E \subseteq E_0$ 且 $\mu(E) = \alpha$. 提示：当 $\alpha = \infty$ 时，命题成立. 不失一般性，假设 $\alpha < \infty$. 命题的结论可用超限穷举法得出. 这个方法与通常用来证明完备凸度量空间中的任意两点可以用一条线段连接起来的这个定理的方法类似，事实上我们现在这个命题就是上述度量几何学中一般定理的特殊情形. （见习题 40.2 和习题 40.8. ）

3. 若 $(\mathbf{S}, \mu)$ 是全 σ 有限的缺原子的测度环，且 $E_0 \in \mathbf{S}$，则对满足 $\mu(E_0) \leqslant \alpha \leqslant \mu(X)$ 的每一个广义实数 α，存在 $\mathbf{S}$ 中的一个元素 E，使得 $E \subseteq E_0$ 且 $\mu(E) = \alpha$. 提示：当 α 有限时，对 $X - E_0$ 和 $\mu(E) - \alpha$ 应用习题 2.

4. 若 $(\mathbf{S}, \mu)$ 是全有限测度代数，则 μ 的所有值构成的集合是一个闭集.

5. 设一个 σ 有限的缺原子的测度环中至少有一个异于 0 的元素，则它的度量空间 $\mathcal{S}(\mu)$ 中没有孤立点. 反之，若 $\mathcal{S}(\mu)$ 中没有孤立点，则 $(\mathbf{S}, \mu)$ 是否是缺原子的？

6. 每一个可分的缺原子的全 σ 有限测度代数 $(\mathbf{S}, \mu)$，若满足 $\mu(X) = \infty$，则必定与实直线的测度代数 $(\mathbf{T}, \nu)$ 同构. 提示：由习题 2 可知，存在 $\mathbf{S}$ 中元素的序列 $\{X_n\}$ 满足 $X = \bigcup_{n=1}^{\infty} X_n$ 和 $\mu(X_n) = 1$（$n = 1, 2, \cdots$），因此对每一个 n，对于由 X_n 中所有元素构成的代数可以应用定理 C.

7. 每一个测度代数与一个测度空间的测度代数是同构的. 见习题 40.15c.

§42.　函数空间

若 $(X, \mathbf{S}, \mu)$ 是任意测度空间，$\mathcal{S}(\mu)$ 是具有有限测度的可测集空间，则与 $(X, \mathbf{S}, \mu)$ 连带的某些度量空间是和 $\mathcal{S}(\mu)$ 相类似的. 由所有广义实值可积函数构成的类 $\mathcal{L}_1$（或 $\mathcal{L}_1(\mu)$）就是这样的一个度量空间. 若对于 $\mathcal{L}_1$ 中的 f，记

$$\|f\| = \int |f| \mathrm{d}\mu,$$

对于 $\mathcal{L}_1$ 中的 f 和 g，记 $\rho(f, g) = \|f - g\|$（见第 23 节），则函数 ρ 满足一个度量所应具备的一切性质，除了一条以外. 这条缺失的性质就是：当 $\rho(f, g) = 0$ 时，不一定有 $f = g$. 由定理 25.B 可知，$\rho(f, g) = 0$ 等价于 $f = g\,[\mu]$. 我们将采用与有限测度的可测集空间情况相同的考虑方法，$\mathcal{L}_1$ 中的两个元素（即函数），若它们之间的距离为 0，或者说它们几乎处处相等 $[\mu]$，则它们将被认为是相等的. 在这样的理解下，$\mathcal{L}_1$ 成为度量空间，并且还是完备度量空间（见定理 26.B）.

为了分析中的某些目的，我们需要推广这些概念. 若 p 是大于 1 的实数，我们用 $\mathcal{L}_p$（或 $\mathcal{L}_p(\mu)$）表示使 $|f|^p$ 为可积的所有可测函数 f 构成的类. 如同在 $\mathcal{L}_1$

的场合, 若 $\mathcal{L}_p$ 中两个元素几乎处处相等 $[\mu]$, 我们就认为它们是相等的. 在某种程度上, 空间 $\mathcal{L}_p$ 的理论与空间 $\mathcal{L}_1$ 的理论是非常相似的. 例如, 对于 $\mathcal{L}_p$ 中的函数 f, 我们定义

$$\|f\|_p = \left(\int |f|^p \mathrm{d}\mu \right)^{1/p},$$

对于 $\mathcal{L}_p$ 中的 f 和 g, 记 $\rho_p(f,g) = \|f - g\|_p$. 到这里我们遇到了困难. 虽然我们有 $\rho_p(f,g) = \rho_p(g,f) \geqslant 0$, 并且 $\rho_p(f,g) = 0$ 当且仅当 $f = g\,[\mu]$, 然而三角形不等式是否成立却不是很明显的, 更为重要的是我们甚至还不知道 ρ_p 是否永远是有限的. 为了克服这些困难, 我们现在证明两个经典定理. 下面这个定理称为**赫尔德不等式**.

定理 A　设 p 和 q 是大于 1 的实数, 且 $\frac{1}{p} + \frac{1}{q} = 1$. 若 $f \in \mathcal{L}_p$ 且 $g \in \mathcal{L}_q$, 则 $fg \in \mathcal{L}_1$ 且 $\|fg\| \leqslant \|f\|_p \cdot \|g\|_q$.

证明　考虑对所有正实数 t 有定义的辅助函数 $\phi(t) = \frac{t^p}{p} + \frac{t^{-q}}{q}$. 微分后得到

$$\phi'(t) = t^{p-1} - t^{-q-1}.$$

于是, 在所考虑的定义域内, ϕ 仅有的临界值是 1. 因为

$$\lim_{t \to 0} \phi(t) = \lim_{t \to \infty} \phi(t) = \infty,$$

所以 ϕ 在 1 处取到最小值, 从而有

$$\frac{t^p}{p} + \frac{t^{-q}}{q} = \phi(t) \geqslant \phi(1) = \frac{1}{p} + \frac{1}{q} = 1.$$

若 a 和 b 是任意两个正数, 令 $t = a^{1/q}/b^{1/p}$, 于是就有

$$1 \leqslant \frac{a^{p-1}}{bp} + \frac{b^{q-1}}{aq} \quad \text{或} \quad ab \leqslant \frac{a^p}{p} + \frac{b^q}{q}.$$

显然, 即使 a 和 b 允许取值为 0, 后一个不等式也是成立的.

现在我们回到定理的证明. 若 $\|f\|_p = 0$ 或 $\|g\|_q = 0$, 则定理结论是成立的. 在其他情况下, 我们可以记

$$a = \frac{|f|}{\|f\|_p} \quad \text{和} \quad b = \frac{|g|}{\|g\|_q}.$$

应用前面的最后一个不等式, 我们有

$$\frac{|fg|}{\|f\|_p \cdot \|g\|_q} \leqslant \frac{1}{p} \frac{|f|^p}{\int |f|^p \mathrm{d}\mu} + \frac{1}{q} \frac{|g|^q}{\int |g|^q \mathrm{d}\mu}.$$

因为 fg 是可测的, 所以这个不等式就说明了 $fg \in \mathcal{L}_1$. 两边积分即得定理的结论.

下面的这个定理称为闵可夫斯基不等式.

定理 B　设 p 是大于 1 的实数. 若 $f, g \in \mathcal{L}_p$, 则 $f + g \in \mathcal{L}_p$ 且

$$\|f + g\|_p \leqslant \|f\|_p + \|g\|_p.$$

证明　对于包含两个点的测度空间, 其中每个点的测度都为 1, 应用赫尔德不等式, 可得基本不等式

$$|a_1 b_1 + a_2 b_2| \leqslant (|a_1|^p + |a_2|^p)^{1/p} (|b_1|^q + |b_2|^q)^{1/q},$$

其中 $\frac{1}{p} + \frac{1}{q} = 1$. 于是有

$$
\begin{aligned}
|f + g|^p &\leqslant |f| \cdot |f + g|^{p-1} + |g| \cdot |f + g|^{p-1} \\
&\leqslant (|f|^p + |g|^p)^{1/p} \cdot \left(2|f + g|^{q(p-1)}\right)^{1/q},
\end{aligned}
$$

因此有

$$|f + g|^p \leqslant 2^{p/q} (|f|^p + |g|^p).$$

这意味着 $f + g \in \mathcal{L}_p$. 又因为

$$
\begin{aligned}
(\|f + g\|_p)^p &= \int |f + g|^p \mathrm{d}\mu \\
&\leqslant \int |f| \cdot |f + g|^{p-1} \mathrm{d}\mu + \int |g| \cdot |f + g|^{p-1} \mathrm{d}\mu \\
&\leqslant \left(\int |f|^p \mathrm{d}\mu\right)^{1/p} \left(\int |f + g|^p \mathrm{d}\mu\right)^{1/q} + \left(\int |g|^p \mathrm{d}\mu\right)^{1/p} \left(\int |f + g|^p \mathrm{d}\mu\right)^{1/q} \\
&= (\|f\|_p + \|g\|_p) (\|f + g\|_p)^{p/q},
\end{aligned}
$$

由此可得所欲证明的不等式.

若 $f, g, h \in \mathcal{L}_p$, 由定理 B 可得

$$\rho_p(f, g) = \|f - g\|_p \leqslant \|f - h\|_p + \|h - g\|_p = \rho_p(f, h) + \rho_p(h, g).$$

我们看到 $\mathcal{L}_p$ 确实是度量空间. 之前我们用以证明 $\mathcal{L}_1$ 是完备空间的方法, 只需给予显而易见的修改, 就可以用来证明 $\mathcal{L}_p$ 的完备性.

习题

1. 测度空间 $(X, \mathbf{S}, \mu)$ 的度量空间 $\mathcal{L}(\mu)$ 为可分的充分必要条件是：具有有限测度的可测集空间 $\mathbf{S}(\mu)$ 是可分的. 提示：若一个集类在 $\mathbf{S}(\mu)$ 中是稠密的，则这些集合的特征函数的具有有理系数的所有有限线性组合的集合在 $\mathcal{L}_p(\mu)$ 中是稠密的.

2. 另一个有用的空间就是由所有本性有界的可测函数构成的集 $\mathfrak{M}$. 若对于 $\mathfrak{M}$ 中的任意函数 f，记

$$\|f\|_\infty = \text{ess. sup.}\{|f(x)| : x \in X\},$$

且对于 $\mathfrak{M}$ 中的 f 和 g，令 $\rho_\infty(f, g) = \|f - g\|_\infty$，则 $\mathfrak{M}$（在我们关于两个元素相等的约定下）形成完备度量空间.

3. 空间 $\mathcal{L}_2$ 是我们所给出的函数空间中研究得最广泛的，它是一般有限维欧几里得空间的最有成效的推广. 若 $\mathcal{L}_2$ 上的实值函数 Λ 满足

$$\Lambda(\alpha f + \beta g) = \alpha \Lambda(f) + \beta \Lambda(g),$$

其中 α 和 β 是实数，$f, g \in \mathcal{L}_2$，则称 Λ 为 $\mathcal{L}_2$ 上的**线性泛函**. 对于 $\mathcal{L}_2$ 中的每个 f，若存在正的有限常数 c，使得 $|\Lambda(f)| \leqslant c\|f\|_2$，则称线性泛函 Λ 是**有界**的. $\mathcal{L}_2$ 上一个基本的几何性质（它的证明除了用到 $\mathcal{L}_2$ 是完备的条件外，并不需要依赖于更深的性质）为：若 $f \in \mathcal{L}_2$，Λ 是有界线性泛函，则在 $\mathcal{L}_2$ 中存在元素 g，使得 $\Lambda(f) = \int f g \, \mathrm{d}\mu$. 这个结果可以用来证明拉东-尼科迪姆定理（同时这个结论又是拉东-尼科迪姆定理的较容易的推论）. 为了简单起见，我们只限于在有限测度的场合下给出这个命题证明的大纲. 假设 μ 和 ν 是满足 $\nu \ll \mu$ 的两个有限测度，记 $\lambda = \mu + \nu$.

(3a) 若对于 $\mathcal{L}_2$ 中每一个 f 有 $\Lambda(f) = \int f \, \mathrm{d}\nu$，则 Λ 是 $\mathcal{L}_2(\lambda)$ 中的有界线性泛函.

(3b) 若 $\Lambda(f) = \int f g \, \mathrm{d}\lambda$，则 $0 \leqslant g \leqslant 1 \, [\lambda]$. 提示：若 f 是可测集 E 上的特征函数，则 $\Lambda(f) = \nu(E) \leqslant \lambda(E)$.

(3c) 若 $E = \{x : g(x) = 1\}$，则 $\lambda(E) = 0$. 提示：$\lambda(E) = \nu(E)$.

(3d) 对于每一个非负可测函数 f 有 $\int f(1 - g) \, \mathrm{d}\nu = \int f g \, \mathrm{d}\mu$.

(3e) 若 $g_0 = g/(1 - g)$，则对于每一个可测集 E 有 $\nu(E) = \int_E g_0 \, \mathrm{d}\mu$. 提示：令 $f = \chi_E/(1 - g)$.

4. 假设 $(X, \mathbf{S}, \mu)$ 是有限测度空间，对于任意两个实值可测函数 f 和 g，令

$$\rho_0(f, g) = \int \frac{|f - g|}{1 + |f - g|} \, \mathrm{d}\mu.$$

函数 ρ_0 是一个度量，关于 ρ_0 收敛等价于依测度收敛.

§43. 集函数与点函数

本节研究单实变量的某些函数与实直线上的有限测度之间的关系. 本节中我们假定：

X 是实直线，$\mathbf{S}$ 是所有博雷尔集的类，μ 是 $\mathbf{S}$ 上的勒贝格测度.

我们将考虑 X 上的单调非减函数 f，即当 $x \leqslant y$ 时有 $f(x) \leqslant f(y)$. 为了简单起见，称这种函数为**单调函数**. 若 f 是有界单调函数，容易看到

$$\lim_{z \to -\infty} f(x) \quad \text{和} \quad \lim_{z \to +\infty} f(x)$$

总是存在的，且都有限. 习惯上将这些极限分别记为 $f(-\infty)$ 和 $f(+\infty)$.

定理 A 设 ν 是 $\mathbf{S}$ 上的有限测度，若对于任意实数 x，令

$$f_\nu(x) = \nu(\{t : -\infty < t < x\}),$$

则 f_ν 是有界单调的左连续函数，且满足 $f_\nu(-\infty) = 0$.

证明 由 ν 的有界性和单调性可以推出 f_ν 的对应性质. 因为对于 $n = 1, 2, \cdots$ 有 $f_\nu(-n) = \nu((-\infty, -n))$，所以

$$f_\nu(-\infty) = \lim_n f_\nu(-n) = \nu\left(\bigcap_{n=0}^{\infty} \{t : -\infty < t < -n\}\right) = \nu(\varnothing) = 0.$$

为了证明 f_ν 在每一点 x 处是左连续的，假设 $\{x_n\}$ 是满足 $\lim_n x_n = x$ 的递增序列，我们有

$$0 = \nu\left(\bigcap_{n=1}^{\infty} [x_n, x)\right) = \lim_n \nu([x_n, x)) = \lim_n (f_\nu(x) - f_\nu(x_n)). \qquad \blacksquare$$

下面这个定理是逆定理.

定理 B 若 f 是有界单调的左连续函数，且满足 $f_\nu(-\infty) = 0$，则在 $\mathbf{S}$ 上存在唯一的有限测度 ν 使得 $f = f_\nu$.

证明 这个定理的证明和勒贝格测度的构建完全一样. 换句话说，若对每一个半闭区间我们用 $\nu([a, b)) = f(b) - f(a)$ 来定义 ν，则在第 8 节中将 μ 换为 ν，结论依然成立，因而也可以应用测度扩张定理 13.A. 唯一要修改的就是用来证明定理 8.C 的论点. 若 $[a_0, b_0)$ 包含在半闭区间序列 $\{[a_i, b_i]\}$ 的并集中，则

$$\nu([a_0, b_0)) \leqslant \sum_{i=1}^{\infty} \nu([a_i, b_i)).$$

若 $a_0 = b_0$，则结论显然成立. 在其他情况下，令 ε 是满足 $\varepsilon < b_0 - a_0$ 的正数. 由于 f 在点 a_i 处是左连续的，因此，对于任意正数 δ 和每一个正整数 i，存在相

应的正数 ε_i 使得

$$f(a_i) - f(a_i - \varepsilon_i) < \delta/2^i, \quad i = 1, 2, \cdots.$$

若 $F_0 = [a_0, b_0 - \varepsilon]$ 且对于 $i = 1, 2, \cdots$ 令 $U_i = (a_i - \varepsilon_i, b_i)$，则 $F_0 \subseteq \bigcup_{i=1}^{\infty} U_i$，因此，由海涅-博雷尔定理可知，存在正整数 n 使得

$$F_0 \subseteq \bigcup_{i=1}^{n} U_i.$$

与定理 8.B 的证明类似，对于 ν 我们得到

$$\begin{aligned}
f(b_0 - \varepsilon) - f(a_0) &\leqslant \sum_{i=1}^{n} \big(f(b_i) - f(a_i - \varepsilon_i)\big) \\
&= \sum_{i=1}^{n} \big(f(b_i) - f(a_i)\big) + \sum_{i=1}^{n} \big(f(a_i) - f(a_i - \varepsilon_i)\big) \\
&\leqslant \sum_{i=1}^{\infty} \big(f(b_i) - f(a_i)\big) + \delta.
\end{aligned}$$

由 ε 和 δ 的任意性，以及 f 在点 b_0 的左连续性，就得到定理的结论. ■

定理 A 和定理 B 建立了从 $\mathbf{S}$ 上的所有有限测度 ν 到某些单实变量函数 f_ν 之间的一一对应关系. 下面两个定理指出，如何将测度 μ 的某些测度论的性质借助对应于的函数 f_ν 展示出来.

定理 C 若 ν 是 $\mathbf{S}$ 上的有限测度，则 f_ν 是连续的充分必要条件是：对于任意点 x 有 $\nu(\{x\}) = 0$.

证明 若 $\{x_n\}$ 是满足 $\lim_n x_n = x$ 的递减数列，则

$$\nu(\{x\}) = \nu\left(\bigcap_{n=1}^{\infty} [x, x_n)\right) = \lim_n \nu([x, x_n)) = \lim_n \big(f_\nu(x_n) - f_\nu(x)\big).$$

注意到 f_ν 在点 x 处连续的充分必要条件是上式最右端为 0，定理得证. ■

设 f 是单实变量的实值函数，若对任意正数 ε，存在相应的正数 δ，使得对于有界开区间的任何有限不相交类 $\{(a_i, b_i) : i = 1, \cdots, n\}$，当 $\sum_{i=1}^{n}(b_i - a_i) < \delta$ 时，有

$$\sum_{i=1}^{n} |f(b_i) - f(a_i)| < \varepsilon,$$

则称 f 是**绝对连续**的.

定理 D 若 ν 是 **S** 上的有限测度，则 f_ν 是绝对连续的充分必要条件是：ν 关于 μ 是绝对连续的.

证明 若 $\nu \ll \mu$，则对任意正数 ε，存在相应的正数 δ，使得对于满足 $\mu(E) < \delta$ 的任何博雷尔集 E 有 $\nu(E) < \varepsilon$. 因此，若 $\{(a_i, b_i) : i = 1, \cdots, n\}$ 是有界开区间的有限不相交类，满足

$$\mu\left(\bigcup_{i=1}^{n}[a_i, b_i)\right) = \sum_{i=1}^{n}(b_i - a_i) < \delta,$$

则

$$\sum_{i=1}^{n}|f_\nu(b_i) - f_\nu(a_i)| = \sum_{i=1}^{n}\nu([a_i, b_i)) = \nu\left(\bigcup_{i=1}^{n}[a_i, b_i)\right) < \varepsilon.$$

反之，假设 f_ν 是绝对连续的. 令 ε 为任意正数，令 δ 为使得 $\sum_{i=1}^{n}(b_i - a_i) < \delta$ 蕴涵 $\sum_{i=1}^{n}|f_\nu(b_i) - f_\nu(a_i)| < \varepsilon$ 的正数. 若 E 是勒贝格测度为 0 的博雷尔集，则存在半闭区间的不相交序列 $\{[a_i, b_i)\}$ 使得

$$E \subseteq \bigcup_{i=1}^{\infty}[a_i, b_i) \quad \text{且} \quad \sum_{i=1}^{\infty}(b_i - a_i) < \delta.$$

由此可得对于每一个正整数 n 有 $\sum_{i=1}^{n}|f_\nu(b_i) - f_\nu(a_i)| < \varepsilon$，所以我们有

$$\nu(E) \leqslant \sum_{i=1}^{\infty}\nu([a_i, b_i)) = \sum_{i=1}^{\infty}|f_\nu(b_i) - f_\nu(a_i)| \leqslant \varepsilon.$$

由于 ε 是任意的，我们必有 $\nu(E) = 0$. ∎

为了说明下面的定理（它是勒贝格分解定理的简单而有用的推论），我们再引入一个定义. 设 ν 是 **S** 上的有限测度，若存在可数集 C 使得 $\nu(X - C) = 0$，则称 ν 是**纯原子的**.

定理 E 若 ν 是 **S** 上的有限测度，则在 **S** 上存在唯一确定的三个测度 ν_1, ν_2, ν_3，满足下列条件：它们的和是 ν，ν_1 关于 μ 是绝对连续的，ν_2 是纯原子的，ν_3 关于 μ 是奇异的，但对于任意点 x 有 $\nu_3(\{x\}) = 0$.

证明 由勒贝格分解定理（定理 32.C）可知，在 **S** 上存在两个测度 ν_1 和 ν_1，它们的和是 ν，且 ν_0 关于 μ 是奇异的，ν_1 关于 μ 是绝对连续的. 设 C 是由满足 $\nu_0(\{x\}) \neq 0$ 的点构成的集合，ν 的有限性意味着 C 是可数的. 若我们记

$$\nu_2(E) = \nu_0(E \cap C) \quad \text{且} \quad \nu_3(E) = \nu_0(E - C),$$

则显然分解 $\nu = \nu_1 + \nu_2 + \nu_3$ 具有定理中所述的全部性质. 唯一性可从勒贝格分解的唯一性和 C 的唯一性得出. ∎

习题

1. 本节的所有结论对于广义测度 ν 都成立，只需将 f_ν 是单调的换为 f_ν 是有界变差. 提示：每一个有界变差函数是两个单调函数之差.

2. 单调函数和绝对连续函数的一些知名性质可以利用本节的方法证明，下面给出两个例子.

(2a) 单调函数至多有可数个间断点. 提示：设 f 是左连续的有界单调函数，且 $f(-\infty) = 0$，应用定理 B 和在证明定理 C 时所用到的结论. 对于一般情形，可以利用一些简单的变换化为这种特殊情形.

(2b) 若有界单调函数 f 是绝对连续的，且 $f(-\infty) = 0$，则存在非负勒贝格可积函数 ϕ 使得 $f(x) = \int_{-\infty}^{x} \phi(t) \mathrm{d}\mu(t)$. 提示：应用定理 B 和定理 D.

3. 下面的一些命题指出定理 15.C 和习题 15.1 中的结论可以拓展到一个比较宽泛的测度类上，这个测度类也包含本节所讨论的测度.

(3a) 设 $\mathbf{S}$ 是由 X 的子集生成的 σ 环，$\mathbf{L}$ 是 $\mathbf{S}$ 中的集合构成的格，$\mathbf{S}(\mathbf{L})$ 是由 $\mathbf{L}$ 生成的 σ 环. 若定义在 $\mathbf{S}$ 上的两个有限测度 μ 和 ν 在 $\mathbf{L}$ 上相等，则它们在 $\mathbf{S}(\mathbf{L})$ 上也相等. 提示：若 $E \in \mathbf{L}$, $F \in \mathbf{L}$ 且 $E \subseteq F$，则 $\mu(F - E) = \nu(F - E)$，然后应用习题 5.2、习题 8.5 和定理 13.A.

(3b) 若定义在度量空间 X 中的博雷尔子集构成的类上的两个有限测度 μ 和 ν 在 X 的所有开子集类 $\mathbf{U}$ 上相等，则 μ 和 ν 对所有博雷尔集都是相等的.

(3c) 若 μ 是定义在度量空间 X 中的博雷尔子集构成的类上的有限测度，$\mathbf{U}$ 是 X 的所有开子集构成的类，则对于每一个博雷尔集 E 有 $\mu(E) = \inf \{\mu(U) : E \subseteq U \in \mathbf{U}\}$. 提示：由 $\nu^*(E) = \inf \{\mu(U) : E \subseteq U \in \mathbf{U}\}$ 定义的集函数 ν^* 是一个有限的度量外测度，它在博雷尔集类上确定了一个测度 ν，并且 ν 和 μ 在 $\mathbf{U}$ 上是相等的.

(3d) 若 μ 是定义在度量空间 X 中的博雷尔子集构成的类上的测度，$\mathbf{C}$ 是 X 中具有有限测度的所有闭子集构成的类，则对于每一个具有 σ 有限测度的博雷尔集 E 有 $\mu(E) = \sup \{\mu(C) : E \supseteq C \in \mathbf{C}\}$. 提示：只需考虑有限测度的集合 E 即可. 记 $\nu(F) = \mu(E \cap F)$，对 ν 和 $X - E$ 应用 (3c).

(3e) 若 μ 是定义在可分的完备度量空间 X 中的博雷尔子集构成的类上的测度，$\mathbf{C}_0$ 是定义在 X 中的具有有限测度的所有紧子集构成的类，则对于每一个具有 σ 有限测度的博雷尔集 E 有 $\mu(E) = \sup \{\mu(C) : E \supseteq C \in \mathbf{C}_0\}$. 提示：应用 (3d) 和习题 9.10.

4. 若 ν 是 $\mathbf{S}$ 上的有限测度，博雷尔集 E_0 是 ν 的一个原子，则在 E_0 中存在一个点 x_0 使得 $\nu(E_0 - \{x_0\}) = 0$. 提示：应用习题 3 可将一般情形化为 E_0 是有界闭集的情形.

5. 若 ν 是 $\mathbf{S}$ 上的有限测度，则 f_ν 是连续的充分必要条件是 ν 是缺原子的.

6. 本节的绝大部分结论对于不一定有限的测度和广义测度 ν 也成立. 重要的是，若 E 是有界闭区间，则 $\nu(E)$ 是有限的.

7. 为了与习题 6 相联系构造反例, 有意思的是, 在 S 上存在 σ 有限测度 ν, ν 关于 μ 是绝对连续的, 但对于具有非空内部的任何区间 E 有 $\nu(E) = \infty$. 提示: 设 f 是正的勒贝格可积函数, 使得对于任意正数 ε 都有 $\int_{-\varepsilon}^{+\varepsilon} f^2 \mathrm{d}\mu = \infty$. 例如, 记 $f(x) = \left(\mathrm{e}^{|x|}\sqrt{|x|}\right)^{-1}$. 设 $\{r_1, r_2, \cdots\}$ 是全体有理数构成的数列, 若对于每一个 x 令

$$g(x) = \sum_{n=1}^{\infty} \frac{1}{2^n} f(x - r_n),$$

且对于每一个博雷尔集 E 令 $\nu(E) = \int_E g^2 \mathrm{d}\mu$, 则 ν 具有命题中所述的全部性质. 注意, 因为 $\int g \mathrm{d}\mu = \sum_{n=1}^{\infty} \frac{1}{2^n} \int f \mathrm{d}\mu$, 所以函数 g 几乎处处有限 $[\mu]$.

第 9 章 概率

§44. 引言

本节的目的是对于如何在测度论的基础上处理概率论，做出直观的解释.

在概率论中，"事件"是最主要的未定义的术语. 直观地说，一个事件就是某个物理试验的一个可能结果. 举一个比较通俗的例子，抛掷一颗均匀的六面骰子，观察出现在正面的点数 x ($= 1, 2, 3, 4, 5, 6$). "x 是偶数""x 小于 4""x 等于 6"——每一个这样的表述都对应着试验的一种可能结果. 从这个观点来看，与这个特定试验相关的事件数就等于前 6 个正整数的任意可能的组合的总数. 为了考虑试验的完整性和后面应用的方便，我们也考虑不可能事件，即 "x 不等于前 6 个正整数中的任何一个"，那么在掷骰子的这个试验中就有 2^6 种可能的事件. 为了更详细地研究该试验，我们引入一些符号：用 $\{2, 4, 6\}$ 表示事件 "x 是偶数"，用 $\{1, 2, 3\}$ 表示事件 "x 小于 4"，等等. 不可能事件 ($= \{\}$) 和必然事件 ($= \{1, 2, 3, 4, 5, 6\}$) 有专门的名称，分别用 $\varnothing$ 和 X 来表示.

在日常谈话中，我们用下面这些语言描述事件："两个事件 E 和 F 是不相容的或互斥的""事件 E 和事件 F 是对立的或互补的""事件 E 是由 F 和 G 二者同时发生而构成的"，以及"事件 E 是由 F 和 G 二者至少发生其一而构成的". 这些说法表明：事件间及由事件产生新事件的方式间都存在着联系，这些当然是其数学理论的组成部分.

对立事件的概念也许是最直观的. 若 E 是一个事件，我们用 E' 来记它的对立事件：一个试验，其结果属于 E'，当且仅当这个结果不属于 E. 因此，若 $E = \{2, 4, 6\}$，则 $E' = \{1, 3, 5\}$. 我们也通过逻辑上的"或"和"且"引入事件组合的概念. 对于任意两个事件 E 和 F，我们用 $E \cup F$ 和 $E \cap F$ 分别表示它们的"并"和"交". 事件 $E \cup F$ 发生，当且仅当 E 和 F 二者至少发生其一；事件 $E \cap F$ 发生，当且仅当 E 和 F 同时发生. 因此，若 $E = \{2, 4, 6,\}$，$F = \{1, 2, 3\}$，则 $E \cup F = \{1, 2, 3, 4, 6\}$，$E \cap F = \{2\}$.

基于上述讨论，以及对更复杂试验的显而易见的推广，可以得出结论，概率论建立在对集合的布尔代数的研究之上. 一个事件就是一个集合，它的对立事件就是这个集合的补集；互不相容事件就是不相交集；由两个事件同时发生而构成的事件就是两个集合的交集. 显然, 这种把物理术语转换成集合论术语的表达方式还将继续下去.

对于古典概率论来说, 关注的是简单的博弈游戏, 如掷骰子, 其中可能事件的总数是有限的, 因此, 将所有事件的类归结为集合的布尔代数是合理的. 但对于现代理论和实践中出现的情况, 甚至对更复杂的赌博游戏, 有必要做额外的假设. 这个假设是: 事件对于可数并运算是封闭的; 或者, 用我们的术语来说, 布尔代数实际上是 σ 代数.

我们可以通过一个例子 (虽然这个例子不太自然) 来说明上述假设的必要性. 假设一个赌徒决定要重复地掷一颗骰子, 直到第一次出现 6 点为止. 令 E_n 表示只在第 n 次出现 6 点这一事件. 事件 $E = \bigcup_{n=1}^{\infty} E_n$ 发生当且仅当游戏在有限次投掷后终止. 至少在逻辑上它的对立事件 E' 是可以想到的 (尽管在现实中不会发生), 并且在概率论的一般理论中包含对它的讨论也是合理的. 结合一些相当深入的技术因素, 这类例子不胜枚举, 证明了概率论的数学理论是建立在集合的布尔 σ 代数之上的.

但是, 这并不是说集合的 σ 布尔代数都是概率论的研究对象. 一般来说, 这类代数及其元素间的关系的叙述只是定性的; 另外, 概率论也要研究布尔代数的数量方面的性质. 现在我们进一步描述和引入概率的定义.

当问 "某一事件的概率是多少" 时, 我们希望得到的回答是一个数, 一个与该事件相关联的数. 换句话说, 概率是与事件 E 相关的数值函数 μ, 也就是定义在布尔 σ 代数上的集合的函数. 基于直观和现实的考虑, 我们要求函数 $\mu(E)$ 应该能表示出事件 E 发生的频率. 在大量重复的试验中, 若事件 E 发生的频率是四分之一 (其余的四分之三是 E' 出现的频率), 那么我们就以 $\mu(E) = \frac{1}{4}$ 来表示这个结果. 即使这是对所期望结果的非常粗略的初步近似, 也暗示了函数 μ 的简单的性质.

首先, 若 $\mu(E)$ 表示事件 E 的发生次数与试验总次数之比, 那么 $\mu(E)$ 必然是一个非负实数, 事实上, 是单位区间 $[0, 1]$ 中的一个数. 若事件 E 和 F 是互不相容的——例如在掷骰子的试验中, $E = \{1\}$, $F = \{2, 4, 6\}$——那么事件 $E \cup F$ (对于上面的例子, 即 $\{1, 2, 4, 6\}$) 发生的频率, 显然就是 E 和 F 二者频率之和. 若掷出 1 点的次数占总次数的 $\frac{1}{6}$, 而掷出偶数点的次数占总次数的 $\frac{1}{2}$, 那么掷出 1 点或偶数点的次数就占总次数的 $\frac{1}{6} + \frac{1}{2}$. 因此, 函数 μ 并不是完全任意的, 它必须满足可加性的条件, 即, 若 $E \cap F = \varnothing$, 那么 $\mu(F \cup F)$ 就等于 $\mu(E) + \mu(F)$. 由于必然事件总是发生, 因此规定 $\mu(X) = 1$.

现在距离得到概率的最终定义仅隔着一个看似微不足道 (实际上非常重要)

的技术性问题. 若 μ 是定义在集合的布尔 σ 代数上的具有可加性的集函数, 且 $\{E_n\}$ 是这个代数中不相交集合的无限序列, 那么 $\mu\left(\bigcup_{n=1}^{\infty} E_n\right) = \sum_{n=1}^{\infty} \mu(E_n)$ 可能成立, 也可能不成立. 可数可加性是对 μ 的进一步限制, 这是现代概率论发挥作用必不可少的限制. 直觉告诉我们, 要求可数可加性正如同要求有限可加性, 这是站得住脚的. 无论如何, 可数可加性与我们的直觉并不矛盾, 建立在其上的理论已经充分发展, 这足以证明其要求的合理性. 综上, 我们有:

概率是定义在由集合 X 的子集组成的布尔 σ 代数 **S** 上的测度 μ, 并且 $\mu(X) = 1$.

在前面几章关于测度理论的发展中, "可测函数""积分""乘积空间"等概念都扮演了重要角色. 接下来, 我们将介绍这些概念的概率意义.

我们先从"随机变量"这个常用术语开始. "随机变量是一个其值由偶然性确定的数量". 什么意思呢? "数量"这个词意味着量级——数值上的量级. 自数学定义要求严谨性以来, 人们便认识到"变量"这个词, 特别是其值是以某种方式"确定"的变量, 更精确地说是一个函数. 因此, 随机变量是一个函数: 一个值是由偶然性所决定的函数. 换句话说, 随机变量是与某个试验相关联的函数, 一旦试验完成, 函数值即被确定. 我们已经看到, 试验对应一个测度空间 X. 因而, 试验结果的函数就是 X 中点 x 的函数. 所以, 随机变量是定义在测度空间 X 上的实值函数.

但是, 上面的说法还不能完全地描述出"随机变量"这个术语的通常含义. 定义在测度空间 X 上的函数 f, 只在与 f 的值相关的概率问题有意义时, 才可称为随机变量. 例如, "f 的值在 α 与 β 之间的概率是多少?"就是一个典型的问题. 用测度论的语言来讲就是: "满足 $\alpha \leqslant f(x) \leqslant \beta$ 的点 x 的集合的测度是多少?"为了使这类问题能够得到解答, 一个充分必要条件是在问题中出现的集合都属于 X 的基本 σ 代数 **S**. 换句话说, 随机变量是一个可测函数.

对于一颗均匀骰子, 我们根据 $f(x) = x$ 的定义, 详细考虑与掷骰子试验相关联的随机变量 f, 其可能的取值是前 6 个正整数. 在概率论中, 这 6 个数的算术平均值 $\frac{1}{6}(1+2+3+4+5+6)$ 有重要的意义, 我们称它为随机变量 f 的平均值、中值或期望. 若骰子注了铅, 那么 x 出现的概率就不一定是 $\frac{1}{6}$, 而是 p_x, 这时算术平均值就变成了加权平均值. 在这种情形下, f 的期望是 $1 \cdot p_1 + \cdots + 6 \cdot p_6$. 当函数 f 取值的数目未必是有限的时, 这种加权和数可由积分给出. 若可测函数 f 是可积的, 那么 f 的积分值就是期望.

这样, 可测函数及其积分在概率论中就有了意义. 为了揭示乘积空间的概率意义, 下面继续研究掷骰子的试验. 为了简单起见, 我们仍假设掷出任何一面的可能性是相等的，那么每一面出现的概率都是 $\frac{1}{6}$. 考虑事件 $E = \{2, 4, 6\}$ 和 $F = \{1, 2\}$. 首先，我们引入条件概率的概念，利用此概念就可以解答如下这类的问题："若已知事件 F 发生了，事件 E 发生的概率是多少？"在掷骰子的试验中，如"已知 x 小于 3，那么 x 为偶数的概率是多少". 所谓"条件概率"，就是要计算在预先指定的条件下某事件发生的概率.

现在，假定事件 $G = \{2\}$ 已经发生，要求事件 E 的条件概率. 此时，在直观上答案非常明显，且与骰子是否均匀等条件无关. 既然已知 x 等于 2，则 x 当然是偶数，此时，E 的条件概率是 1. 这个问题之所以简单，是因为 G 包含于 E. 一般情况下，我们需要计算，在什么样的程度或比例下，已知事件 F 被未知事件 E 所包含. 此时，问题的解答思路已经很明显：F 被 E 所包含的程度，可以用 E 和 F 同时发生的可能性来度量，也就是用 $\mu(E \cap F)$ 来度量. 但问题并没有完全解决，因为我们不仅要考虑 $E \cap F$ 的大小，而且要考虑 $E \cap F$ 的大小与 F 的大小之比.

现在，我们给出条件概率的定义. 在事件 F 已经发生的情况下，事件 E 的条件概率定义为 $\mu(E \cap F)/\mu(F)$，记为 $\mu_F(E)$. 若 $E = \{2, 4, 6\}$，$G = \{2\}$，那么我们不难得到前面的结果：$\mu_G(E) = 1$；若 $E = \{2, 4, 6\}$，而 $F = \{1, 2\}$，那么 $\mu_F(E) = \frac{1}{2}$，直观上这是非常合理的. 即，若已知 x 等于 1 或 2，则 x 为奇数（= 1）或偶数（= 2）的概率都是 $\frac{1}{2}$.

考虑下面两个问题："若事件 F 已经发生，则事件 E 发生的概率是多少？""事件 E 发生的概率是多少？"当然，答案分别是 $\mu_F(E)$ 和 $\mu(E)$. 在某些条件下，例如前面的那个例子，对于上述两个问题，答案是相等的；也就是说，事件 F 是否发生并不影响事件 E 发生的概率. 在这种情形下，我们很自然地想到用"独立"与"无关"这些词来描述它们之间的关系：事件 E 的概率分布与事件 F 无关. 更精确地说，若 $\mu_F(E) = \mu(E)$，则事件 E 和 F 是相互独立的. 回顾 $\mu_F(E)$ 的定义，可以将独立事件的定义表达成更为对称且常用的形式：当且仅当 $\mu(E \cap F) = \mu(E)\mu(F)$ 时，称事件 E 和 F 概率无关（统计无关或随机无关）.

假定我们希望对同一实验进行两次独立试验，例如，将一颗均匀的骰子连续掷两次. 在这种组合试验的情况下，每次得出的结果不再是一个数，而是一对数 (x_1, x_2). 与这种组合对应的测度空间中的点，即原测度空间与其自身的笛卡儿乘积空间中的点. 现在的问题是，要在乘积空间中确定概率，即测度. 例如，考虑事件 $E = $"$x_1 < 3$" 和 $F = $"$x_2 < 4$"，我们有 $\mu(E) = \frac{1}{3}$，$\mu(F) = \frac{1}{2}$. 若将试验的独立性转化为任意两个事件 E 和 F 的独立性，那么必然有 $\mu(E \cap F) = \frac{1}{6}$.

根据上段的讨论可知，若一个试验在数学上由一个测度空间 $(X, \mathbf{S}, \mu)$ 给出，那么，两个互相独立的同样的试验组合，在数学上就由 $(X, \mathbf{S}, \mu)$ 与其自身的笛卡儿乘积空间给出.

正如由同一个试验的两次重复可得到二维笛卡儿乘积空间，任意有限的 n 次重复，就可以得到 n 维笛卡儿乘积空间. 这个过程也可以推广到无限维的情形：在数学上，一个试验的无限多次相互独立的重复，就得到一个无限维笛卡儿乘积空间. 事实上，尽管一个试验的无限多次相互独立的重复难以想象，但考虑无限维乘积空间是有意义的. 关键在于，许多概率的命题是关于大量试验或对事件的发生进行长期观察的结论，要想精确地描述这类命题，就要利用严格的极限理论.

引言到此结束，从下一节开始，我们详细研究概率论中的基本概念及结论.

§45. 独立性

满足 $\mu(X) = 1$ 的全有限测度空间 $(X, \mathbf{S}, \mu)$ 称为**概率空间**，定义在概率空间上的测度 μ 称为**概率测度**.

设 $\mathbf{E}$ 是概率空间 $(X, \mathbf{S}, \mu)$ 中可测集的有限或无限类，若对于 $\mathbf{E}$ 中不相同集合的每一个有限类 $\{E_i : i = 1, \cdots, n\}$ 都有

$$\mu\left(\bigcap_{i=1}^{n} E_i\right) = \prod_{i=1}^{n} \mu(E_i),$$

则称类 $\mathbf{E}$ 中的集合是（随机）**独立的**. 若 $\mathbf{E}$ 中只包含两个集合 E 和 F，则独立性的条件表示为

$$\mu(E \cap F) = \mu(E)\mu(F).$$

例如，取 X 为具有勒贝格测度的单位正方形 $\{(x, y) : 0 \leqslant x \leqslant 1, 0 \leqslant y \leqslant 1\}$，令

$$E = \{(x, y) : 0 \leqslant x \leqslant 1, a \leqslant y \leqslant b\},$$
$$F = \{(x, y) : c \leqslant x \leqslant d, 0 \leqslant y \leqslant 1\},$$

其中 a, b, c, d 是单位闭区间 $[0, 1]$ 中任意的数，则可得 E 和 F 是相互独立的. 注意，要使得一个类 $\mathbf{E}$（即使 $\mathbf{E}$ 是一个有限类）中的集合是独立的，只要求 $\mathbf{E}$ 中不相同的集合两两独立是不充分的.

设 $\mathcal{E}$ 是定义在概率空间 $(X, \mathbf{S}, \mu)$ 上的实值可测函数的有限或无限的集合，若对于 $\mathcal{E}$ 中不相同函数的每一个有限子集 $\{f_i : i = 1, \cdots, n\}$，以及实直线上博雷尔集的每一有限类 $\{M_i : i = 1, \cdots, n\}$，都满足

$$\mu\left(\bigcap_{i=1}^{n}\{x : f_i(x) \in M_i\}\right) = \prod_{i=1}^{n} \mu\left(\{x : f_i(x) \in M_i\}\right),$$

则称集合 $\mathcal{E}$ 中的函数是（随机）**独立**的. 这个条件的一个等价说法是：若对于 $\mathcal{E}$ 中的每一个函数 f, 按照任意的方式选择实直线上的一个博雷尔集 M_f, 则类 $\mathbf{E} = \{f^{-1}(M_f) : f \in \mathcal{E}\}$ 中的集合是相互独立的. 下面给出两个独立函数的例子, 如前, 取单位正方形作为 X, 则由等式 $f(x,y) = x$ 和 $g(x,y) = y$ 分别定义的函数 f 和 g 是相互独立的.

独立集和独立函数的例子指出, 随机独立性和笛卡儿乘积空间的概念之间存在着非常密切的联系. 事实上, 假定 f_1 和 f_2 是定义在概率空间 $(X, \mathbf{S}, \mu)$ 上的两个独立函数, 考虑从 X 到欧几里得平面上的变换

$$T(X) = (f_1(x), f_2(x)).$$

若平面中的可测性是博雷尔意义下的, 那么 X 是可测集, 且 f_1 和 f_2 都是可测函数, 这意味着 T 是一个可测变换. 类似地, f_1 和 f_2 本身都是 X 到实直线的可测变换. 与独立性的概念进行直接比较, 可以看出, 函数 f_1 和 f_2 的独立性可以由等式

$$\mu T^{-1} = \mu f_1^{-1} \times \mu f_2^{-1}$$

很简单地表示出来（若以记号 $f_1 \times f_2$ 来表示变换 T, 则上面这个等式取分配律的形式）. 若在平面上定义函数 g_1 和 g_2 为

$$g_1(y_1, y_2) = y_1 \quad 和 \quad g_2(y_1, y_2) = y_2,$$

则容易验证 $f_1 = g_1 T$ 和 $f_2 = g_2 T$. 根据上面的简单分析, 我们可以得到下面的非平凡结论.

定理 A　设 f_1 和 f_2 是独立函数, 都不是几乎处处为零, 则 f_1 和 f_2 都为可积函数当且仅当其乘积 $f_1 f_2$ 是可积函数. 在此基础上我们有

$$\int f_1 f_2 \mathrm{d}\mu = \int f_1 \mathrm{d}\mu \cdot \int f_2 \mathrm{d}\mu.$$

证明　利用上面引入的记号, 可以看出（根据定理 39.C）, 对于 $i = 1, 2$, $|f_i|$ 的可积性等价于 g_i 的可积性. 再由富比尼定理, 若 $|g_1|$ 和 $|g_2|$ 是可积的, 则 $|g_1 g_2|$ 是可积的. 反之, 若 $|g_1 g_2|$ 是可积的, 则 $|g_1 g_2|$ 的几乎每一个截口都是可积的, 因为每一个这样的截口都是 $|g_1|$ 或 $|g_2|$ 与一个常数的乘积. 由已知条件, f_1 和 f_2 都不是几乎处处为零的, 所以这些常数因子不等于零. 由此可见, 若 $|g_1 g_2|$ 是可积的, 则 $|g_1|$ 和 $|g_2|$ 都是可积的. 最后, 再应用定理 39.C 可得, $|g_1 g_2|$ 是可积的当且仅当 $|f_1 f_2|$ 是可积的, 定理中关于可积性的部分就得到了证明. 定理的第二部分来自于富比尼定理. ∎

乘积空间在独立函数研究中的应用远远超过了上述推理所指出的简单情形. 例如, 设 $\{f_n\}$ 是独立函数的序列, Y 是实直线序列的笛卡儿乘积空间, 其中每一个实直线中的可测性都是在博雷尔意义下定义的. 若对于每一个 x 令

$$T(x) = (f_1(x), f_2(x), \cdots),$$

则 T 是从 X 到 Y 的可测变换. f_n 是独立函数的充分必要条件是 $\mu T^{-1} = \mu f_1^{-1} \times \mu f_2^{-1} \times \cdots$. 对于 $n = 1, 2, \cdots$, 若在 Y 上定义函数 g_n 为取坐标的函数, 即 $g_n(y_1, y_2, \cdots) = y_n$, 则 $f_n = g_n T$. 对于函数的任意 (有限、可数、不可数) 集合, 类似的结论也成立.

定理 B 设 $\{f_{ij} : i = 1, \cdots, k; j = 1, \cdots, n_i\}$ 是独立函数的集合. 对于 $i = 1, \cdots, k$, 若 ϕ_i 是 n_i 个实变量的实值博雷尔可测函数, 且

$$f_i(x) = \phi_i\big(f_{i1}(x), \cdots, f_{in_i}(x)\big),$$

则函数 $f_1, \cdots, f_k$ 是独立的.

证明 这个定理是前述乘积空间和独立性的关系的简单应用. 对于 $i = 1, \cdots, k$ 和 $j = 1, \cdots, n_i$, 设 Y_{ij} 是实直线, 令 $Y = \bigtimes_{ij} Y_{ij}$. 若记

$$T(x) = \big(f_{11}(x), \cdots, f_{1n_1}(x), \cdots, f_{k1}(x), \cdots, f_{kn_k}(x)\big),$$
$$g_{ij}\big(y_{11}, \cdots, y_{1n_1}, \cdots, y_{k1}, \cdots, y_{kn_k}\big) = y_{ij},$$
$$g_i = \phi_i\big(g_{i1}, \cdots, g_{in_i}\big),$$

则 $f_i = g_i T$. 显然, 函数 g_i 是独立的, 所以函数 f_i 也是独立的. ∎

我们引入概率论中一个常用的术语来结束本节. 设 f 是定义在概率空间 $(X, \mathbf{S}, \mu)$ 上的实值可测函数, 使得 f^2 是可积的, 则由施瓦茨不等式 (即当 $p = 2$ 时的赫尔德不等式, 见定理 42.A) 可知, f 本身也是可积的, 事实上我们有

$$\left(\int f \mathrm{d}\mu\right)^2 \leqslant \int f^2 \mathrm{d}\mu.$$

若令 $\int f \mathrm{d}\mu = \alpha$, 则 f 的**方差** (记为 $\sigma^2(f)$) 定义为 $\sigma^2(f) = \int(f - \alpha)^2 \mathrm{d}\mu$. 因为常数函数在整个概率空间上的积分值就等于该常数的值, 所以, 乘出最后的这个积分, 根据 α 的定义, 我们有

$$\sigma^2(f) = \left(\int f^2 \mathrm{d}\mu\right) - \left(\int f \mathrm{d}\mu\right)^2.$$

显然, 对于任意实数 c 有 $\sigma^2(cf) = c^2 \sigma^2(f)$.

定理 C 若 f 和 g 是具有有限方差的独立函数，则

$$\sigma^2(f+g) = \sigma^2(f) + \sigma^2(g).$$

证明 我们有

$$
\begin{aligned}
\sigma^2(f+g) &= \int (f+g)^2 \mathrm{d}\mu - \left(\int (f+g)\mathrm{d}\mu \right)^2 \\
&= \int f^2 \mathrm{d}\mu + 2\int fg\mathrm{d}\mu + \int g^2 \mathrm{d}\mu \\
&\quad - \left(\int f\mathrm{d}\mu \right)^2 - 2\left(\int f\mathrm{d}\mu \right)\left(\int g\mathrm{d}\mu \right) - \left(\int g\mathrm{d}\mu \right)^2.
\end{aligned}
$$

由定理 A 可知结论成立. ■

习题

1. 设 F 是概率空间 $(X, \mathbf{S}, \mu)$ 中具有正测度的可测集, 若对于每一个可测集 E, 令 $\mu_F(E) = \mu(F \cap E)/\mu(F)$, 则 μ_F 是定义在 $\mathbf{S}$ 上满足 $\mu_F(F) = 1$ 的概率测度. 集合 E 和 F 是独立的, 当且仅当 $\mu_F(E) = \mu(E)$. 称 $\mu_F(E)$ 为 E 在给定 F 下的**条件概率**.

2. 设 $\{E_i : i = 1, \cdots, n\}$ 是具有正测度的可测集的有限类, 则

$$\mu(E_1 \cap \cdots \cap E_n) = \mu(E_1)\mu_{E_1}(E_2)\cdots\mu_{E_1 \cap \cdots \cap E_{n-1}}(E_n).$$

这个结果就是条件概率的**乘法定理**.

3. 设 $\{E_i : i = 1, \cdots, n\}$ 是具有正测度的不相交可测集的有限类, 它们的并集是 X（即 $\{E_i\}$ 是 X 的一个分割）, 则对于每一个可测集 F 有 $\mu(F) = \sum_{i=1}^n \mu(E_i)\mu_{E_i}(F)$. 并且, 若 F 具有正测度, 则

$$\mu_F(E_j) = \frac{\mu(E_j)\mu_{E_j}(F)}{\sum_{i=1}^n \mu(E_i)\mu_{E_i}(F)}.$$

这个结果称为**贝叶斯定理**.

4. 设 $\{E_i : i = 1, \cdots, n\}$ 和 $\{F_j : j = 1, \cdots, m\}$ 是 X 的两个分割, 若对于 $i = 1, \cdots, n$ 和 $j = 1, \cdots, m$ 有 $\mu(E_i \cap F_j) = \mu(E_i)\mu(F_j)$, 则称这两个分割是独立的. 两个集合 E 和 F 是独立的, 当且仅当分割 $\{E, E'\}$ 和 $\{F, F'\}$ 是独立的.

5. 设 $X = \{x : 0 \leqslant x \leqslant 1\}$ 是具有勒贝格测度的单位区间. 对于每一个正整数 n, 在 X 上定义一个函数 f_n 如下:

$$f_n(x) = \begin{cases} +1, & \text{若 } i \text{ 为奇数}, \\ -1, & \text{若 } i \text{ 为偶数}, \end{cases} \quad \text{其中 } \frac{i-1}{2^n} \leqslant x < \frac{i}{2^n}.$$

函数 f_n 称为拉德马赫函数. f_1、f_2 和 $f_1 f_2$ 中的任意两个相互独立, 但这三个函数不是相互独立的.

6. 设 f 和 g 是独立可积函数，M 是实直线上的博雷尔集. 若 $E = f^{-1}(M)$，则

$$\int_E fg\mathrm{d}\mu = \int_E f\mathrm{d}\mu \cdot \int_E g\mathrm{d}\mu.$$

提示：因为 $\chi_E(x) = \chi_M(f(x))$，所以根据定理 B，f 与 $\chi_M(f)$ 之积和 g 是独立的.

7. 设 f 和 g 是具有有限方差的可测函数，满足 $\sigma(f)\sigma(g) \neq 0$，则称

$$r(f, g) = \frac{\int fg\mathrm{d}\mu - \int f\mathrm{d}\mu \cdot \int g\mathrm{d}\mu}{\sigma(f)\sigma(g)}$$

为 f 和 g 的**相关系数**，其中 $\sigma(f) = \sqrt{\sigma^2(f)}$ 称为 f 的**标准差**. 若 $r(f, g) = 0$，则称函数 f 和 g 是**不相关的**. 若 f 和 g 是独立的，则它们是不相关的. $\sigma^2(f+g) = \sigma^2(f) + \sigma^2(g)$，当且仅当 f 和 g 是不相关的.

8. 若 f 和 g 是不相关的，则它们是不是独立的？提示：取单位区间作为 X，令 $f(x) = \sin 2\pi x$，$g(x) = \cos 2\pi x$.

9. 设 f 和 g 是两个独立可积函数，使得 $(f+g)^2$ 是可积的，则 f^2 和 g^2 都是可积的.

§46. 独立函数级数

在本节中，我们将处理给定的概率空间 $(X, \mathbf{S}, \mu)$. 我们的第一个结论是著名的柯尔莫哥洛夫不等式.

定理 A　对于 $i = 1, \cdots, n$，设 f_i 是独立函数，使得 $\int f_i\mathrm{d}\mu = 0$，$\int f_i^2\mathrm{d}\mu < \infty$. 若 $f(x) = \bigcup_{k=1}^n \left| \sum_{i=1}^k f_i(x) \right|$（即 f 是 f_i 的部分和的绝对值的最大值），则对于任意正数 ε 有

$$\mu\left(\{x : |f(x)| \geqslant \varepsilon\}\right) \leqslant \frac{1}{\varepsilon^2} \sum_{k=1}^n \sigma^2(f_k).$$

证明　我们记

$$E = \{x : |f(x)| \geqslant \varepsilon\}, \qquad s_k = \sum_{i=1}^k f_i,$$

$$E_k = \{x : |s_k(x)| \geqslant \varepsilon\} \cap \bigcap_{1 \leqslant i < k} \{x : |s_i(x)| < \varepsilon\}.$$

我们有

$$\int_{E_k} s_n^2\mathrm{d}\mu = \int_{E_k} s_k^2\mathrm{d}\mu + \mu(E_k) \sum_{k < i \leqslant n} \int f_i^2\mathrm{d}\mu \geqslant \int_{E_k} s_k^2\mathrm{d}\mu \geqslant \mu(E_k)\varepsilon^2.$$

因为 $E = \bigcup_{k=1}^n E_k$，且集合 E_k 是互不相交的，所以

$$\sum_{k=1}^n \sigma^2(f_k) = \int (f_1 + \cdots + f_n)^2\mathrm{d}\mu \geqslant \int_E s_n^2\mathrm{d}\mu$$

$$= \sum_{k=1}^n \int_{E_k} s_n^2\mathrm{d}\mu \geqslant \sum_{k=1}^n \mu(E_k)\varepsilon^2 = \mu(E)\varepsilon^2. \qquad \blacksquare$$

定理 B　设 $\{f_n\}$ 是独立函数序列，使得 $\int f_n \mathrm{d}\mu = 0$ 且 $\sum_{n=1}^{\infty} \sigma^2(f_n) < \infty$，则级数 $\sum_{n=1}^{\infty} f_n(x)$ 几乎处处收敛.

证明　我们记

$$s_n(x) = \sum_{i=1}^{n} f_i(x), \quad n = 1, 2, \cdots,$$

$$a_m(x) = \sup\left\{\left|s_{m+k}(x) - s_m(x)\right| : k = 1, 2, \cdots\right\},$$

$$a(x) = \inf\left\{a_m(x) : m = 1, 2, \cdots\right\},$$

则级数 $\sum_{n=1}^{\infty} f_n(x)$ 在 x 处收敛当且仅当 $a(x) = 0$. 根据柯尔莫哥洛夫不等式，对于任意正数 ε 和每一对正整数 m, n，我们有

$$\mu\left(\left\{x : \bigcup_{k=1}^{n}\left|s_{m+k}(x) - s_m(x)\right| \geqslant \varepsilon\right\}\right) \leqslant \frac{1}{\varepsilon^2} \sum_{k=m+1}^{m+n} \sigma^2(f_k),$$

因此

$$\mu\left(\{x : a_m(x) \geqslant \varepsilon\}\right) \leqslant \frac{1}{\varepsilon^2} \sum_{k=m+1}^{\infty} \sigma^2(f_k).$$

从而有

$$\mu\left(\{x : a(x) \geqslant \varepsilon\}\right) \leqslant \frac{1}{\varepsilon^2} \sum_{k=m+1}^{\infty} \sigma^2(f_k).$$

因为级数 $\sum_{n=1}^{\infty} \sigma^2(f_n)$ 收敛，所以 $\mu\left(\{x : a(x) \geqslant \varepsilon\}\right) = 0$. 再由 ε 的任意性，即得定理的结论.　∎

下面这个定理是其逆命题.

定理 C　设 $\{f_n\}$ 是独立函数序列，c 是一个正的常数，使得 $\int f_n \mathrm{d}\mu = 0$ 且 $|f_n(x)| \leqslant c \,(n = 1, 2, \cdots)$ 几乎处处成立. 若级数 $\sum_{n=1}^{\infty} f_n(x)$ 在一个具有正测度的集合上收敛，则

$$\sum_{n=1}^{\infty} \sigma^2(f_n) < \infty.$$

证明　若 $s_0(x) = 0$，$s_n(x) = \sum_{i=1}^{n} f_i(x) \,(n = 1, 2, \cdots)$，则根据叶戈罗夫定理（见习题 21.2），存在正数 d 使得集合

$$E = \bigcap_{n=0}^{\infty}\left\{x : \left|s_n(x)\right| \leqslant d\right\}$$

有正测度. 若我们记

$$E_n = \bigcap_{i=1}^{n}\left\{x : \left|s_i(x)\right| \leqslant d\right\}, \quad n = 1, 2, \cdots,$$

则 $\{E_n\}$ 是递减集合序列, 其交集是 E. 若

$$F_n = E_{n-1} - E_n, \quad n = 1, 2, \cdots,$$

$$\alpha_n = \int_{E_n} s_n^2 \mathrm{d}\mu, \quad n = 0, 1, 2, \cdots,$$

则

$$
\begin{aligned}
\alpha_n - \alpha_{n-1} &= \int_{E_{n-1}} s_n^2 \mathrm{d}\mu - \int_{F_n} s_n^2 \mathrm{d}\mu - \int_{E_{n-1}} s_{n-1}^2 \mathrm{d}\mu \\
&= \int_{E_{n-1}} f_n^2 \mathrm{d}\mu + 2 \int_{E_{n-1}} f_n s_{n-1} \mathrm{d}\mu - \int_{F_n} s_n^2 \mathrm{d}\mu, \quad n = 1, 2, \cdots.
\end{aligned}
$$

因为

$$\int_{E_{n-1}} f_n^2 \mathrm{d}\mu = \mu(E_{n-1}) \sigma^2(f_n) \quad \text{且} \quad \int_{E_{n-1}} f_n s_{n-1} \mathrm{d}\mu = 0,$$

又因为对于 $n = 1, 2, \cdots$ 有 $\mu(E_{n-1}) \geqslant \mu(E)$ 且对于 $x \in F_n$ 有 $|s_n(x)| \leqslant c + d$, 所以

$$\alpha_n - \alpha_{n-1} \geqslant \mu(E) \sigma^2(f_n) - (c+d)^2 \mu(F_n), \quad n = 1, 2, \cdots.$$

对 n 从 1 到 k 求和, 得

$$d^2 \geqslant \mu(E_k) d^2 \geqslant \alpha_k \geqslant \mu(E) \sum_{n=1}^{k} \sigma^2(f_n) - (c+d)^2. \quad \blacksquare$$

定理 B 和定理 C 表明, 若 $\{f_n\}$ 是一致有界独立函数序列, 使得 $\int f_n \mathrm{d}\mu = 0$ ($n = 1, 2, \cdots$), 则级数 $\sum_{n=1}^{\infty} f_n(x)$ 或者几乎处处收敛, 或者几乎处处发散. 这个级数的收敛点集的测度或者是 0, 或者是 1.

定理 D 设 $\{f_n\}$ 是独立函数序列, c 是一个正的常数, 使得 $|f_n(x)| \leqslant c$ ($n = 1, 2, \cdots$) 几乎处处成立, 则级数 $\sum_{n=1}^{\infty} f_n(x)$ 几乎处处收敛当且仅当级数 $\sum_{n=1}^{\infty} \int f_n \mathrm{d}\mu$ 和 $\sum_{n=1}^{\infty} \sigma^2(f_n)$ 都收敛.

证明 设函数序列 $\{g_n\}$ 定义为

$$g_n(x) = f_n(x) - \int f_n \mathrm{d}\mu, \quad n = 1, 2, \cdots,$$

对 $\{g_n\}$ 应用定理 B, 就可以证明充分性成立. 为了证明必要性, 我们考虑 X 和其自身的笛卡儿乘积空间, 在这个空间上定义函数序列 $h_n(x, y) = f_n(x) - f_n(y)$ ($n = 1, 2, \cdots$). 因为级数 $\sum_{n=1}^{\infty} f_n(x)$ 几乎处处收敛蕴涵级数 $\sum_{n=1}^{\infty} h_n(x, y)$ 几乎处处收敛, 又因为

$$\int h_n \mathrm{d}(\mu \times \mu) = 0,$$

所以由定理 C 可知 $\sum_{n=1}^{\infty} \sigma^2(h_n) < \infty$. 然而, 因为 $\sigma^2(h_n) = 2\sigma^2(f_n)$, 所以 $\sum_{n=1}^{\infty} \sigma^2(f_n) < \infty$. 因为 $\sigma^2(g_n) = \sigma^2(f_n)$, 所以根据定理 B, 级数 $\sum_{n=1}^{\infty} g_n(x)$ 几乎处处收敛. 因此, 由关系式

$$\int f_n \mathrm{d}\mu = f_n(x) - g_n(x), \quad n = 1, 2, \cdots$$

可知, 级数 $\sum_{n=1}^{\infty} \int f_n \mathrm{d}\mu$ 收敛. ■

前述的关于级数的所有结论都包含在下面这个一般定理中, 这个定理称为柯尔莫哥洛夫三级数定理.

定理 E　设 $\{f_n\}$ 是独立函数序列, c 是一个正的常数, 令

$$E_n = \big\{x : \big|f_n(x)\big| \leqslant c\big\}, \quad n = 1, 2, \cdots,$$

那么级数 $\sum_{n=1}^{\infty} f_n(x)$ 几乎处处收敛当且仅当下面的三个级数都收敛.

$$(a) \qquad\qquad\qquad \sum_{n=1}^{\infty} \mu(E_n'),$$

$$(b) \qquad\qquad\qquad \sum_{n=1}^{\infty} \int_{E_n} f_n \mathrm{d}\mu,$$

$$(c) \qquad \sum_{n=1}^{\infty} \left(\int_{E_n} f_n^2 \mathrm{d}\mu - \left(\int_{E_n} f_n \mathrm{d}\mu \right)^2 \right).$$

证明　如果我们记

$$g_n(x) = \begin{cases} f_n(x) \\ c \end{cases} \quad 和 \quad h_n(x) = \begin{cases} f_n(x) \\ -c \end{cases}, \quad 若 \quad \begin{cases} \big|f_n(x)\big| \leqslant c \\ \big|f_n(c)\big| > c \end{cases},$$

那么, 显然级数

$$\sum_{n=1}^{\infty} f_n(x), \quad \sum_{n=1}^{\infty} g_n(x), \quad \sum_{n=1}^{\infty} h_n(x)$$

在相同的点处收敛. 根据定理 D (分别用在 $\{g_n\}$ 和 $\{h_n\}$ 上), $\sum_{n=1}^{\infty} f_n(x)$ 几乎处处收敛当且仅当级数

$$(d) \qquad\qquad\qquad \sum_{n=1}^{\infty} \left(\int_{E_n} f_n \mathrm{d}\mu \pm c\mu(E_n') \right),$$

$$(e) \quad \sum_{n=1}^{\infty} \left(\int_{E_n} f_n^2 \mathrm{d}\mu - \left(\int_{E_n} f_n \mathrm{d}\mu \right)^2 + c^2 \mu(E_n) \mu(E_n') \mp 2c\mu(E_n') \int_{E_n} f_n \mathrm{d}\mu \right)$$

都收敛. 容易验证, 级数 (d) 和 (e) 的收敛性 (在符号 ± 和 ∓ 的两两配合下) 等价于级数 (a)(b)(c) 的收敛性. 在验证时, 除了简单的加减法外, 只需注意到, 收敛级数的各项是有界的, 两个收敛级数 (其中一个级数是非负的) 的乘积级数是收敛的. ■

习题

1. 下面这个结果称为**切比雪夫不等式**, 前述平均收敛性和依测度收敛性的讨论, 其实已经包含了这个结论. 若 f 是具有有限方差的可测函数, 则对于任意正数 ε 有

$$\mu\left(\left\{x : \left|f(x) - \int f\mathrm{d}\mu\right| \geqslant \varepsilon\right\}\right) \leqslant \frac{1}{\varepsilon^2}\sigma^2(f).$$

当 $n = 1$ 时, 柯尔莫哥洛夫不等式即为切比雪夫不等式. 沿用定理 A 中的记号, 因为

$$\{x : |f(x)| \geqslant \varepsilon\} = \bigcup_{k=1}^{n}\left\{x : \left|\sum_{i=1}^{k} f_i(x)\right| \geqslant \varepsilon\right\},$$

对每一个部分和应用切比雪夫不等式, 可得

$$\mu\left(\{x : |f(x)| \geqslant \varepsilon\}\right) \leqslant \frac{1}{\varepsilon^2}\sum_{k=1}^{n}(n-k+1)\sigma^2(f_k).$$

2. 若考虑拉德马赫函数序列 $\{f_n\}$ (见习题 45.5), 可以得到定理 D 的一个有趣的特殊情形. 设 $\{c_n\}$ 是一个实数序列, 则当级数 $\sum_{n=1}^{\infty} c_n^2$ 收敛或发散时, 级数 $\sum_{n=1}^{\infty} c_n f_n(x)$ 几乎处处收敛或几乎处处发散. 用概率论的语言来说, 级数 $\sum_{n=1}^{\infty} \pm c_n$ 以概率 1 收敛的充分必要条件是级数 $\sum_{n=1}^{\infty} c_n^2$ 收敛, 这里我们假定, 级数 $\sum_{n=1}^{\infty} \pm c_n$ 中的每一项取正号或负号是等可能的, 并且它们的取法是互不相关的.

3. 事实上, 独立函数级数的收敛点集的测度一定是 0 或 1. 这一事实是下面这个更为一般原理的推论, 这个原理称为**零一律**. 假设概率空间 X 是概率空间序列 $\{X_n\}$ 的笛卡儿积. 若对于每一个正整数 n, 令 $J_n = \{n+1, n+2, \cdots\}$, 并且对每一个 n, X 中的可测集 E 是一个 J_n 柱面, 则 $\mu(E) = 0$ 或 1. 提示: 对于每一个可测集 F, 令 $\nu(F) = \mu(E \cap F)$. 若 F 是一个 J 柱面, 其中 J 是一个有限集, 则 $\nu(F) = \mu(E)\mu(F)$. 因为定义在 X 上的所有可测子集的类上的有限测度是由其在 J 柱面上的值唯一确定的, 所以将 F 换为 E, 上式仍成立.

4. 设 $\{E_n\}$ 是独立集合序列, 则 $\mu(\limsup_n E_n) = 0$ 当且仅当 $\sum_{n=1}^{\infty} \mu(E_n) < \infty$ (见习题 9.6). 这个结果称为**博雷尔-坎泰利引理**. 提示: 令 χ_n 是 E_n 的特征函数, 对序列 $\{\chi_n\}$ 应用定理 D.

5. 两个序列 $\{f_n\}$ 和 $\{g_n\}$, 若满足

$$\sum_{n=1}^{\infty} \mu\left(\{x : f_n(x) \neq g_n(x)\}\right) < \infty,$$

则称其在辛钦意义下是**等价的**. 设 $\{f_n\}$ 是独立函数序列, 则级数 $\sum_{n=1}^{\infty} f_n(x)$ 几乎处处收敛的充分必要条件是存在与 $\{f_n\}$ 等价的具有有限方差的独立函数序列 $\{g_n\}$, 使得级数 $\sum_{n=1}^{\infty} \int g_n \mathrm{d}\mu$ 和 $\sum_{n=1}^{\infty} \sigma^2(g_n)$ 都收敛.

6. 设 $\{f_n\}$ 是可积函数序列, f 是具有有限方差的可测函数, 使得对于每一个正整数 n, 函数

$$f_1, \cdots, f_n, f - (f_1 + \cdots + f_n)$$

互相独立, 则每一个 f_n 都是具有有限方差的, 且级数

$$\sum_{n=1}^{\infty} \left(f_n(x) - \int f_n \mathrm{d}\mu \right)$$

几乎处处收敛. 提示: 应用习题 45.9 和柯尔莫哥洛夫三级数定理.

§47. 大数定律

在概率论中有一系列的极限定理, 统称为大数定律. 在本节中, 我们给出两个典型的定理, 第一个定理称为**伯努利定理**或**弱大数定律**.

定理 A 设 $\{f_n\}$ 是具有有限方差的独立函数序列, 对于 $n = 1, 2, \cdots$ 有 $\int f_n \mathrm{d}\mu = 0$, 且

$$\lim_n \frac{1}{n^2} \sum_{i=1}^{n} \sigma^2(f_i) = 0,$$

则平均值序列 $\left\{ \frac{1}{n} \sum_{i=1}^{n} f_i \right\}$ 依测度收敛到 0.

证明 因为 σ^2 是二次齐次函数, 而独立函数又是可加的, 所以

$$\int \left(\frac{1}{n} \sum_{i=1}^{n} f_i \right)^2 \mathrm{d}\mu = \sigma^2 \left(\frac{1}{n} \sum_{i=1}^{n} f_i \right) = \frac{1}{n^2} \sum_{i=1}^{n} \sigma^2(f_i).$$

换句话说, 定理的假设条件等价于平均值序列二阶平均收敛到 0 (即在空间 $\mathcal{L}_2$ 中收敛到 0), 从这个条件就可以推出依测度收敛. ■

设 f 和 g 是定义在概率空间 $(X, \mathbf{S}, \mu)$ 上的两个实值可测函数, 若对于实直线上的所有博雷尔集 M, 满足 $\mu(f^{-1}(M)) = \mu(g^{-1}(M))$, 则称 f 和 g 具有同**样分布**. 容易验证, 若 f 和 g 是具有同样分布的可积函数, 对于实直线上的某一个博雷尔集 M, 令 $F = f^{-1}(M)$, $G = g^{-1}(M)$, 则 $\int_F f \mathrm{d}\mu = \int_G g \mathrm{d}\mu$. 在伯努利定理中, 若函数序列 $\{f_n\}$ 的任何两项都具有同样分布, 就可以得到大数定律的一种特殊情形. 也就是说, 对于每一个正整数 n, 有 $\sigma^2(f_n) = \sigma^2(f_1)$, 从而有 $\frac{1}{n^2} \sum_{i=1}^{n} \sigma^2(f_i) = \frac{1}{n} \sigma^2(f_1)$, 因此, 自然满足方差序列 $\{\sigma^2(f_n)\}$ 的条件.

为了证明较强形式的大数定律, 要用到下面两个初等分析中的定理.

定理 B 设实数序列 $\{y_n\}$ 的极限是有限值 y, 则 $\lim_n \frac{1}{n} \sum_{i=1}^{n} y_i = y$.

证明 对于任意正数 ε，存在正整数 n_0，使得当 $n > n_0$ 时有 $|y_n - y| < \frac{\varepsilon}{2}$。设 n_1 是大于 n_0 的正整数，并满足

$$\frac{1}{n_1} \sum_{i=1}^{n_0} |y_i - y| < \frac{\varepsilon}{2}.$$

若 $n > n_1$，则

$$\left| \left(\frac{1}{n} \sum_{i=1}^{n} y_i \right) - y \right| = \left| \frac{1}{n} \sum_{i=1}^{n} (y_i - y) \right|$$

$$\leqslant \left| \frac{1}{n} \sum_{i=1}^{n_0} (y_i - y) \right| + \left| \frac{1}{n} \sum_{i=n_0+1}^{n} (y_i - y) \right|$$

$$< \frac{1}{n_1} \sum_{i=1}^{n_0} |y_i - y| + \frac{n - n_0}{n} \cdot \frac{\varepsilon}{2} < \varepsilon. \quad \blacksquare$$

定理 C 设 $\{y_n\}$ 是一个实数序列，使得级数 $\sum_{n=1}^{\infty} \frac{1}{n} y_n$ 收敛，则 $\lim_n \frac{1}{n} \sum_{i=1}^{n} y_i = 0$.

证明 令

$$s_0 = 0, \quad s_n = \sum_{i=1}^{n} \frac{1}{i} y_i, \quad t_n = \sum_{i=1}^{n} y_i, \quad n = 1, 2, \cdots.$$

因为 $y_i = i(s_i - s_{i-1})$ ($i = 1, 2, \cdots$)，且

$$t_{n+1} = \sum_{i=1}^{n+1} i s_i - \sum_{i=1}^{n+1} i s_{i-1} = -\sum_{i=1}^{n} s_i + (n+1) s_{n+1}, \quad n = 1, 2, \cdots,$$

所以

$$\frac{t_{n+1}}{n+1} = -\frac{n}{n+1} \cdot \frac{1}{n} \sum_{i=1}^{n} s_i + s_{n+1}.$$

由于数列 $\{s_n\}$ 趋向一个有限的极限，根据定理 B，数列 $\left\{ \frac{1}{n} \sum_{i=1}^{n} s_i \right\}$ 趋向同一个极限，因此

$$\lim_n \frac{t_{n+1}}{n+1} = 0. \quad \blacksquare$$

定理 D 设 $\{f_n\}$ 是具有有限方差的独立函数序列，对于 $n = 1, 2, \cdots$ 有 $\int f_n \mathrm{d}\mu = 0$，且

$$\sum_{n=1}^{\infty} \frac{\sigma^2(f_n)}{n^2} < \infty,$$

则序列 $\left\{ \frac{1}{n} \sum_{i=1}^{n} f_i \right\}$ 几乎处处收敛到 0.

我们注意到，定理 D 的假设条件和结论都比定理 A 的强. 这个定理是**强大数定律**的一种形式.

证明　对于 $n = 1, 2, \cdots$，令 $g_n(x) = \frac{1}{n} f_n(x)$，对序列 $\{g_n\}$ 应用定理 46.B. 因为对于 $n = 1, 2, \cdots$ 有 $\int g_n \mathrm{d}\mu = 0$，且

$$\sum_{n=1}^{\infty} \sigma^2(g_n) = \sum_{n=1}^{\infty} \frac{\sigma^2(f_n)}{n^2} < \infty,$$

所以级数

$$\sum_{n=1}^{\infty} \frac{1}{n} f_n(x)$$

几乎处处收敛. 再应用定理 C，即得结论. ∎

习题

1. 两个可测函数具有同样分布当且仅当它们具有同一个分布函数（见习题 18.11）.

2. 设 $\{\sigma_i^2\}$ 是非负实数序列，m 和 n 是满足 $m < n$ 的正整数，则

$$\frac{\sigma_1^2 + \cdots + \sigma_n^2}{n^2} \leqslant \frac{\sigma_1^2 + \cdots + \sigma_m^2}{n^2} + \frac{\sigma_{m+1}^2}{(m+1)^2} + \cdots + \frac{\sigma_n^2}{n^2}.$$

利用这个不等式可以证明，定理 D 的假设条件并不比定理 A 的假设条件弱. 方差为 $\sigma^2(f_n) = \frac{n+1}{\log(n+1)}$ 的独立函数序列 $\{f_n\}$ 可以用来证明定理 D 的条件确实是较强的.

3. 定理 D 中关于方差的假设条件不能再弱化. 事实上，若 $\{\sigma_n^2\}$ 是非负实数序列，使得 $\sum_{n=1}^{\infty} \frac{\sigma_n^2}{n^2} = \infty$，则存在独立函数序列 $\{f_n\}$ 使得对于 $n = 1, 2, \cdots$ 有 $\int f_n \mathrm{d}\mu = 0$，$\sigma^2(f_n) = \sigma_n^2$，且 $\{\frac{1}{n} \sum_{i=1}^{n} f_i\}$ 不能几乎处处收敛到 0. 提示：构造满足以下条件的函数 f_n：当 $\sigma_n^2 \leqslant n^2$ 时，

$$\mu(\{x : f_n(x) = n\}) = \mu(\{x : f_n(x) = -n\}) = \frac{\sigma_n^2}{2n^2},$$

$$\mu(\{x : f_n(x) = 0\}) = 1 - \frac{\sigma_n^2}{n^2},$$

当 $\sigma_n^2 > n^2$ 时，

$$\mu(\{x : f_n(x) = \sigma_n\}) = \mu(\{x : f_n(x) = -\sigma_n\}) = \frac{1}{2}.$$

我们注意到，若 $\lim_n \frac{1}{n} \sum_{i=1}^{n} y_i = 0$，则 $\lim_n \frac{1}{n} y_n = 0$，然后对 $\{x : |f_n(x)| \geqslant n\}$ 应用博雷尔-坎泰利引理.

4. 设 $\{f_n\}$ 是满足定理 D 中条件的独立函数序列，则存在等价于 $\{f_n\}$ 的独立函数序列 $\{g_n\}$，使得

$$\sum_{n=1}^{\infty} \frac{\sigma^2(g_n)}{n^2} = \infty.$$

换句话说，强大数定律的逆命题不成立.

5. 下述强大数定律的较弱形式的逆命题成立. 设 $\{f_n\}$ 是独立函数序列, c 是一个正的常数, 对于 $n = 1, 2, \cdots$ 有 $\int f_n \mathrm{d}\mu = 0$ 且 $\left|\frac{1}{n} f_n(x)\right| \leqslant c$ 几乎处处成立. 若序列 $\left\{\frac{1}{n} \sum_{i=1}^{n} f_i\right\}$ 几乎处处收敛到 0, 则对于任意正数 ε 有

$$\sum_{n=1}^{\infty} \frac{\sigma^2(f_n)}{n^{2+\varepsilon}} < \infty.$$

提示: 设 $\{y_n\}$ 是一个实数序列, 使得 $\lim_n \frac{1}{n} \sum_{i=1}^{n} y_i = 0$, 或者使得数列 $\left\{\frac{1}{n} \sum_{i=1}^{n} y_i\right\}$ 有界, 则对于任意正数 ε, 级数 $\sum_{n=1}^{\infty} \left(y_n / n^{1+\varepsilon}\right)$ 收敛.

6. 在定理 D 中, 若将条件"对于 $n = 1, 2, \cdots$ 有 $\int f_n \mathrm{d}\mu = 0$"换为 $\lim_n \frac{1}{n} \sum_{i=1}^{n} \int f_i \mathrm{d}\mu = 0$, 结论仍然成立.

7. 下面这个定理有时也称为强大数定律. 设 $\{f_n\}$ 是具有同样分布的独立可积函数序列, 使得 $\int f_n \mathrm{d}\mu = 0$, 则几乎处处有 $\lim_n \frac{1}{n} \sum_{i=1}^{n} f_i = 0$. 下面一系列断言旨在证明这个结果.

(7a) 若 $E_n = \{x : |f_1(x)| \leqslant n\}$, 则 $\sum_{n=1}^{\infty} \frac{1}{n^2} \int_{E_n} f_1^2 \mathrm{d}\mu < \infty$. 提示: 设 χ_n 表示 E_n 的特征函数, 记 $g = \sum_{n=1}^{\infty} \frac{1}{n^2} \chi_n f_1^2$. 若 $k - 1 < |f_1(x)| \leqslant k$, 则对于所有 $n < k$ 有 $\chi_n(x) = 0$. 经过简单的计算得到 $|g(x)| < 2|f_1(x)|$, 因而 g 是可积的.

(7b) 若 $F_n = \{x : |f_n(x)| \leqslant n\}$, $g_n = \chi_{F_n} f_n$, 则独立函数序列 $\{g_n\}$ 等价于 $\{f_n\}$.

(7c) $\lim_n \frac{1}{n} \sum_{i=1}^{n} \int g_i \mathrm{d}\mu = 0$. 提示: $\int g_i \mathrm{d}\mu = \int_{F_i} f_i \mathrm{d}\mu = \int_{E_i} f_1 \mathrm{d}\mu$, 而 $\{E_i\}$ 是可测集的递增序列, 它的并集是 X (见定理 B).

(7d) $\sum_{n=1}^{\infty} \frac{1}{n^2} \sigma^2(g_n) < \infty$. 提示: 注意 $\int g_n^2 \mathrm{d}\mu = \int_{F_n} f_n^2 \mathrm{d}\mu = \int_{E_n} f_1^2 \mathrm{d}\mu$, 并应用 (7a). 这说明级数 $\sum_{n=1}^{\infty} \frac{1}{n^2} \int g_n^2 \mathrm{d}\mu$ 收敛. 级数 $\sum_{n=1}^{\infty} \frac{1}{n^2} \left(\int g_n \mathrm{d}\mu\right)^2$ 的收敛性来自

$$\left(\int g_n \mathrm{d}\mu\right)^2 \leqslant \left(\int |f_1| \mathrm{d}\mu\right)^2.$$

8. 习题 7 所述的强大数定律的逆定理成立. 设 $\{f_n\}$ 是具有同样分布的独立函数序列, 使得 $\lim_n \frac{1}{n} \sum_{i=1}^{n} f_i = 0$ 几乎处处成立, 则 f_n 是可积的. 提示: 由 $\lim_n \frac{1}{n} f_n = 0$ 几乎处处成立这一条件, 再加上博雷尔-坎泰利引理, 可得级数 $\sum_{n=1}^{\infty} \mu(\{x : |f_n(x)| > n\})$ 的收敛性. 注意 $\mu(\{x : |f_n(x)| > n\}) = \mu(\{x : |f_1(x)| > n\})$, 并应用习题 27.4.

9. 对拉德马赫函数序列应用强大数定律, 得到博雷尔关于**正规数**的著名定理: 在单位区间中的几乎每一个数在其二进制展开式中包含同样数目的 0 和 1. 对于任意 r 进制展开式 ($r \geqslant 3$), 类似的结论也成立. 我们得到关于**绝对正规数**的定理: 几乎每一个数对于所有基 r 都同时是正规的.

§48. 条件概率与条件期望

设 E 和 F 是概率空间 $(X, \mathbf{S}, \mu)$ 中的可测子集, 使得 $\mu(F) \neq 0$, 我们已经由等式

$$\mu_F(E) = \frac{\mu(E \cap F)}{\mu(F)}$$

定义了 E 在条件 F 下的条件概率（见第 44 节和习题 45.1），并且关于其对 E 的依赖性进行了一些探索. 现在我们要研究 $\mu_F(E)$ 是如何依赖于 F 的. 设 F 满足 $\mu(F)$ 和 $\mu(F')$ 都不为 0，我们考虑只包含两个点 y_1 和 y_2 的可测空间 Y（此时，Y 的每一个子集都为可测集），定义 X 到 Y 中的可测变换 T 如下：若 $x \in F$ 则 $T(x) = y_1$，若 $x \in F'$ 则 $T(x) = y_2$. 对于 Y 的每一个子集 A，我们记

$$\nu_E(A) = \mu(E \cap T^{-1}(A)) \quad \text{和} \quad \nu(A) = \nu_X(A) = \mu(T^{-1}(A)),$$

那么显然有

$$\mu_F(E) = \frac{\nu_E(\{y_1\})}{\nu(\{y_1\})} \quad \text{和} \quad \mu_{F'}(E) = \frac{\nu_E(\{y_2\})}{\nu(\{y_2\})}.$$

换句话说，条件概率可以看作定义在 Y 上的一个可测函数——粗略地说，这个函数就是测度 ν_E 和 ν 的比.

将上段的结论加以推广，设 $\{F_1, \cdots, F_n\}$ 是具有正测度的不相交可测集的有限类，且 $\bigcup_{i=1}^{n} F_i = X$，考虑由 n 个点 $y_1, \cdots, y_n$ 组成的可测空间 Y. 对于 $i = 1, \cdots, n$，若尔当 $x \in F_i$ 时 $T(x) = y_i$，则 T 是 X 到 Y 的一个可测变换. 于是，条件概率又可以表示为定义在 Y 上的两个测度之比. 基于此，可得到下面的一般定义. 设 T 是概率空间 $(X, \mathbf{S}, \mu)$ 到可测空间 $(Y, \mathbf{T})$ 的可测变换，若 E 和 F 分别是 X 和 Y 中的可测集，令 $\nu_E(F) = \mu(E \cap T^{-1}(F))$，则 ν_E 和 μT^{-1}（$= \nu_X$）显然都是 $\mathbf{T}$ 上的测度，并且 $\nu_E \ll \mu T^{-1}$. 根据拉东-尼科迪姆定理，存在定义在 Y 上的可积函数 p_E，使得对于 $\mathbf{T}$ 中的每一个 F 有

$$\mu(E \cap T^{-1}(F)) = \int_F p_E(y) \mathrm{d}\mu T^{-1}(y).$$

函数 p_E 在 $[\mu T^{-1}]$ 的意义下是唯一确定的，我们称 $p_E(y)$ 为 E 在条件 y 下的**条件概率**，或者称为 E 在条件 $T(x) = y$ 下的条件概率. 有时，我们称数 $p_E(T(x))$ 为 "E 在给定值 $T(x)$ 下的条件概率". 通常将 $p_E(y)$ 记为 $p(E, y)$，当我们必须将 p 作为参数 E 的函数来考虑时，则记为 $p^y(E) = p(E, y)$.

若集合 F 满足条件 $\mu(T^{-1}(F)) \neq 0$，将用来定义 p 的等式的两端同时除以 $\mu(T^{-1}(F))$，得到

$$\mu_{T^{-1}(F)}(E) = \frac{\mu(E \cap T^{-1}(F))}{\mu(T^{-1}(F))} = \frac{1}{\mu(T^{-1}(F))} \int_F p(E, y) \mathrm{d}\mu T^{-1}(y).$$

因为这个关系式最左端是 E 在条件 $T^{-1}(F)$ 下的条件概率，所以，从形式上看，当 "F 缩成 y" 时，左端应趋向在条件 y 下的条件概率，右端应趋向被积函数 $p(E, y)$. 利用拉东-尼科迪姆定理可以严格阐述这种相当不稳定的 "差商" 方法.

定理 A 设 E 是 X 中任意给定的可测集，则

$$0 \leqslant p(E, y) \leqslant 1 \left[\mu T^{-1}\right].$$

设 $\{E_n\}$ 是 X 中不相交的可测集的固定的任意序列，则

$$p\left(\bigcup_{n=1}^{\infty} E_n, y\right) = \sum_{n=1}^{\infty} p(E_n, y) \left[\mu T^{-1}\right].$$

证明 对于 Y 中每一个可测子集 F 有 $0 \leqslant \mu\left(E \cap T^{-1}(F)\right) \leqslant 1$，由此可以得到定理中的不等式. 为了证明定理中的等式，注意到

$$\int_F p\left(\bigcup_{n=1}^{\infty} E_n, y\right) \mathrm{d}\mu T^{-1}(y) = \mu\left(\left(\bigcup_{n=1}^{\infty} E_n\right) \cap T^{-1}(F)\right)$$

$$= \sum_{n=1}^{\infty} \mu(E_n \cap T^{-1}(F)) = \sum_{n=1}^{\infty} \int_F p(E_n, y) \mathrm{d}\mu T^{-1}(y)$$

$$= \int_F \left(\sum_{n=1}^{\infty} p(E_n, y)\right) \mathrm{d}\mu T^{-1}(y),$$

然后应用拉东-尼科迪姆定理中关于唯一性的部分. ∎

定理 A 说明，函数 p^y 在某些方面很像是一个测度. 我们还可以得到更多的与测度相类似的性质和结论. 例如，可以证明：$p(X, y) = 1 \left[\mu T^{-1}\right]$；若 $E_1 \subseteq E_2$，则 $p(E_1, y) \leqslant p(E_2, y) \left[\mu T^{-1}\right]$；若 $\{E_n\}$ 是 X 中可测集的递减序列，则

$$p\left(\bigcap_{n=1}^{\infty} E_n, y\right) = \lim_n p(E_n, y) \left[\mu T^{-1}\right].$$

重要的是，必须注意那些测度为零的例外集合，在每种情形都取决于所考虑的特定集合 E_i，因此，在一般情形下不能说"对于 y 的几乎所有值 p^y 是一个测度".

前面我们用来定义 $p(E, y)$ 的等式也可以写成

$$\int_{T^{-1}(F)} \chi_E(x) \mathrm{d}\mu(x) = \int_F p(E, y) \mathrm{d}\mu T^{-1}(y).$$

更一般地，若 f 是定义在 X 上的任意可积函数，则对于 Y 中的所有可测集 F，由等式

$$\nu(F) = \int_{T^{-1}(F)} f(x) \mathrm{d}\mu(x)$$

确定的不定积分 ν 可以看作 $\mathbf{T}$ 上的广义测度. 显然, $\nu \ll \mu T^{-1}$, 因此, 根据拉东-尼科迪姆定理, 存在 Y 上的可积函数 e_f, 使得对于 $\mathbf{T}$ 中的每一个 F 有

$$\int_{T^{-1}(F)} f(x)\mathrm{d}\mu(x) = \int_F e_f(y)\mathrm{d}\mu T^{-1}(y).$$

函数 e_f 在 $\left[\mu T^{-1}\right]$ 的意义下是唯一确定的. 我们称 $e_f(y)$ 为 f 在条件 y 下的**条件期望**, 有时也将 $e_f(y)$ 记为 $e(f, y)$.

因为 p 和 e 之间的关系类似于测度和不定积分之间的关系, 所以像下面这样的等式应该成立:

$$e(f, y) = \int f(x)\mathrm{d}p^y(x).$$

但是一般说来 p^y 不一定是测度, 因此, 上式右端的积分可能是没有定义的. p 的错误行为略为放大地反映在 e 的错误行为中.

定理 B　　若 f 是 Y 上的可积函数, 则 fT 是 X 上的可积函数, 并且 $e(fT, y) = f(y)\left[\mu T^{-1}\right]$.

证明　根据定理 39.C, fT 是可积的, 并且对于 $\mathbf{T}$ 中的每一个 F 有

$$\int_{T^{-1}(F)} f\big(T(x)\big)\mathrm{d}\mu(x) = \int_F f(y)\mathrm{d}\mu T^{-1}(y). \qquad \blacksquare$$

习题

1. 假设 $(X, \mathbf{S}, \mu)$ 和 $(Y, \mathbf{S}, \nu)$ 都是概率空间, 考虑其笛卡儿乘积空间 $(X \times Y, \mathbf{S} \times \mathbf{T}, \mu \times \nu)$. 若 $T(x, y) = x$, 则 T 是 $X \times Y$ 到 X 上的可测变换. 对于 $X \times Y$ 中的每一个可测集 E 有 $p(E, x) = \nu(E_x)\,[\mu]$. 在这种情形下, p_E 对于每一个 E 有定义, 因此, 对于任意 x, p^x 是一个测度.

2. 假设 $(X, \mathbf{S}, \mu)$ 和 $(Y, \mathbf{S}, \nu)$ 都是概率空间, λ 是 $\mathbf{S} \times \mathbf{T}$ 上满足 $\lambda \ll \mu \times \nu$ 的概率测度. 令 $\lambda(E) = \int_E f\mathrm{d}(\mu \times \nu)$. 若 $T(x, y) = x$, 则对于 $X \times Y$ 中的每一个可测集 E 有

$$p(E, x) = \int \chi_E(x, y) f(x, y)\mathrm{d}\nu(y)\,[\mu].$$

3. 设 T 是概率空间 $(X, \mathbf{S}, \mu)$ 到可测空间 $(Y, \mathbf{T})$ 中的可测变换, 则对于 Y 中的每一个可测集 F 有 $p\big(T^{-1}(F), y\big) = \chi_F(y)\left[\mu T^{-1}\right]$.

4. 下面的一系列考虑说明, 要确定条件概率 $p(E, y)$, 使得 p^y 对于 y 的几乎所有值是测度, 有时是不可能的. 设 Y 是单位闭区间, $\mathbf{T}$ 是 Y 中所有博雷尔集的类, ν 是 $\mathbf{T}$ 上的勒贝格测度. 令 $X = Y$, 设 $\mathbf{S}$ 是由 $\mathbf{T}$ 与集合 M 组成的类所生成的 σ 环, 其中 M 及其补集 M' 都是 Y 中的浓厚集. 由

$$\mu\big((A \cap M) \cup (B \cap M')\big) = \nu(A)$$

定义 S 上的概率测度 μ, 其中 $A, B \in \mathbf{T}$. 考虑由 $T(x) = x$ 确定的 X 到 Y 上的变换. 假定在 $\mathbf{T}$ 中存在测度为零的集 C_0, 使得当 $y \notin C_0$ 时 p^y 是 S 上的一个测度.

(4a) 若 $D_0 = \{y : p(M, y) \neq 1\}$, 则 $\nu(D_0) = 0$.

(4b) 设 E_0 是由所有这样的点 y 组成的集合, 即 $p(T^{-1}(F), y) = \chi_F(y)$ 不能对于 $\mathbf{T}$ 中的所有 F 恒成立, 则 $\nu(E_0) = 0$. 提示: 设 $\mathbf{R}$ 是使得 $\mathbf{S}(\mathbf{R}) = \mathbf{T}$ 的可数环. 若对于 $\mathbf{R}$ 中的每一个 F, 令

$$E_0(F) = \{y : p(T^{-1}(F), y) \neq \chi_F(y)\},$$

则 $\nu(E_0(F)) = 0$. 利用以下事实: 若两个概率测度在 $\mathbf{R}$ 上相等, 则它们在 $\mathbf{T}$ 上也相等.

(4c) 若 $y \notin C_0 \cup D_0 \cup E_0$, 则 $y \in M$. 提示: 因为 $p(M, y) = 1$, $p(T^{-1}(\{y\}), y) = 1$, 并且 p^y 是一个测度, 这就意味着

$$p(M \cap T^{-1}(\{y\}), y) = 1.$$

由 (4c) 可知, 测度为 1 的博雷尔集 $C_0' \cap D_0' \cap E_0'$ 包含于集合 M, 这与 M' 为浓厚集的假设矛盾.

5. 设 X 是实直线, μ 是定义在 X 中所有博雷尔集的类 $\mathbf{S}$ 上的概率测度, 若 T 是 X 到可测空间 $(Y, \mathbf{T})$ 中的可测变换, 则可以确定条件概率 $p(E, y)$, 使得 p^y 对于 y 的几乎所有值是测度. 提示: 令 $q(x, y) = p((-\infty, x), y)$. 存在 Y 中的可测集 C_0 使得 $\mu T^{-1}(C_0) = 0$. 若 $y \notin C_0$, 则 q^y 是定义在 X 中全体有理数集上的单调函数, 对于每一个有理数 x, 有 $\lim_n q^y \left(x - \frac{1}{n}\right) = q^y(x)$. 设 $\bar{q}^y$ 是 X 上的左连续单调函数, 且当 x 为有理数时, 其与 q^y 相等; 设 $\bar{p}^y$ 是 $\mathbf{S}$ 上满足 $\bar{p}^y((-\infty, x)) = \bar{q}^y(x)$ 的测度. 记 $\bar{p}(E, y) = \bar{p}^y(E)$.

6. 设 T 是概率空间 $(X, \mathbf{S}, \mu)$ 到可测空间 $(Y, \mathbf{T})$ 中的可测变换. 若能够确定条件概率 $p(E, y)$, 使得 p^y 对于 y 的几乎所有值都是测度, 则对于 X 上的每一个可积函数 f 有

$$e(f, y) = \int f(x) \mathrm{d} p^y(x) \, [\mu T^{-1}].$$

提示: 若 f 是可测集的特征函数, 则等式成立.

7. 设 T 是概率空间 $(X, \mathbf{S}, \mu)$ 到可测空间 $(Y, \mathbf{T})$ 中的可测变换. 若 f 和 g 分别对于 μ 和 μT^{-1} 为可积函数, 使得由 $h(x) = f(x) g(T(x))$ 定义的函数 h 在 X 上可积, 则

$$e(h, y) = e(f, y) g(y) \, [\mu T^{-1}].$$

§49. 乘积空间上的测度

是否存在具有预先指定分布的独立随机变量序列? 更确切地说, 若 $\{\mu_n\}$ 是定义在实直线中所有博雷尔集的类上的概率测度序列, 是否存在概率空间 $(X, \mathbf{S}, \mu)$

及定义在 X 上的独立函数序列 $\{f_n\}$，使得对于任意博雷尔集 E 和任意正整数 n，有 $\mu(f_n^{-1}(E)) = \mu_n(E)$? 更一般地说，若 $\{(X_n, \mathbf{S}_n, \mu_n)\}$ 是概率空间序列，是否存在概率空间 $(X, \mathbf{S}, \mu)$，对于每一个正整数 n，存在 X 到 $X_1 \times \cdots \times X_n$ 中的可测变换 T_n，使得 $\mu T_n^{-1} = \mu_1 \times \cdots \times \mu_n$? 对于这些问题，定理 38.B 给出了肯定的回答.

为概率论引入独立性的概念是很重要的，同时也要强调这不是一般情形. 本节的主要目的是要表述并证明关于非独立随机变量的一个定理，这个定理是和关于独立随机变量的定理 38.B 对应的. 换句话说，该定理断言具有预先指定分布的随机变量序列必定存在. 然而，与定理 38.B 不同的是，本节的定理仅适用于一致有界实值函数. 换句话说，我们所考虑的乘积空间的每一个因子都是单位区间. 定理本身及其证明都可以推广到更为一般的情形，但都依赖于拓扑学理论. 这种奇特而又有些不受欢迎的情况似乎是不可避免的. 与下面定理 A 相似的一般测度论方面的定理，已经被证明不能成立.

假设对于每一个正整数 n，X_n 是单位闭区间，$\mathbf{S}_n$ 是 X_n 中的所有博雷尔集的类，记 $(X, \mathbf{S}) = \bigtimes_{n=1}^{\infty}(X_n, \mathbf{S}_n)$. 令 $\mathbf{F}_n$ 是由 X 中所有可测 $\{1, \cdots, n\}$ 柱面组成的 σ 环，$\mathbf{F}\left(= \bigcup_{n=1}^{\infty} \mathbf{F}_n\right)$ 是由 X 中所有可测的有限维子集组成的环（见第 38 节）.

定理 A 设 μ 是 $\mathbf{F}$ 上的集函数，若对于每一个正整数 n，μ 是 $\mathbf{F}_n$ 上的概率测度，则在 $\mathbf{S}$ 上存在 μ 的唯一概率测度扩张.

证明 定义 X 到可测空间 $Y_n = \bigtimes_{i=1}^{n} X_i$ 上的可测变换 T_n 如下：

$$T_n(x_1, \cdots, x_n, x_{n+1}, \cdots) = (x_1, \cdots, x_n), \qquad n = 1, 2, \cdots.$$

对于 Y_n 中每一个可测集 A，记 $\nu_n(A) = \mu(T_n^{-1}(A))$. 若 $\{E_i\}$ 是 $\mathbf{F}$ 中集合的递减序列，使得对于 $i = 1, 2, \cdots$ 有 $0 < \varepsilon \leqslant \mu(E_i)$，则对于每一个固定的 i，存在正整数 n 及中 Y_n 的博雷尔集 A_i，使得 $E_i = T_n^{-1}(A_i)$. 令 B_i 是 A_i 的闭子集，使得 $\nu_n(A_i - B_i) \leqslant \varepsilon/2^{i+1}$. 若 $F_i = T_n^{-1}(B_i)$，则 F_i 是乘积空间 X 的紧子集（对于乘积空间 X 的拓扑而言），且 $\mu(E_i - F_i) \leqslant \varepsilon/2^{i+1}$. 若 $G_k = \bigcap_{i=1}^{k} F_i$，则 $\{G_k\}$ 是 X 的紧子集的递减序列. 因为

$$\mu(E_k - G_k) = \mu\left(\bigcup_{i=1}^{k}(E_k - F_i)\right) \leqslant \mu\left(\bigcup_{i=1}^{k}(E_i - F_i)\right) \leqslant \frac{\varepsilon}{2},$$

于是

$$\mu(G_k) = \mu(E_k) - \mu(E_k - G_k) \geqslant \frac{\varepsilon}{2},$$

因此对于 $k = 1, 2, \cdots$ 有 $G_k \neq \varnothing$. 由于非空紧集的递减序列的交集是非空的，因此 μ 在 $\varnothing$ 上是上连续的，从而具有可数可加性. 由定理 13.A 可知结论成立. ∎

沿用上面的记号, 现在来证明定理 A 所讨论的这种类型的乘积空间的一个有趣的性质.

定理 B 对于 X 中的每一个可测集 E 有

$$\lim_n p(E, T_n(x)) = \chi_E(x) \ [\mu].$$

换句话说, 对于所有 x (可能要除去一个测度为零的集合), 在给定 x 的最前面 n 个坐标的值的情形下, E 的条件概率按照 $x \in E$ 或 $x \notin E$ 而收敛到 0 或 1.

证明 证明几乎一致收敛性比证明几乎处处收敛性方便, 按照定理 21.A 和定理 21.B, 这两种收敛性是等价的. 设 ε 和 δ 是任意两个正数, 其中 $\delta < 1$. 根据定理 13.D, 存在正整数 n_0 和可测 $\{1, \cdots, n_0\}$ 柱面 E_0 使得 $\mu(E \Delta E_0) < \varepsilon\delta/2$. 令 $B = E \Delta E_0$, 我们注意到, 若 $x \notin B$, 则

$$\chi_E(x) = \chi_{E_0}(x).$$

对于 $n = 1, 2, \cdots$, 若 $C_n = \{x : p(B, T_n(x)) \geqslant \delta\}$, $D_n = C_n - \bigcup_{1 \leqslant i < n} C_i$, $C = \bigcup_{n=1}^\infty C_n = \bigcup_{n=1}^\infty D_n$, 则对于每一个 n, C_n 和 D_n 都是可测 $\{1, \cdots, n\}$ 柱面. 于是有

$$\mu(B \cap D_n) = \int_{D_n} p(B, T_n(x)) \mathrm{d}\mu(x) \geqslant \delta\mu(D_n),$$

从而有

$$\frac{\varepsilon\delta}{2} > \mu(B) \geqslant \mu(B \cap C) = \mu\left(B \cap \bigcup_{n=1}^\infty D_n\right)$$

$$= \sum_{n=1}^\infty \mu(B \cap D_n) \geqslant \delta \sum_{n=1}^\infty \mu(D_n)$$

$$= \delta\mu\left(\bigcup_{n=1}^\infty D_n\right) = \delta\mu(C).$$

若记 $A = B \cup C$, 则 $\mu(A) \leqslant \varepsilon\delta/2 + \varepsilon/2 < \varepsilon$. 因为

$$\left|p(E, T_n(x)) - p(E_0, T_n(x))\right| \leqslant p(E \Delta E_0, T_n(x)) \ [\mu], \quad n = 1, 2, \cdots,$$

所以可以假定这些不等式对于 X 中所有 x 都成立. 若 $n \geqslant n_0$, 根据定理 38.A 和定理 48.B, 我们有

$$\left|p(E, T_n(x)) - \chi_{E_0}(x)\right| \leqslant p(B, T_n(x)).$$

若再假定 $x \notin A$, 则在上式左边有 $\chi_{E_0}(x) = \chi_E(x)$, 右边有 $p(B, T_n(x)) < \delta$, 因此 $\left|p(E, T_n(x)) - \chi_E(x)\right| < \delta$. ■

习题

1. 设 $\{(X_n, \mathbf{S}_n, \mu_n)\}$ 是概率空间序列，$(X, \mathbf{S}) = \bigtimes_{n=1}^{\infty}(X_n, \mathbf{S}_n)$，$\mu$ 是 $\mathbf{F}$ 上的集函数，使得对于每一个正整数 n，μ 是 $\mathbf{F}_n$ 上的概率测度. 若在每一个 $\mathbf{F}_n$ 上，μ 对于乘积测度 $\bigtimes_{i=1}^{\infty}\mu_i$ 是绝对连续的，则在 $\mathbf{S}$ 上存在 μ 的唯一概率测度扩张.（提示：见定理 38.B 的证明.）这个结果和证明方法可以推广到满足以下条件的所有情形：能够确定条件概率 $p(E, T_n(x))$ 使得对于几乎每一个固定的 x，它们定义了每一个 $\mathbf{F}_k$ 上的概率测度.

2. 若 X_n 是紧度量空间，定理 A 仍然成立，定理的叙述和证明都保持不变. 于是，若每一个 X_n 都是实直线，通过紧化，容易证明定理 A 仍然成立. 对于任意紧空间，定理 A 是否成立？

3. 利用习题 1 中的记号，我们举一个例子说明，在 X_n 不是区间的情形下定理 A 不一定成立. 设 Y 是单位区间，$\mathbf{T}$ 是 Y 中的所有博雷尔集的类，ν 是 $\mathbf{T}$ 上的勒贝格测度. 令 $\{X_n\}$ 是 Y 中的浓厚子集的递减序列，使得 $\bigcap_{n=1}^{\infty} X_n = \varnothing$. 记 $\mathbf{S}_n = \mathbf{T} \cap X_n$. 若 $E \in \mathbf{S}_n$，使得 $E = F \cap X_n$，其中 $F \in \mathbf{T}$，则记 $\mu_n(E) = \nu(F)$. 设 $(X, \mathbf{S}) = \bigtimes_{n=1}^{\infty}(X_n, \mathbf{S}_n)$，对于每一个正整数 n，令 S_n 是由 $S_n = (z_1, \cdots, z_n)$，$z_i = x_n$，$i = 1, \cdots, n$ 确定的 X_n 到 $X_1 \times \cdots \times X_n$ 中的可测变换.

   (3a) 对于 X 中的每一个可测 $\{1, \cdots, n\}$ 柱面
   $$(E = A \times X_{n+1} \times X_{n+2} \times \cdots, A \in \mathbf{S}_1 \times \cdots \times \mathbf{S}_n),$$
   记 $\mu(E) = \mu_n\big(S_n^{-1}(A)\big)$. 于是，集函数 μ 在 $\mathbf{F}$ 上具有确定的定义，且对于每一个固定的正整数 n，μ 是 $\mathbf{F}_n$ 上的概率测度.

   (3b) 若 E_i 是 X 中满足下述性质的点 $(x_1, x_2, \cdots)$ 组成的集合：对于 $i = 1, 2, \cdots$，$(x_1, x_2, \cdots)$ 的前 i 个坐标彼此相等，则 $E_i \in \mathbf{F}_i$. 提示：令
   $$D_i = \{(y_1, \cdots, y_i) : y_1 = \cdots = y_i\},$$
   则 D_i 是 Y 与其自身构成的 i 维笛卡儿乘积空间的一个可测子集，且
   $$E_i = \big(D_i \cap (X_1 \times \cdots \times X_i)\big) \times X_{i+1} \times X_{i+2} \times \cdots.$$

   (3c) 定义在 $\mathbf{F}$ 上的集函数 μ 在 $\varnothing$ 上不是上连续的. 提示：对于 $i = 1, 2, \cdots$，考虑 (3b) 中定义的集合 E_i，注意 $\mu(E_i) = 1$ 且 $\bigcap_{i=1}^{\infty} E_i = \varnothing$.

4. 零一律（习题 46.3）是定理 B 的特殊情形. 事实上，若 E 是 J_n 柱面，F 是 Y_n 的可测子集，则 $T_n^{-1}(F)$ 是 $\{1, \cdots, n\}$ 柱面，且
   $$\mu\big(E \cap T_n^{-1}(F)\big) = \mu(E)\mu T_n^{-1}(F) = \int_F \mu(E)\mathrm{d}\mu_n,$$
   因此，$p\big(E, T_n(x)\big)$ 几乎处处 $[\mu]$ 等于常数（$= \mu(E)$）. 由定理 B 可知 $\chi_E(x) = \mu(E)\,[\mu]$，所以 $\mu(E)$ 等于 0 或 1.

第 10 章　局部紧空间

§50.　拓扑学中的引理

在本节中，我们要介绍一些拓扑学中的辅助结果，由于其特殊性，拓扑学的书中通常不讨论它们.

如无特别说明，本章假定 X 是局部紧的豪斯多夫空间. 我们用符号 $\mathcal{F}$ 表示 X 上的实值连续函数 f 构成的类，使得对于所有 $x \in X$ 有 $0 \leqslant f(x) \leqslant 1$.

定理 A　若 C 是紧集，U 和 V 是开集，使得 $C \subseteq U \cap V$，则存在紧集 D 和 E 使得 $D \subseteq U$，$E \subseteq V$，$C = D \cup E$.

证明　因为 $C - U$ 和 $C - V$ 是不相交的紧集，所以存在两个不相交的开集 $\widetilde{U}$ 和 $\widetilde{V}$ 使得 $C - U \subseteq \widetilde{U}$ 且 $C - V \subseteq \widetilde{V}$. 记 $D = C - \widetilde{U}$ 和 $E = C - \widetilde{V}$. 容易验证 $D \subseteq U$，$E \subseteq V$，且 D 和 E 都是紧集. 因为 $\widetilde{U} \cap \widetilde{V} = \varnothing$，我们有 $D \cup E = (C - \widetilde{U}) \cup (C - \widetilde{V}) = C - (\widetilde{U} \cap \widetilde{V}) = C$.　∎

定理 B　若 C 是紧集，F 是闭集，且 $C \cap F = \varnothing$，则在 $\mathcal{F}$ 中存在函数 f，使得当 $x \in C$ 时 $f(x) = 0$，当 $x \in F$ 时 $f(x) = 1$.

证明　由于 X 是完备正则空间，所以对于 C 中的每一点 y，存在函数 $f_y \in \mathcal{F}$，使得 $f_y(y) = 0$，并且当 $x \in F$ 时 $f_y(x) = 1$. 因为所有形如 $\{x : f_y(x) < \frac{1}{2}\}$（$y \in C$）的集合组成的类是 C 的一个开覆盖，又因为 C 是紧集，所以存在 C 的有限子集 $\{y_1, \cdots, y_n\}$ 使得

$$C \subseteq \bigcup_{i=1}^{n} \left\{ x : f_{y_i}(x) < \frac{1}{2} \right\}.$$

记 $g(x) = \prod_{i=1}^{n} f_{y_i}(x)$，则 $g \in \mathcal{F}$. 因为对于所有 $x \in X$ 和所有 $y \in C$ 有 $0 \leqslant f_y(x) \leqslant 1$，于是，当 $x \in C$ 时 $g(x) < \frac{1}{2}$，当 $x \in F$ 时 $g(x) = 1$. 容易验证，若令 $f = (2g - 1) \cup 0$，则 $f \in \mathcal{F}$，当 $x \in C$ 时 $f(x) = 0$，当 $x \in F$ 时 $f(x) = 1$.　∎

还需要说明的是，像定理 B 指出的那样，我们知道存在函数 $f(\in \mathcal{F})$ 在 C 上恒等于 0，但有时还想知道能否选择 f 使得它在别处不等于零. 一般说来，答案是否定的，下面的定理给出了一些相关细节.

定理 C　若 f 是 X 上的实值连续函数，c 是实数，则下面三个集合

$$\{x : f(x) \geqslant c\}, \quad \{x : f(x) \leqslant c\}, \quad \{x : f(x) = c\}$$

都是闭 G_δ 集. 反之，若 C 是紧 G_δ 集，则存在 $f \in \mathcal{F}$ 使得 $C = \{x : f(x) = 0\}$.

证明　因为 $\{x : f(x) \geqslant c\} = \{x : -f(x) \leqslant -c\}$ 且 $\{x : f(x) = c\} = \{x : f(x) \geqslant c\} \cap \{x : f(x) \leqslant c\}$，所以只需考虑集合 $\{x : f(x) \leqslant c\}$. 事实上，根据函数 f 的连续性可知 $\{x : f(x) \leqslant c\}$ 是闭集，对于 $n = 1, 2, \cdots$，$\{x : f(x) < c + \frac{1}{n}\}$ 是开集. 从而，关系式

$$\{x : f(x) \leqslant c\} = \bigcap_{n=1}^{\infty} \left\{ x : f(x) < c + \frac{1}{n} \right\}$$

表明 $\{x : f(x) \leqslant c\}$ 是 G_δ 集.

反之，设 $C = \bigcap_{n=1}^{\infty} U_n$，其中 C 是紧集，$\{U_n\}$ 是开集序列. 根据定理 B，对于 $n = 1, 2, \cdots$，存在 $f_n \in \mathcal{F}$，使得当 $x \in C$ 时 $f_n(x) = 0$，当 $x \in X - U_n$ 时 $f_n(x) = 1$. 记 $f(x) = \sum_{n=1}^{\infty} \frac{1}{2^n} f_n(x)$，则 $f \in \mathcal{F}$，且当 $x \in C$ 时有 $f(x) = 0$. 对于任何 $x \in X - C$，至少存在一个正整数 n 使得 $x \in X - U_n$. 从而，若 $x \in X - C$，则 $f(x) \geqslant \frac{1}{2^n} f_n(x) = \frac{1}{2^n} > 0$，因此 $C = \{x : f(x) = 0\}$.　∎

定理 D　若 C 是紧集，U 是开集，且 $C \subseteq U$，则存在紧 G_δ 集 C_0 和 σ 紧开集 U_0 使得

$$C \subseteq U_0 \subseteq C_0 \subseteq U.$$

证明　因为存在有界开集 V 使得 $C \subseteq V \subseteq U$，不失一般性，假定 U 是有界的. 令 f 是 $\mathcal{F}$ 中的函数，使得当 $x \in C$ 时 $f(x) = 0$，当 $x \in X - U$ 时 $f(x) = 1$（定理 B）. 记

$$U_0 = \left\{ x : f(x) < \frac{1}{2} \right\} \quad 且 \quad C_0 = \left\{ x : f(x) \leqslant \frac{1}{2} \right\}.$$

显然 $C \subseteq U_0 \subseteq C_0 \subseteq U$. 由定理 C 可知 C_0 是闭 G_δ 集. 由 U 的有界性可知 C_0 是紧集. 关系式

$$U_0 = \bigcup_{n=1}^{\infty} \left\{ x : f(x) \leqslant \frac{1}{2} - \frac{1}{2^n} \right\}$$

表明 U_0 是 σ 紧集.　∎

定理 E　若 X 是可分的，则 X 的每一个紧子集 C 是 G_δ 集.

证明　对于 X 中不属于 C 的任意点 x，存在两个不相交的开集 $U(x)$ 和 $V(x)$ 使得 $C \subseteq U(x)$ 且 $x \in V(x)$. 因为 X 是可分的，又因为 $\{V(x) : x \notin C\}$ 是 $X - C$ 的一个开覆盖，所以存在 X 中的点的序列 $\{x_n\}$，使得

$$X - C \subseteq \bigcup_{n=1}^{\infty} V(x_n).$$

从而有

$$\bigcap_{n=1}^{\infty} U(x_n) \supseteq C \supseteq \bigcap_{n=1}^{\infty} \left(X - V(x_n) \right) \supseteq \bigcap_{n=1}^{\infty} U(x_n).　∎$$

习题

1. 通过引入一个点，使 X 紧化，可以得到定理 B 的另一种证明. 事实上，每一个紧豪斯多夫空间都是正则的，因此，对于紧豪斯多夫空间中的不相交的闭子集 C 和 D，存在 $f \in \mathfrak{F}$，使得当 $x \in C$ 时 $f(x) = 0$，当 $x \in D$ 时 $f(x) = 1$.

2. 定理 C 可以用来证明，所有紧 G_δ 集类在有限并和可数交下封闭. 这个结果直接证明也很容易.

3. 若 X^* 是由不可数离散空间 X 引入一个点 x^* 后的紧化空间，则单点集 $\{x^*\}$ 是紧集，但不是 G_δ 集.

4. 设 I 是任意不可数集，对于每一个 $i \in I$，令 X_i 是由实数 0 和 1 构成的（紧豪斯多夫）空间. 令 X 表示笛卡儿乘积空间 $\bigtimes_i X_i$.

(4a) X 中的每一个单点集是紧集，但不是 G_δ 集.

(4b) 若存在 I 的可数子集 J 使得 X 的子集 E 是 J 柱面（见习题 38.2），则称 E 是 $\aleph_0$ 集. X 中的紧集 C 是 G_δ 集当且仅当它是 $\aleph_0$ 集. 提示：若 C 是紧集，U 是开集，且 $C \subseteq U$，则由 X 中拓扑的定义，存在 I 的有限子集 J 以及是 J 柱面的开集 U_0，使得 $C \subseteq U_0 \subseteq U$.

(4c) 若 f 是 X 上的任意实值连续函数，M 是实直线上的任意博雷尔集，则 $f^{-1}(M)$ 是 $\aleph_0$ 集.

5. 设 X^* 是由一个可数无限离散空间添加一点 x^* 得到的紧空间，Y^* 是由一个不可数离散空间添加一点 y^* 得到的紧空间. 局部紧豪斯多夫空间 $(X^* \times Y^*) - \{(x^*, y^*)\}$ 的子集

$$(\{x^*\} \times Y^*) - \{(x^*, y^*)\} \quad \text{和} \quad (X^* \times \{y^*\}) - \{(x^*, y^*)\}$$

可以用来说明，若不要求 C 为紧集，则定理 B 不成立.

6. 所有 σ 紧的开集类构成局部紧豪斯多夫空间的一组基（见定理 D）.

§51.　博雷尔集与贝尔集

　　函数的可测性和连续性之间的关系是很有趣的，其在局部紧空间中的情况被研究得最多. 我们继续考虑一个给定的局部紧豪斯多夫空间 X. 本节介绍 X 中的测度论的基本概念和结果.

　　我们记 **C** 为 X 中的所有紧子集构成的类，**S** 为由 **C** 生成的 σ 环，**U** 为属于 **S** 的所有开集构成的类. 我们称 **S** 中的集合为 X 的**博雷尔集**. 因而 **U** 可以视为所有开博雷尔集构成的类. 考虑 X 上的实值函数，若其对于 σ 环 **S** 是可测的，则称为**博雷尔可测函数**（或简称为**博雷尔函数**）.

　　定理 A　每一个博雷尔集是 σ 有界的；每一个 σ 有界开集是博雷尔集.

证明　显然，每一个紧集是有界的，因此是 σ 有界的. 所有 σ 有界集组成的集类是一个 σ 环. 因为这个 σ 环包含 **C**，所以它也包含由 **C** 生成的 σ 环中的任何集合.

反之，假设 U 是开集，$\{C_n\}$ 是紧集序列，使得

$$U \subseteq \bigcup_{n=1}^{\infty} C_n = K.$$

因为 $C_n - U$（$n = 1, 2, \cdots$）是紧集，所以

$$D = \bigcup_{n=1}^{\infty} (C_n - U) \in \mathbf{S}.$$

又因为 $D = K - U$，所以 $U = K - (K - U) \in \mathbf{S}$.　∎

我们记 $\mathbf{C}_0$ 为 X 中的所有紧 G_δ 集组成的类，$\mathbf{S}_0$ 为由 $\mathbf{C}_0$ 生成的 σ 环，$\mathbf{U}_0$ 为属于 $\mathbf{S}_0$ 的所有开集构成的类. 我们称 $\mathbf{S}_0$ 中的集合为 X 的**贝尔集**. 因而 $\mathbf{U}_0$ 可以视为所有开贝尔集构成的类. 考虑 X 上的实值函数，若其对于 σ 环 $\mathbf{S}_0$ 是可测的，则称为**贝尔可测函数**（或简称为**贝尔函数**）.

乍一看，局部紧空间中测度论的研究对象似乎显然是博雷尔集. 基于以下几个自然的理由，我们需要引入看上去不自然的贝尔集的概念. 第一，在某些方面，贝尔集的理论比博雷尔集的理论简单，有关贝尔集的知识频繁地为研究博雷尔集提供工具（见第 63 节）. 第二，对贝尔集的研究与一个合理要求有关，也就是 X 中的可测性概念的定义应确保每一个连续函数（或至少在某个紧集以外恒等于零的连续函数）是可测的（见下面的定理 B）. 第三，所有贝尔集的类起着独特的作用，它是包含足够多集合的可确定 X 的拓扑的最小 σ 环（见下面的定理 C）. 第四，在拓扑空间（例如欧几里得空间）中测度论的所有经典特例中，博雷尔集和贝尔集的概念统一起来了（见定理 50.E）.

定理 B　若 X 上的实值连续函数 f 使得集合 $N(f) = \{x : f(x) \neq 0\}$ 是 σ 有界的，则 f 是贝尔可测函数.

证明　若 σ 有界开集 U 是一个 F_δ 集，则存在紧集序列 $\{C_n\}$ 使得 $U = \bigcup_{n=1}^{\infty} C_n$. 根据定理 50.D，对于每一个正整数 n，存在紧贝尔集 D_n 使得 $C_n \subseteq D_n \subseteq U$. 因此 $U = \bigcup_{n=1}^{\infty} D_n$，从而 U 是一个贝尔集. 又由于对 f 的假设意味着，对于每一个实数 c，集合 $N(f) \cap \{x : f(x) < c\}$ 是 σ 有界的开 F_δ 集.　∎

定理 C　若 **B** 是一个子基，$\hat{\mathbf{S}}$ 是包含 **B** 的 σ 环，则 $\hat{\mathbf{S}} \supseteq \mathbf{S}_0$.

证明　若 C 是紧集，U 是包含 C 的开集，则存在 **B** 中集合的有限交的有限并集 E（因而 $E \in \hat{\mathbf{S}}$），使得 $C \subseteq E \subseteq U$. 因此，若 $C = \bigcap_{n=1}^{\infty} U_n$，其中 U_n 是开集，

则对于 $n = 1, 2, \cdots$，存在 $E_n \in \hat{\mathbf{S}}$ 使得 $C \subseteq E_n \subseteq U_n$. 因此 $C = \bigcap_{n=1}^{\infty} E_n \in \hat{\mathbf{S}}$. 这就证明了 $\mathbf{C}_0 \subseteq \hat{\mathbf{S}}$，再由 $\mathbf{S}_0$ 的定义，即得所求结论.　■

贝尔集类定义为由紧 G_δ 集类生成的 σ 环. 可能会出现一种臆想（尽管经过思考，有些不太可能）：一个紧集是贝尔集但不是 G_δ 集，即在 $\mathbf{S}_0$ 中可能有不属于 $\mathbf{C}_0$ 的紧集. 下面的定理的目的就是说明，这是不可能的.

定理 D　每一个紧贝尔集都是 G_δ 集.

证明　设 C 是 $\mathbf{S}_0$ 中的紧集，根据定理 5.D，存在 $\mathbf{C}_0$ 中的集合序列 $\{C_n\}$ 使得 C 属于 σ 环 $\mathbf{S}(\{C_n\})$. 根据定理 50.C，对于 $n = 1, 2, \cdots$，存在函数 $f_n \in \mathcal{F}$ 使得 $C_n = \{x : f_n(x) = 0\}$. 若对于每一对 $x, y \in X$，记

$$d(x, y) = \sum_{n=1}^{\infty} \frac{1}{2^n} \big| f_n(x) - f_n(y) \big|,$$

则 $d(x, x) = 0, d(x, y) = d(y, x), 0 \leqslant d(x, y) \leqslant d(x, z) + d(z, y)$. 因此，若用 $x \equiv y$ 表示 $d(x, y) = 0$，则关系 "$\equiv$" 具有自反性、对称性和传递性，因而是一种等价关系. 我们以记号 Ξ 表示全体等价类的集合. 对于每一个 $x \in X$，以 $\xi = T(x)$ 表示包含 x 的（唯一确定的）等价类.

若 $T(x_1) = T(y_1)$ 且 $T(x_2) = T(y_2)$（即 $x_1 \equiv y_1$ 且 $x_2 \equiv y_2$），则

$$d(x_1, x_2) \leqslant d(x_1, y_1) + d(y_1, y_2) + d(y_2, x_2) = d(y_1, y_2).$$

根据对称性，有 $d(y_1, y_2) \leqslant d(x_1, x_2)$，因此 $d(x_1, x_2) = d(y_1, y_2)$. 这就说明，若 $\xi_1 = T(x_1)$ 和 $\xi_2 = T(x_2)$ 是 Ξ 中的两个元素，则等式 $\delta(\xi_1, \xi_2) = d(x_1, x_2)$ 明确定义了数 $\delta(\xi_1, \xi_2)$. 因为 $\delta(\xi_1, \xi_2) = 0$ 意味着 $\xi_1 = \xi_2$，所以函数 δ 是 Ξ 上的一个度量. 若 $\xi_0 = T(x_0)$ 是度量空间 Ξ 中的任意一点，r_0 是任意正数，且 $E = \{\xi : \delta(\xi_0, \xi) < r_0\}$，则 $T^{-1}(E) = \{x : d(x_0, x) < r_0\}$. 因为 $d(x_0, x)$ 连续地依赖于 x，这说明 T 是 X 到 Ξ 上的连续变换.

X 的子集 A 是 Ξ 的某个子集在 T 下的逆像，当且仅当若 A 包含任一点 x 则包含与 x 等价的所有点（即当且仅当 A 是某些等价类的并）. 由于任意的 C_n 都有这个性质，又由于所有逆像集合组成的类是 σ 环，且 $C \in \mathbf{S}(\{C_n\})$，因此存在 Ξ 的子集 Γ 使得 $T^{-1}(\Gamma) = C$. 因为 $T(T^{-1}(\Gamma)) = \Gamma$，又因为 T 是连续变换且 C 是紧集，所以 Γ 是紧集. 因为度量空间中的每一个闭子集（因而每一个紧子集）都是 G_δ 集，所以存在 Ξ 中的开集序列 $\{\Delta_n\}$ 使得

$$\Gamma = \bigcap_{n=1}^{\infty} \Delta_n.$$

对于 $n = 1, 2, \cdots$，若记 $U_n = T^{-1}(\Delta_n)$，则 $C = \bigcap_{n=1}^{\infty} U_n$. 因为 T 是连续的，所以 U_n 是开集，因此 $C \in \mathbf{C}_0$. ■

定理 E   若 X 和 Y 是局部紧的豪斯多夫空间，$\mathbf{A}_0, \mathbf{B}_0, \mathbf{S}_0$ 分别是 X, Y, $X \times Y$ 中的所有贝尔集组成的 σ 环，则 $\mathbf{S}_0 = \mathbf{A}_0 \times \mathbf{B}_0$.

证明   若 A 和 B 分别是 X 和 Y 中的紧贝尔集，则 $A \times B$ 是紧 G_δ 集，因而也是 $X \times Y$ 中的紧贝尔集. 因为 $\mathbf{A}_0 \times \mathbf{B}_0$ 是由所有形如 $A \times B$ 的集合组成的类生成的 σ 环，所以 $\mathbf{A}_0 \times \mathbf{B}_0 \subseteq \mathbf{S}_0$. 若 U 和 V 分别是 X 和 Y 中的开贝尔集，则 $U \times V \in \mathbf{A}_0 \times \mathbf{B}_0$. 因为所有形如 $U \times V$ 的集组成的类是 $X \times Y$ 的一个基，由定理 C 可知 $\mathbf{A}_0 \times \mathbf{B}_0 \supseteq \mathbf{S}_0$. ■

下面给出一个容易验证的、有关博雷尔集类和贝尔集类的生成的定理（见习题 5.2 和习题 5.3），以此结束本节.

定理 F $\mathbf{C}$（或 $\mathbf{C}_0$）中的集合的正常差集的所有不相交的有限并组成的类是一个环，由这个环生成的 σ 环与 $\mathbf{S}$（或 $\mathbf{S}_0$）一致.

习题

1. 若将实直线视为局部紧空间，则其上的博雷尔集的定义与第 15 节中的定义等价.

2. 全空间 X 是博雷尔集，当且仅当它是 σ 紧的.

3. 由所有有界开集的类生成的 σ 环（或者等价地，由 $\mathbf{U}$ 生成的 σ 环）与 $\mathbf{S}$ 一致. 提示：对于任意的紧集 C，令 U 是包含 C 的一个有界开集，考虑 $U - (U - C)$.

4. 若 X 是习题 50.4 中定义的乘积空间，则 X 的贝尔集类与可测集类一致（可测集的定义见第 38 节）.

5. 由所有有界贝尔开集的类生成的 σ 环（或者等价地，由 $\mathbf{U}_0$ 生成的 σ 环）与 $\mathbf{S}_0$ 一致. 提示：若 C 是紧集，U 是开集，且 $C \subseteq U$，则存在有界贝尔开集 U_0 使得 $C \subseteq U_0 \subseteq U$.

6. "贝尔集"这一名称来自于分析学中的"贝尔函数". 若 $\mathcal{B}$ 是包含所有连续函数且包含 $\mathcal{B}$ 中逐点收敛（未必一致收敛）的函数序列的极限函数的最小函数类，则称 $\mathcal{B}$ 中的函数为 X 上的**贝尔函数**. 一个集合为贝尔集的充分必要条件是，它是博雷尔集且它的特征函数是贝尔函数.

7. 完全不连通的紧豪斯多夫空间中的每一个布尔 σ 代数与其所有贝尔集的类同构（以属于第一种范畴的贝尔集为模）. 提示：见习题 40.15c，注意到，完全不连通的紧豪斯多夫空间中的所有既开又闭的集合的类生成的 σ 环与所有贝尔集的类一致.

§52.   正则测度

若 μ 是定义在所有博雷尔集的类 $\mathbf{S}$ 上的测度，且对于所有 $C \in \mathbf{C}$ 有 $\mu(C) < \infty$，则称 μ 是**博雷尔测度**. 若 μ_0 是定义在所有贝尔集的类 $\mathbf{S}_0$ 上的测度，且对于

所有 $C_0 \in \mathbf{C}_0$ 有 $\mu_0(C_0) < \infty$，则称 μ_0 是**贝尔测度**.

博雷尔测度和贝尔测度的理论在很多方面是类似的，以至于值得我们对其同时加以讨论. 为此，本节采用下述记号，$\hat{\mathbf{C}}$、$\hat{\mathbf{U}}$、$\hat{\mathbf{S}}$ 既代表 $\mathbf{C}$、$\mathbf{U}$、$\mathbf{S}$，也代表 $\mathbf{C}_0$、$\mathbf{U}_0$、$\mathbf{S}_0$. 当 $\hat{\mathbf{S}} = \mathbf{S}$ 时，我们研究的测度 $\hat{\mu}$ 表示博雷尔测度；当 $\hat{\mathbf{S}} = \mathbf{S}_0$ 时，$\hat{\mu}$ 就表示贝尔测度.

考虑 $\hat{\mathbf{S}}$ 中的集合 E，若

$$\hat{\mu}(E) = \inf \left\{ \hat{\mu}(U) : E \subseteq U \in \hat{\mathbf{U}} \right\},$$

则称 E 为（对于测度 $\hat{\mu}$ 的）**外正则集**；若

$$\hat{\mu}(E) = \sup \left\{ \hat{\mu}(C) : E \supseteq C \in \hat{\mathbf{C}} \right\},$$

则称 E 为（对于测度 $\hat{\mu}$ 的）**内正则集**；若 E 既是外正则集又是内正则集，则称 E 是**正则集**；若 $\hat{\mathbf{S}}$ 中的任意集合 E 都是正则集，则称测度 $\hat{\mu}$ 是**正则测度**.

粗略地说，一个测度是正则的，我们就可以根据它在拓扑上重要的紧集和开集上的取值，计算其在任意集合上的值. 若期待 X 的测度论结构与其拓扑结构相关联，测度的正则性条件便是一个自然的考量. 非正则集的测度论性质是十分怪异的.

容易验证，若 $E \in \hat{\mathbf{S}}$ 且 $\hat{\mu}(E) = \infty$，或者 $E \in \hat{\mathbf{U}}$，或者 E 可以表示为 $\hat{\mathbf{U}}$ 中具有有限测度的集合序列的交集，则 E 是外正则集. 对偶地，若 $E \in \hat{\mathbf{S}}$ 且 $\hat{\mu}(E) = 0$，或者 $E \in \hat{\mathbf{C}}$，或者 E 可以表示为 $\hat{\mathbf{C}}$ 中的集合的序列的并集，则 E 是内正则集. 下面首先要证明的是，从某些集合的正则性可以推出其他集合的正则性. 定理 51.F 提示我们，可以将证明过程分步进行，先证明从紧集到紧集的差的情形，再证明从差集到差集的并的情形. 然后我们要证明，正则集的类具有足够的封闭性质，因而可以应用由环生成的单调类的定理. 因此，我们可以得到结论，某些测度必然是正则的.

定理 A　若 $\hat{\mathbf{C}}$ 中的每一个集合都是外正则集，则 $\hat{\mathbf{C}}$ 中的两个集合的正常差集都是外正则集；若 $\hat{\mathbf{U}}$ 中的每一个有界集都是内正则集，则 $\hat{\mathbf{U}}$ 中的两个集合的正常差集都是内正则集.

证明　设 C 和 D 是 $\hat{\mathbf{C}}$ 中满足 $C \supseteq D$ 的两个集合. 若 C 是外正则集，则对于任意正数 ε，存在 $U \in \hat{\mathbf{U}}$ 使得 $C \subseteq U$ 且 $\hat{\mu}(U) \leqslant \hat{\mu}(C) + \varepsilon$. 因为 $C - D \subseteq U - D \in \hat{\mathbf{U}}$，再由

$$\hat{\mu}(U - D) - \hat{\mu}(C - D) = \hat{\mu}\big((U - D) - (C - D)\big)$$
$$= \hat{\mu}(U - C) = \hat{\mu}(U) - \hat{\mu}(C) \leqslant \varepsilon$$

可得 $C - D$ 是外正则集.

现在证明内正则性. 设 U 是 $\hat{\mathbf{U}}$ 中满足 $C \subseteq U$ 的有界集. 若有界集 $U - D$ ($\in \hat{\mathbf{U}}$) 是内正则集,则对于任意正数 ε,存在 $E \in \hat{\mathbf{C}}$ 使得 $E \subseteq U-D$ 且 $\hat{\mu}(C-D) \leqslant \hat{\mu}(E) + \varepsilon$. 因为 $C - D = C \cap (U - D) \supseteq C \cap E \in \hat{\mathbf{C}}$,再由

$$
\begin{aligned}
\hat{\mu}(C - D) - \hat{\mu}(C \cap E) &= \hat{\mu}\big((C - D) - (C \cap E)\big) \\
&= \hat{\mu}\big((C - D) - E\big) \\
&\leqslant \hat{\mu}\big((U - D) - E\big) \\
&= \hat{\mu}(U - D) - \hat{\mu}(E) \leqslant \varepsilon
\end{aligned}
$$

可得 $C - D$ 是内正则集. ∎

定理 B　有限个不相交的具有有限测度的内正则集的并集是内正则集.

证明　若 $\{E_1, \cdots, E_n\}$ 是具有有限测度的不相交的内正则集的类,则对于任意正数 ε 及 $i = 1, \cdots, n$,存在 $C_i \in \hat{\mathbf{C}}$ 使得

$$
C_i \subseteq E_i \quad \text{且} \quad \hat{\mu}(E_i) \leqslant \hat{\mu}(C_i) + \frac{\varepsilon}{n}.
$$

若 $C = \bigcup_{i=1}^n C_i$ 且 $E = \bigcup_{i=1}^n E_i$,则 $E \supseteq C \in \hat{\mathbf{C}}$. 再由

$$
\hat{\mu}(E) = \sum_{i=1}^n \hat{\mu}(E_i) \leqslant \sum_{i=1}^n \hat{\mu}(C_i) + \varepsilon = \hat{\mu}(C) + \varepsilon
$$

可得 E 是内正则集. ∎

事实上,外正则集也有相应的定理,证明起来也很简单,没有必要给出,并且下面的定理也已将其涵盖.

定理 C　外正则集序列的并集是外正则集;内正则集的递增序列的并集是内正则集.

证明　若 $\{E_i\}$ 是外正则集序列,则对于任意正数 ε 及 $i = 1, 2, \cdots$,存在 $U_i \in \hat{\mathbf{U}}$ 使得

$$
E_i \subseteq U_i, \quad \text{且} \quad \hat{\mu}(U_i) \leqslant \hat{\mu}(E_i) + \frac{\varepsilon}{2^i}.
$$

记 $U = \bigcup_{i=1}^\infty U_i$. 若 $E = \bigcup_{i=1}^\infty E_i$ 且 $\hat{\mu}(E) = \infty$,则 E 显然是外正则集;若 $\hat{\mu}(E) < \infty$,则

$$
\hat{\mu}(U) - \hat{\mu}(E) = \hat{\mu}(U - E) \leqslant \hat{\mu}\left(\bigcup_{i=1}^\infty (U_i - E_i)\right)
$$

$$\leqslant \sum_{i=1}^{\infty} \hat{\mu}(U_i - E_i) = \sum_{i=1}^{\infty} \big(\hat{\mu}(U_i) - \hat{\mu}(E_i)\big) \leqslant \varepsilon.$$

若 E_i 是内正则集的递增序列, 且 $E = \bigcup_{i=1}^{\infty} E_i$, 则我们有

$$\hat{\mu}(E) = \lim_i \hat{\mu}(E_i).$$

我们要证明, 对于满足 $c < \hat{\mu}(E)$ 的每一个实数 c, 存在 $C \in \hat{\mathbf{C}}$ 使得 $C \subseteq E$ 且 $c < \hat{\mu}(C)$. 为此, 只需选取 i 的一个值, 使得 $c < \hat{\mu}(E_i)$. 然后, 利用 E_i 的内正则性, 找到 $\hat{\mathbf{S}}$ 中的集合 C, 使得 $C \subseteq E_i$ 且 $c < \hat{\mu}(C)$. ■

定理 D 具有有限测度的内正则集序列的交集是内正则集; 具有有限测度的外正则集的递减序列的交集是外正则集.

证明 若 $\{E_i\}$ 是具有有限测度的内正则集序列, 则对于任意正数 ε 及 $i = 1, 2, \cdots$, 存在 $C_i \in \hat{\mathbf{C}}$ 使得

$$C_i \subseteq E_i \quad \text{且} \quad \hat{\mu}(E_i) \leqslant \hat{\mu}(C_i) + \frac{\varepsilon}{2^i}.$$

记 $C = \bigcap_{i=1}^{\infty} C_i$. 若 $E = \bigcap_{i=1}^{\infty} E_i$, 则 $E \supseteq C \in \hat{\mathbf{C}}$ 且

$$\hat{\mu}(E) - \hat{\mu}(C) = \hat{\mu}(E - C) \leqslant \hat{\mu}\left(\bigcup_{i=1}^{\infty}(E_i - C_i)\right)$$

$$\leqslant \sum_{i=1}^{\infty} \hat{\mu}(E_i - C_i) = \sum_{i=1}^{\infty} \big(\hat{\mu}(E_i) - \hat{\mu}(C_i)\big) \leqslant \varepsilon.$$

若 $\{E_i\}$ 是具有有限测度的外正则集的递减序列, 且 $E = \bigcap_{i=1}^{\infty} E_i$, 我们有

$$\hat{\mu}(E) = \lim_i \hat{\mu}(E_i).$$

我们要证明, 对于满足 $c > \hat{\mu}(E)$ 的每一个实数 c, 存在 $U \in \hat{\mathbf{U}}$ 使得 $E \subseteq U$ 且 $c > \hat{\mu}(U)$. 为此, 只需选取 i 的一个值, 使得 $c > \hat{\mu}(E_i)$. 然后, 利用 E_i 的外正则性, 找到 $\hat{\mathbf{U}}$ 中的集合 U, 使得 $E_i \subseteq U$ 且 $\hat{\mu}(U) < c$. ■

内正则性和外正则性之间的对偶性质, 要比上面证明中所展示的类似之处更为深刻. 我们下面证明, 这两种正则性在本质上是一致的.

定理 E $\hat{\mathbf{C}}$ 中的每一个集合都是外正则集当且仅当 $\hat{\mathbf{U}}$ 中的每一个有界集都是内正则集.

证明 假设 $\hat{\mathbf{C}}$ 中的每一个集合都是外正则集, U 是 $\hat{\mathbf{U}}$ 中的任意有界集, ε 是任意正数. 令 C 是 $\hat{\mathbf{C}}$ 中满足 $U \subseteq C$ 的集合. 因为 $C - U$ 是 $\hat{\mathbf{S}}$ 中的紧集, 由定理 51.D 可知 $C - U \in \hat{\mathbf{C}}$, 所以存在 $V \in \hat{\mathbf{U}}$ 使得

$$C - U \subseteq V \quad \text{且} \quad \hat{\mu}(V) \leqslant \hat{\mu}(C - U) + \varepsilon.$$

因为 $U = C - (C - U) \supseteq C - V \in \hat{\mathbf{C}}$，所以再由

$$\hat{\mu}(U) - \hat{\mu}(C - V) = \hat{\mu}(U - (C - V)) = \hat{\mu}(U \cap V)$$
$$\leqslant \hat{\mu}(V - (C - U)) = \hat{\mu}(V) - \hat{\mu}(C - U) \leqslant \varepsilon$$

可得 U 是内正则集.

接下来，假设 $\hat{\mathbf{U}}$ 中的每一个有界集都是内正则集，C 是 $\hat{\mathbf{C}}$ 中的任意集合，ε 是任意正数. 令 U 是 $\hat{\mathbf{U}}$ 中满足 $C \subseteq U$ 的有界集. 因为 $U - C$ 是 $\hat{\mathbf{U}}$ 中的有界集，所以存在 $D \in \hat{\mathbf{C}}$ 使得

$$D \subseteq U - C \quad \text{且} \quad \hat{\mu}(U - C) \leqslant \hat{\mu}(D) + \varepsilon.$$

因为 $C = U - (U - C) \subseteq U - D \in \hat{\mathbf{U}}$，所以再由

$$\hat{\mu}(U - D) - \hat{\mu}(C) = \hat{\mu}((U - D) - C) = \hat{\mu}((U - C) - D)$$
$$= \hat{\mu}(U - C) - \hat{\mu}(D) \leqslant \varepsilon$$

可得 C 是外正则集. ■

定理 F　$\hat{\mu}$ 是正则测度的充分必要条件是，或者 $\hat{\mathbf{C}}$ 中的每一个集合都是外正则集，或者 $\hat{\mathbf{U}}$ 中的每一个有界集都是内正则集.

证明　这两个条件的必要性都是显然的. 为了证明充分性，根据定理 C，只需证明 $\hat{\mathbf{S}}$ 中的任意有界集是正则集，因为 $\hat{\mathbf{S}}$ 中的任意集合都可以表示为 $\hat{\mathbf{S}}$ 中的有界集的递增序列的并集. 设 E_0 是 $\hat{\mathbf{S}}$ 中的有界集，C_0 是 $\hat{\mathbf{C}}$ 中满足 $E_0 \subseteq C_0$ 的集合. 根据定理 5.E，σ 环 $\hat{\mathbf{S}} \cap C_0$ 是由形如 $C \cap C_0$ 的集合组成的类生成的，其中 $C \in \hat{\mathbf{C}}$. 根据定理 51.F（应用到紧空间 C_0 上），这个 σ 环是由形如 $E \cap C_0$ 的集合组成的环生成的，其中 E 是 $\hat{\mathbf{C}}$ 中的集合的正常差集的不相交的有限并集. 根据定理 A、定理 B 和定理 C，考虑对 $\hat{\mathbf{C}}$ 的条件，则 σ 环 $\hat{\mathbf{S}} \cap C_0$ 中的任意集合是外正则集；考虑对 $\hat{\mathbf{U}}$ 的条件，则 $\hat{\mathbf{S}} \cap C_0$ 中的任意集合是内正则集. 根据定理 C 和定理 D，C_0 的外正则子集的类和内正则子集的类都是单调类. 由定理 6.B 和定理 E 可得，若定理中关于 $\hat{\mathbf{C}}$ 和 $\hat{\mathbf{U}}$ 的两个条件中的任何一个成立，则当 C_0 的子集属于 $\hat{\mathbf{S}}$ 时，这个子集必然是正则集. 因此，特别地，E_0 是正则集. ■

定理 G　每一个贝尔测度 ν 都是正则测度. 若 $C \in \mathbf{C}$ 则

$$\nu^*(C) = \inf\{\nu(U_0) : C \subseteq U_0 \in \mathbf{U}_0\},$$

若 $U \in \mathbf{U}$ 则

$$\nu_*(U) = \sup\{\nu(C_0) : U \supseteq C_0 \in \mathbf{C}_0\}.$$

证明 因为 $\mathbf{C}_0$ 中的每一个集合都可以表示为 $\mathbf{U}_0$ 中具有有限测度的集合的递减序列的交集，由定理 F 可知 ν 是正则测度. 由外测度的定义可得

$$\nu^*(C) = \inf\{\nu(E_0) : C \subseteq E_0 \in \mathbf{S}_0\} \leqslant \inf\{\nu(U_0) : C \subseteq U_0 \in \mathbf{U}_0\}.$$

对于任意正数 ε，存在集合 $E_0 \in \mathbf{S}_0$ 使得

$$C \subseteq E_0 \quad \text{且} \quad \nu(E_0) \leqslant \nu^*(C) + \frac{\varepsilon}{2}.$$

由 E_0 的外正则性可知，存在集合 $U_0 \in \mathbf{U}_0$ 使得

$$E \subseteq U_0 \quad \text{且} \quad \nu(U_0) \leqslant \nu(E_0) + \frac{\varepsilon}{2}.$$

因此，

$$C \subseteq U_0 \quad \text{且} \quad \nu(U_0) \leqslant \nu^*(C) + \varepsilon.$$

这个定理中关于内测度的结论可以类似地得到，只需考虑贝尔集 E_0 的内正则性. ■

定理 H 设 μ 是博雷尔测度，ν 是 μ 的贝尔限制（对于每一个贝尔集 E，其由 $\nu(E) = \mu(E)$ 定义）. 那么，μ 为正则测度，当且仅当

$$\text{对于所有 } C \in \mathbf{C} \text{ 有 } \mu(C) = \nu^*(C),$$
$$\text{或者对于所有有界开集 } U \in \mathbf{U} \text{ 有 } \mu(U) = \nu_*(U).$$

若两个正则博雷尔测度在所有贝尔集上相等，则它们在所有博雷尔集上也相等.

证明 若对于某个 $C \in \mathbf{C}$ 有 $\mu(C) = \nu^*(C)$，则由定理 G 可知，对于任意正数 ε，存在集合 $U_0 \in \mathbf{U}_0$ 使得

$$C \subseteq U_0 \quad \text{且} \quad \mu(U_0) = \nu(U_0) \leqslant \nu^*(C) + \varepsilon = \mu(C) + \varepsilon,$$

这就意味着 C 是外正则集，所以 μ 是正则测度. 对于条件 $\mu(U) = \nu_*(U)$ 的充分性，可以类似地证明，只需考虑利用定理 G 中的后一个结论.

反之，设 μ 是正则测度，ε 是任意正数. 对于任意集合 $C \in \mathbf{C}$，存在有界集 $U \in \mathbf{U}$ 使得 $C \subseteq U$ 且 $\mu(U) \leqslant \mu(C) + \varepsilon$. 类似地，对于任意有界集 $U \in \mathbf{U}$，存在集合 $C \in \mathbf{C}$ 使得 $C \subseteq U$ 且 $\mu(U) \leqslant \mu(C) + \varepsilon$. 对每一种情形，都存在集合 $C_0 \in \mathbf{C}_0$ 和 $U_0 \in \mathbf{U}_0$ 使得 $C \subseteq U_0 \subseteq C_0 \subseteq U$（定理 50.D）. 因此，根据定理 G 有

$$\nu^*(C) \leqslant \nu(U_0) = \mu(U_0) \leqslant \mu(U) \leqslant \mu(C) + \varepsilon,$$

$$\nu_*(U) \geqslant \nu(C_0) = \mu(C_0) \geqslant \mu(C) \geqslant \mu(U) - \varepsilon.$$

由于 ε 的任意性，有

$$\nu^*(C) \leqslant \mu(C) \quad \text{且} \quad \nu_*(U) \geqslant \mu(U).$$

反方向的两个不等式显然都是成立的．这就说明了正则测度在贝尔集上的值唯一确定了其在紧集上的值．再利用定理 51.F，即可得本定理中最后的结论．∎

我们再引入一个概念来结束本节，这个概念有时为证明正则性提供了有用的工具．设 μ 是任意博雷尔测度，对于所有 $E \in \mathbf{S}_0$，由 $\mu_0(E) = \mu(E)$ 定义了贝尔测度 μ_0．若 **C** 中的每一个集合或 **U** 中的每一个有界集是 μ_0^* 可测集，就有 **S** 中的每一个集合是 μ_0^* 可测集，则称博雷尔测度 μ 是**完备化正则测度**．也就是说，若所有紧集（因而所有博雷尔集）都属于 μ_0 的完备化的定义域，则 μ 是一个完备化正则测度．若 μ 是完备化正则测度，则对于每一个博雷尔集 E，存在贝尔集 A 和 B 使得

$$A \subseteq E \subseteq B \quad \text{且} \quad \mu_0(B - A) = 0.$$

根据定理 H，完备化正则测度一定是正则测度．

习题

1. 每一个博雷尔测度都是 σ 有限的．

2. 若 X 是紧空间，则所有正则集构成的类是正规类（见习题 6.2）．

3. 若 μ 是博雷尔测度，且存在可数集 Y 使得对于每一个博雷尔集 E 有 $\mu(E) = \mu(E \cap Y)$，则 μ 是正则测度．

4. 若 X 是欧几里得平面，μ 是定义在博雷尔集类上的勒贝格测度，则 μ 是在本节意义下的正则博雷尔测度．若对于每一个博雷尔集 E，定义 $\mu(E)$ 为 E 的所有水平截口的测度之和，则 μ 不是博雷尔测度．

5. 设 X 是紧空间，x^* 是一个使得 $\{x^*\}$ 不是 G_δ 集的点（例如，见习题 50.3）．若对于每一个 $E \in \mathbf{S}$ 有 $\mu(E) = \chi_E(x^*)$，则 μ 是正则博雷尔测度，但不是完备化正则测度．

6. 若 μ_1, μ_2, μ 都是博雷尔测度，且 $\mu = \mu_1 + \mu_2$，则这三个测度中任意两个的正则性意味着第三个的正则性．提示：若 $C \in \mathbf{C}$，$U \in \mathbf{U}$，$C \subseteq U$，$\mu(U) \leqslant \mu(C) + \varepsilon$，则

$$\mu_1(C) + \mu_2(U) \leqslant \mu(U) \leqslant \mu_1(C) + \mu_2(C) + \varepsilon.$$

7. 设 X 和 Y 都是紧豪斯多夫空间，T 是 X 到 Y 上的连续变换，μ 是 X 上的博雷尔测度．若 $\nu = \mu T^{-1}$，且 D 是 Y 的紧子集，则 D 对于 ν 是正则的当且仅当 $C = T^{-1}(D)$ 对于 μ 是正则的．提示：若 $C \subseteq U \in \mathbf{U}$，则 $T(X - U)$ 和 D 是 Y 中的不相交的紧集．若 V 是 D 的一个邻域，且其与 $T(X - U)$ 不相交，则 $C \subseteq T^{-1}(V) \subseteq U$．

8. 若 μ 是正则博雷尔测度，则对于任意 σ 有界集 E 有

$$\mu^*(E) = \inf\{\mu(U) : E \subseteq U \in \mathbf{U}\} \quad \text{且} \quad \mu_*(E) = \sup\{\mu(C) : E \supseteq C \in \mathbf{C}\}.$$

9. 若 μ 和 ν 都是博雷尔测度，μ 是正则的，且 $\nu \ll \mu$，则 ν 是正则测度.

10a. 设 Ω 是最小的不可数序数，$\overline{X}$ 是由小于等于 Ω 的所有序数组成的集合. 记 $X = \overline{X} - \{\Omega\}$. 若取形如 $\{x : \alpha < x \leqslant \beta\}$ 的所有"区间"与集合 $\{0\}$ 组成的类作为 $\overline{X}$ 的一个基，则 $\overline{X}$ 是紧的.

10b. X 的所有无界闭子集组成的类在可数交运算下是封闭的.

10c. 设 E 是 $\overline{X}$ 中的任意博雷尔集，当 E 包含 X 的无界闭子集时有 $\mu(E) = 1$，否则 $\mu(E) = 0$，则 μ 是一个博雷尔测度.

10d. 博雷尔测度 μ 不是正则的. 提示：包含 Ω 的每一个区间的测度为 1.

§53.　博雷尔测度的生成

本节的目的在于说明怎样从一些比较基本的集函数获得某些（正则的）博雷尔测度.

我们定义**容度**为紧集类 $\mathbf{C}$ 上的非负、有限、单调、具有可加性及次可加性的集函数. 换句话说，容度就是定义在 $\mathbf{C}$ 上的集函数 λ，满足

(a) 对于所有 $C \in \mathbf{C}$ 有 $0 \leqslant \lambda(C) < \infty$；

(b) 若 C 和 D 是紧集，且 $C \subseteq D$，则 $\lambda(C) \leqslant \lambda(D)$；

(c) 若 C 和 D 是不相交的紧集，则 $\lambda(C \cup D) = \lambda(C) + \lambda(D)$；

(d) 若 C 和 D 是任意两个紧集，则 $\lambda(C \cup D) \leqslant \lambda(C) + \lambda(D)$.

注意，$\lambda(\varnothing) + \lambda(\varnothing) = \lambda(\varnothing \cup \varnothing) = \lambda(\varnothing) < \infty$，所以容度在空集上的值总是为零.

接下来，我们从给定的容度 λ 出发，定义博雷尔开集类上的集函数 λ_*，再从 λ_* 出发，定义 σ 有界集类上的外测度 μ^*. 然后利用已经建立的 μ^* 可测性理论，基于外测度 μ^* 得出一个测度 μ. 事实上，这个测度就是正则博雷尔测度.

对于所有 $U \in \mathbf{U}$，我们称由

$$\lambda_*(U) = \sup\{\lambda(C) : U \supseteq C \in \mathbf{C}\}$$

定义的集函数 λ_* 是**由容度 λ 导出的内容度**.

定理 A 由容度 λ 导出的内容度 λ_* 在空集 $\varnothing$ 上取值为零，并且是单调、可数次可加及可数可加的.

证明 显然有 $\lambda_*(\varnothing) = 0$. 设 $U, V \in \mathbf{U}$ 且 $U \subseteq V$，若 C 是紧集且 $C \subseteq U$，则 $C \subseteq V$，因而 $\lambda(C) \leqslant \lambda_*(V)$. 因此有

$$\lambda_*(U) = \sup \lambda(C) \leqslant \lambda_*(V).$$

设 $U, V \in \mathbf{U}$, 若 C 是紧集且 $C \subseteq U \cup V$, 则根据定理 50.A, 存在紧集 D 和 E 使得 $D \subseteq U$, $E \subseteq V$, $C = D \cup E$. 因为 $\lambda(C) \leqslant \lambda(D) + \lambda(E) \leqslant \lambda_*(U) + \lambda_*(V)$, 所以

$$\lambda_*(U \cup V) = \sup \lambda(C) \leqslant \lambda_*(U) + \lambda_*(V),$$

即 λ_* 是次可加的. 因此, 利用数学归纳法立即可得 λ_* 是有限次可加的. 设 $\{U_i\}$ 是 $\mathbf{U}$ 中的集合序列, 若 C 是紧集且 $C \subseteq \bigcup_{i=1}^{\infty} U_i$, 则根据 C 的紧性, 存在正整数 n 使得 $C \subseteq \bigcup_{i=1}^{n} U_i$. 因此,

$$\lambda(C) \leqslant \lambda_* \left(\bigcup_{i=1}^{n} U_i \right) \leqslant \sum_{i=1}^{n} \lambda_*(U_i) \leqslant \sum_{i=1}^{\infty} \lambda_*(U_i),$$

从而

$$\lambda_* \left(\bigcup_{i=1}^{\infty} U_i \right) = \sup \lambda(C) \leqslant \sum_{i=1}^{\infty} \lambda_*(U_i),$$

即 λ_* 是可数次可加的.

接下来, 假设 U 和 V 是 $\mathbf{U}$ 中的两个不相交的集合, C 和 D 是紧集, 使得 $C \subseteq U$ 且 $D \subseteq V$. 因为 C 和 D 是不相交的, 又因为 $C \cup D \subseteq U \cup V$, 我们有

$$\lambda(C) + \lambda(D) = \lambda(C \cup D) \leqslant \lambda_*(U \cup V),$$

所以,

$$\lambda_*(U) + \lambda_*(V) = \sup \lambda(C) + \sup \lambda(D) \leqslant \lambda_*(U \cup V).$$

再由 λ_* 的次可加性可推出 λ_* 是可加的. 因此, 利用数学归纳法可知 λ_* 是有限可加的. 若 $\{U_i\}$ 是 $\mathbf{U}$ 中的不相交的集合序列, 则

$$\lambda_* \left(\bigcup_{i=1}^{\infty} U_i \right) \geqslant \lambda_* \left(\bigcup_{i=1}^{n} U_i \right) = \sum_{i=1}^{n} \lambda_*(U_i).$$

对于 $n = 1, 2, \cdots$ 上式都成立, 因此

$$\lambda_* \left(\bigcup_{i=1}^{\infty} U_i \right) \geqslant \sum_{i=1}^{\infty} \lambda_*(U_i).$$

再由已证得的 λ_* 是可数次可加的, 可得 λ_* 是可数可加的. ∎

若 λ 是一个容度, λ_* 是由 λ 导出的内容度, 在所有 σ 有界集组成的可传递 σ 环上定义集函数 μ^* 为

$$\mu^*(E) = \inf\{\lambda_*(U) : E \subseteq U \in \mathbf{U}\},$$

则集函数 μ^* 称为**由 λ 导出的外测度**. 下面的定理表明用这个术语是合理的.

定理 B 由容度 λ 导出的外测度 μ^* 是一个外测度.

证明 因为 $\varnothing \subseteq \varnothing \in \mathbf{U}$ 且 $\lambda_*(\varnothing) = 0$, 所以 $\mu^*(\varnothing) = 0$. 若 E 和 F 是满足 $E \subseteq F$ 的 σ 有界集, 且 U 是 $\mathbf{U}$ 中满足 $F \subseteq U$ 的集合, 则 $E \subseteq U$, 因而 $\mu^*(E) \leqslant \lambda_*(U)$. 因此,

$$\mu^*(E) \leqslant \inf \lambda_*(U) = \mu^*(F).$$

若 $\{E_i\}$ 是 σ 有界集序列, 则对于任意正数 ε 和 $i = 1, 2, \cdots$, 存在 $U_i \in \mathbf{U}$ 使得

$$E_i \subseteq U_i \quad \text{且} \quad \lambda_*(U_i) \leqslant \mu^*(E_i) + \frac{\varepsilon}{2^i}.$$

因此,

$$\mu^*\left(\bigcup_{i=1}^{\infty} E_i\right) \leqslant \lambda_*\left(\bigcup_{i=1}^{\infty} U_i\right) \leqslant \sum_{i=1}^{\infty} \lambda_*(U_i) \leqslant \sum_{i=1}^{\infty} \mu^*(E_i) + \varepsilon,$$

由 ε 的任意性可知 μ^* 是可数次可加的. ∎

可以猜想, 定理 A 和定理 B 的过程实际上分别产生了 λ 和 λ_* 的扩张. 例如, 对于任意紧集 C, μ^* 是否使得 $\mu^*(C) = \lambda(C)$? 一般来说, 这是不对的. 下面的定理中就含有对这个问题的最好回答.

定理 C 若 λ_* 是由容度 λ 导出的内容度, μ^* 是由容度 λ 导出的外测度, 则对于所有 $U \in \mathbf{U}$ 有 $\mu^*(U) = \lambda_*(U)$; 对于所有 $C \in \mathbf{C}$ 有 $\mu^*(C^0) \leqslant \lambda(C) \leqslant \mu^*(C)$.

(回忆一下, 我们用 C^0 表示集合 C 的内部.)

证明 若 $U \in \mathbf{U}$, 则关系式 $U \subseteq U \in \mathbf{U}$ 意味着 $\mu^*(U) \leqslant \lambda_*(U)$. 若 $V \in \mathbf{U}$ 且 $U \subseteq V$, 则 $\lambda_*(U) \leqslant \lambda_*(V)$, 因此,

$$\lambda_*(U) \leqslant \inf \lambda_*(V) = \mu^*(U).$$

若 $C \in \mathbf{C}$, $U \in \mathbf{U}$, $C \subseteq U$, 则 $\lambda(C) \leqslant \lambda_*(U)$, 因此,

$$\lambda(C) \leqslant \inf \lambda_*(U) = \mu^*(C).$$

若 $C \in \mathbf{C}$, $D \in \mathbf{C}$, $D \subseteq C^0 (\subseteq C)$, 则 $\lambda(D) \leqslant \lambda(C)$, 因此,

$$\mu^*(C^0) = \lambda_*(C^0) = \sup \lambda(D) \leqslant \lambda(C).$$ ∎

定理 D 若 μ^* 是由容度 λ 导出的外测度, 则 σ 有界集 E 是 μ^* 可测集当且仅当对于所有 $U \in \mathbf{U}$ 有

$$\mu^*(U) \geqslant \mu^*(U \cap E) + \mu^*(U \cap E').$$

证明　设 λ_* 是由 λ 导出的内容度，A 是任意 σ 有界集，$U \in \mathbf{U}$ 且 $A \subseteq U$. 由关系式

$$\lambda_*(U) = \mu^*(U) \geqslant \mu^*(U \cap E) + \mu^*(U \cap E') \geqslant \mu^*(A \cap E) + \mu^*(A \cap E')$$

可得

$$\mu^*(A) = \inf \lambda_*(U) \geqslant \mu^*(A \cap E) + \mu^*(A \cap E').$$

反向的不等式来自 μ^* 的次可加性，条件的必要性由 μ^* 可测集的定义推出.　∎

定理 E　若 μ^* 是由容度 λ 导出的外测度，则对于任意博雷尔集 E，由 $\mu(E) = \mu^*(E)$ 定义的集函数 μ 是正则博雷尔测度.

我们称 μ 是**由容度 λ 导出的博雷尔测度**.

证明　首先，我们将证明，每一个紧集 C（因此每一个博雷尔集）是 μ^* 可测的；然后，可以直接得到 μ 是定义在博雷尔集类上的测度. 根据定理 D，我们只需证明对于所有 $U \in \mathbf{U}$ 有

$$\mu^*(U) \geqslant \mu^*(U \cap C) + \mu^*(U \cap C').$$

令 D 和 E 分别是 $U \cap C'$ 和 $U \cap D'$ 的紧子集. 注意，集合 $U \cap C'$ 和 $U \cap D'$ 都属于 $\mathbf{U}$. 因为 $D \cap E = \varnothing$ 且 $D \cup E \subseteq U$，所以有

$$\mu^*(U) = \lambda_*(U) \geqslant \lambda(D \cup E) = \lambda(D) + \lambda(E),$$

其中 λ_* 当然是由 λ 导出的内容度. 因此，

$$\mu^*(U) \geqslant \lambda(D) + \sup \lambda(E) = \lambda(D) + \lambda_*(U \cap D')$$
$$= \lambda(D) + \mu^*(U \cap D') \geqslant \lambda(D) + \mu^*(U \cap C),$$

这就意味着

$$\mu^*(U) \geqslant \mu^*(U \cap C) + \sup \lambda(D) = \mu^*(U \cap C) + \lambda_*(U \cap C')$$
$$= \mu^*(U \cap C) + \mu^*(U \cap C').$$

为了证明 $\mu(C) < \infty$，我们注意到，存在紧集 F 使得 $C \subseteq F^0$，因此，

$$\mu(C) = \mu^*(C) \leqslant \mu^*(F^0) \leqslant \lambda(F) \leqslant \infty.$$

最后，由关系式

$$\mu(C) = \mu^*(C) = \inf\{\lambda_*(U) : C \subseteq U \in \mathbf{U}\}$$

$$= \inf \left\{ \mu^*(U) : C \subseteq U \in \mathbf{U} \right\} = \inf \left\{ \mu(U) : C \subseteq U \in \mathbf{U} \right\}$$

可得测度 μ 是正则的. ∎

下面, 我们再给出一个结果, 后面将会用到.

定理 F　设 T 是 X 到其自身的同胚, λ 是一个容度. 对于所有 $C \in \mathbf{C}$ 令 $\hat{\lambda}(C) = \lambda(T(C))$. 若 μ 和 $\hat{\mu}$ 分别是由 λ 和 $\hat{\lambda}$ 导出的博雷尔测度, 则对于任意博雷尔集 E 有 $\hat{\mu}(E) = \mu(T(E))$. 特别地, 若 λ 在 T 下是不变的, 则 μ 在 T 下也是不变的.

证明　设 λ_* 和 $\hat{\lambda}_*$ 分别是由 λ 和 $\hat{\lambda}$ 导出的内容度. 若 $U \in \mathbf{U}$, 则关系式

$$\begin{aligned}
\left\{ \hat{\lambda}(C) : U \supseteq C \in \mathbf{C} \right\} &= \left\{ \lambda(T(C)) : U \supseteq C \in \mathbf{C} \right\} \\
&= \left\{ \lambda(D) : D = T(C),\ U \supseteq C \in \mathbf{C} \right\} \\
&= \left\{ \lambda(D) : U \supseteq T^{-1}(D) \in \mathbf{C} \right\} \\
&= \left\{ \lambda(D) : T(U) \supseteq D \in \mathbf{C} \right\}
\end{aligned}$$

意味着 $\hat{\lambda}_*(U) = \lambda_*(T(U))$. 若 μ^* 和 $\hat{\mu}^*$ 分别是由 λ 和 $\hat{\lambda}$ 导出的外测度, 则通过类似的计算可得, 对于任意 σ 有界集有 $\hat{\mu}^*(E) = \mu^*(T(E))$. 因此, 对于任意博雷尔集 E 有 $\hat{\mu}(E) = \mu(T(E))$. 定理的最后一部分是前面部分的显然结果. ∎

习题

1. 下面的例子都是定义在局部紧豪斯多夫空间的紧子集类 $\mathbf{C}$ 上的非负、有限的集函数. 这些例子中有的是容度, 而其余的恰好不满足容度定义中的一个条件 (单调性、可加性、次可加性).

   (1a) X^* 是由无限离散空间 X 填上一个点后得到的紧化空间. 对于每一个紧集 $C \in X^*$, 当 C 为有限时令 $\lambda(C) = 0$, 当 C 为无限时令 $\lambda(C) = 1$.

   (1b) X 是由有限个点组成的离散空间. 对于任意紧集 C 令 $\lambda(C) = 1$.

   (1c) X 是闭区间 $[-1, +1]$. 当 $0 \in C^0$ 时令 $\lambda(C) = 1$, 当 $0 \notin C^0$ 时令 $\lambda(C) = 0$.

   (1d) 如 (1a) 所述, $X^* = \{X, x^*\}$ 是由无限离散空间 X 填上一点 x^* 后得到的紧化空间. 当 $x^* \in C$ 时令 $\lambda(C) = 1$, 当 $x^* \notin C$ 时令 $\lambda(C) = 0$.

   (1e) $X = \left\{ 0, \pm\frac{1}{n} : n = 1, 2, \cdots \right\}$. 若 C 包含无限个负数, 则令 $\lambda(C) = 0$; 否则, 当 $0 \in C$ 时令 $\lambda(C) = 1$, 当 $0 \notin C$ 时令 $\lambda(C) = 0$.

   (1f) 设 μ_0 是 X 上的贝尔测度. 对于所有 $C \in \mathbf{C}$ 令

   $$\lambda(C) = \sup \left\{ \mu_0(C_0) : C \supseteq C_0 \in \mathbf{C}_0 \right\}.$$

   (1g) 设 μ 是 X 上的博雷尔测度. 对于所有 $C \in \mathbf{C}$, 令 $\lambda(C) = \mu(C^0)$.

2. 若 μ^* 和 $\hat{\mu}^*$ 分别是由容度 λ 和 $\hat{\lambda}$ 导出的外测度, 且对于所有 $C \in \mathbf{C}$ 有 $\lambda(C) \leqslant \hat{\lambda}(C) \leqslant \mu^*(C)$, 则 $\mu^* = \hat{\mu}^*$. 提示: 根据定理 C 的第一部分, 只需证明对于所有 $U \in \mathbf{U}$ 有 $\mu^*(U) = \sup\{\hat{\lambda}(C) : U \supseteq C \in \mathbf{C}\}$.

3. 比习题 2 中的结果更强的是定理 C 的逆定理. 若 μ^* 和 $\hat{\mu}^*$ 分别是由容度 λ 和 $\hat{\lambda}$ 导出的外测度, 且对于所有 $C \in \mathbf{C}$ 有 $\mu^*(C^0) \leqslant \hat{\lambda}(C) \leqslant \mu^*(C)$, 则 $\mu^* = \hat{\mu}^*$. 提示: 根据定理 E, 对于所有 $U \in \mathbf{U}$ 有

$$\mu^*(U) = \sup\{\mu^*(C) : U \supseteq C \in \mathbf{C}\}.$$

我们要证明的是

$$\mu^*(U) = \sup\{\hat{\lambda}(C) : U \supseteq C \in \mathbf{C}\}.$$

对于任意正数 ε, 若 $U \in \mathbf{U}$, 则存在集合 $C \in \mathbf{C}$ 使得 $C \subseteq U$ 且 $\mu^*(U) \leqslant \mu^*(C) + \varepsilon$; 并且存在集合 $D \in \mathbf{C}$ 使得 $C \subseteq D^0 \subseteq D \subseteq U$.

4. 设容度 λ 满足: 当 $C^0 \neq \varnothing$ 时有 $\lambda(C) > 0$. 若 μ 是由 λ 导出的博雷尔测度, 则对于 $\mathbf{U}$ 中的任意非空集合 U 有 $\mu(U) > 0$.

5. 不依赖于任何容度, 我们可以考虑定义在 σ 有界集类上的外测度 μ^*, 使得对于所有 $C \in \mathbf{C}$ 有

$$\mu^*(C) = \inf\{\mu^*(U) : C \subseteq U \in \mathbf{U}\} < \infty.$$

对于这样的外测度, 定理 D 和 E 是否成立?

§54.　正则容度

前面我们已经注意到, 一个容度的值可能不等于由这个容度导出的博雷尔测度的值（当然, 是在紧集上）. 然而, 第 53 节所述的过程却是很重要的容度类的扩张. 本节将研究这一类容度, 并利用得到的结果, 得出一个很重要的扩张定理. 事实上, 这个定理肯定了在某种情况下博雷尔测度的存在性, 其唯一性已经在定理 52.H 中确立.

若对所有 $C \in \mathbf{C}$ 有

$$\lambda(C) = \inf\{\lambda(D) : C \subseteq D^0 \subseteq D \in \mathbf{C}\},$$

则称容度 λ 是正则的. 容度的正则性的定义模仿了测度的（外）正则性的定义, 即尽可能以限制定义域来考察.

定理 A　若 μ 是由正则容度 λ 导出的博雷尔测度, 则对于所有 $C \in \mathbf{C}$ 有 $\mu(C) = \lambda(C)$.

证明　设 $C \in \mathbf{C}$, 因为 λ 是正则的, 所以对于任意正数 ε, 存在集合 $D \in \mathbf{C}$ 使得

$$C \subseteq D^0 \quad 且 \quad \lambda(D) \leqslant \lambda(C) + \varepsilon.$$

根据定理 53.C, 我们有

$$\lambda(C) \leqslant \mu(C) \leqslant \mu(D^0) \leqslant \lambda(D) \leqslant \lambda(C) + \varepsilon,$$

又因为 ε 是任意的, 所以定理的结论成立. ∎

下面是定理 A 的逆定理.

定理 B 若 μ 是正则博雷尔测度, 并且对于所有 $C \in \mathbf{C}$ 令 $\lambda(C) = \mu(C)$, 则集函数 λ 是正则容度, 由 λ 导出的博雷尔测度与 μ 相同.

证明 显然, 集函数 λ 是一个容度. 根据 μ 的正则性, 对于所有 $C \in \mathbf{C}$ 及任意正数 ε, 存在集合 $U \in \mathbf{U}$ 使得

$$C \subseteq U \quad \text{且} \quad \mu(U) \leqslant \mu(C) + \varepsilon.$$

若集合 $D \in \mathbf{C}$ 且 $C \subseteq D^0 \subseteq D \subseteq U$, 则

$$\lambda(D) = \mu(D) \leqslant \mu(U) \leqslant \mu(C) + \varepsilon = \lambda(C) + \varepsilon,$$

由此可知, λ 是正则的. 设 $\hat{\mu}$ 是由 λ 导出的博雷尔测度, 根据定理 A, 对于所有 $C \in \mathbf{C}$ 有 $\hat{\mu}(C) = \lambda(C) = \mu(C)$, 因此 $\hat{\mu} = \mu$. ∎

定理 C 若 μ_0 是贝尔测度, 并且对于所有 $C \in \mathbf{C}$ 令

$$\lambda(C) = \inf \{ \mu_0(U_0) : C \subseteq U_0 \in \mathbf{U}_0 \},$$

则集函数 λ 是正则容度.

证明 容易验证, λ 是非负、有限、单调的.

若 C 和 D 是 $\mathbf{C}$ 中的集合, U_0 和 V_0 是 $\mathbf{U}_0$ 中的集合, 使得 $C \subseteq U_0$ 且 $D \subseteq V_0$, 那么 $C \cup D \subseteq U_0 \cup V_0 \in \mathbf{U}_0$, 因而,

$$\lambda(C \cup D) \leqslant \mu_0(U_0 \cup V_0) \leqslant \mu_0(U_0) + \mu_0(V_0).$$

由此可得

$$\lambda(C \cup D) \leqslant \inf \mu_0(U_0) + \inf \mu_0(V_0) = \lambda(C) + \lambda(D),$$

即 λ 是次可加的.

若 C 和 D 是 $\mathbf{C}$ 中的两个不相交的集合, 则在 $\mathbf{U}_0$ 中存在不相交的集合 U_0 和 V_0 使得 $C \subseteq U_0$ 且 $D \subseteq V_0$. 若 $C \cup D \subseteq W_0 \in \mathbf{U}_0$, 则有

$$\lambda(C) + \lambda(D) \leqslant \mu_0(U_0 \cap W_0) + \mu_0(V_0 \cap W_0) \leqslant \mu_0(W_0),$$

从而有

$$\lambda(C) + \lambda(D) \leqslant \inf \mu_0(W_0) = \lambda(C \cup D).$$

再由已证得的 λ 的次可加性，即得 λ 是可加的.

为了证明 λ 是正则的，设 C 是任意紧集，ε 是任意正数，根据 λ 的定义，存在集合 $U_0 \in \mathbf{U}_0$ 使得

$$C \subseteq U_0 \quad \text{且} \quad \mu_0(U_0) \leqslant \lambda(C) + \varepsilon.$$

若 D 是满足 $C \subseteq D^0 \subseteq D \subseteq U_0$ 的紧集，则

$$\lambda(D) \leqslant \mu_0(U_0) \leqslant \lambda(C) + \varepsilon. \qquad \blacksquare$$

定理 D   若 μ_0 是贝尔测度，则存在唯一的正则博雷尔测度 μ，使得对于每一个贝尔集 E 有 $\mu(E) = \mu_0(E)$.

证明   对于所有 $C \in \mathbf{C}$ 令

$$\lambda(C) = \inf \big\{ \mu_0(U_0) : C \subseteq U_0 \in \mathbf{U}_0 \big\},$$

根据定理 C，λ 是正则容度. 令 μ 是由 λ 导出的正则博雷尔测度. 根据定理 A，对于所有 $C \in \mathbf{C}$ 有 $\mu(C) = \lambda(C)$. 因为每一个贝尔测度是正则的（见定理 52.G），我们有 $\lambda(C) = \mu_0(C)$，所以，对于所有 $C \in \mathbf{C}_0$ 有 $\mu(C) = \mu_0(C)$. 这就证明了 μ 的存在性. μ 的唯一性是显然的，证明见定理 52.H. $\qquad \blacksquare$

习题

1. 在习题 53.1 给出的集函数中，哪些是正则容度?

2. 沿用定理 53.F 中的记号，若 λ 是正则容度，则 $\hat{\lambda}$ 也是正则容度.

3. 若 μ 是博雷尔测度，对于所有 $C \in \mathbf{C}$ 令 $\lambda(C) = \sup \big\{ \mu(C_0) : C \supseteq C_0 \in \mathbf{C}_0 \big\}$，则 μ 为完备正则测度当且仅当 λ 是正则容度（见习题 53.1f）.

4. 若对于所有 $C \in \mathbf{C}$ 有 $\lambda(C) = \sup \big\{ \lambda(D) : C^0 \supseteq D \in \mathbf{C} \big\}$，则称容度 λ 是**内正则**的. 与定理 A 和定理 B 类似的如下两个定理成立.

   (4a) 若 μ 是由内正则容度 λ 导出的博雷尔测度，则对于所有 $C \in \mathbf{C}$ 有 $\mu(C^0) = \lambda(C)$.

   (4b) 若 μ 是正则博雷尔测度，并且对于所有 $C \in \mathbf{C}$ 令 $\lambda(C) = \mu(C^0)$，则集函数 λ 是内正则容度，由 λ 导出的博雷尔测度与 μ 相同.

§55.   连续函数类

一般地，设 X 是局部紧豪斯多夫空间，我们记 $\mathcal{L}(X)$（或简写成 $\mathcal{L}$）为定义在 X 上的且在一个紧集外恒为零的所有实值连续函数 f 组成的类. 也就是说，

$\mathcal{L}$ 是定义在 X 上使得

$$N(f) = \{x : f(x) \neq 0\}$$

为有界集的所有实值连续函数 f 的类. 若 X 不是紧空间, X^* 是由 X 填上一个点 x^* 得到的紧化空间, 则称 x^* 为**无穷远点**. 因此, $\mathcal{L}$ 就可描述为定义在 X 上的且在无穷远点的某邻域内恒等于零的实值连续函数类. 我们记 $\mathcal{L}_+(X)$（或 $\mathcal{L}_+$）为 $\mathcal{L}$ 中的所有非负函数组成的子类. 接下来, 给出关于这种函数空间的第一个定理, 我们之前的许多讨论中已经隐含了这个结果.

定理 A   若 C 是任意紧贝尔集, 则存在 $\mathcal{L}_+$ 中的递减函数序列 $\{f_n\}$, 使得对于所有 $x \in X$ 有

$$\lim_n f_n(x) = \chi_C(x).$$

证明   若 $C = \bigcap_{n=1}^{\infty} U_n$, 其中 U_n 是有界开集, 则对于正整数 n, 存在函数 $g_n \in \mathcal{F}$（见第 50 节）使得

$$g_n(x) = \begin{cases} 1, & \text{若 } x \in C, \\ 0, & \text{若 } x \notin U_n. \end{cases}$$

令 $f_n = g_1 \cap \cdots \cap g_n$, 则 $\{f_n\}$ 是非负连续函数的递减序列, 对于所有 $x \in X$ 有

$$\lim_n f_n(x) = \chi_C(x).$$

事实上, 对于 $n = 1, 2, \cdots$, 因为 U_n 是有界的, 所以 $f_n \in \mathcal{L}_+$. ■

若 μ_0 是 X 中的贝尔测度, $f \in \mathcal{L}$ 且 $\{x : f(x) \neq 0\} \subseteq C \in \mathbf{C}_0$, 则由 $\mu_0(C) < \infty$ 且 f 是有界贝尔可测函数（定理 51.B）可得, f 对于 μ_0 可积且

$$\int f \mathrm{d}\mu_0 = \int_C f \mathrm{d}\mu_0.$$

特别地, 若 μ 是博雷尔测度, μ_0 是 μ 的贝尔限制, 上述结论也成立.

定理 B   若贝尔测度 μ 在每一个非空贝尔开集上取正值, 并且 $f \in \mathcal{L}_+$, 则 $\int f \mathrm{d}\mu = 0$ 当且仅当对于所有 $x \in X$ 有 $f(x) = 0$.

证明   充分性是显然的. 为了证明必要性, 假设 $\int f \mathrm{d}\mu = 0$, 令 U 是满足 $\{x : f(x) \neq 0\} \subseteq U$ 的有界贝尔开集. 若 $E = \{x : f(x) = 0\}$, 因为

$$0 = \int f \mathrm{d}\mu \geqslant \int_{U-E} f \mathrm{d}\mu,$$

且 f 是非负的, 则 $\mu(U - E) = 0$. 因为 $U - E$ 是贝尔开集, 必然有 $U - E = \varnothing$ 或者 $U \subseteq E$. ■

定理 C　若 μ_0 是贝尔测度，则对于每一个可积简单贝尔函数 f 都存在一个可积简单函数

$$g = \sum_{i=1}^{n} \alpha_i \chi_{C_i}$$

使得 C_i（$i = 1, \cdots, n$）是紧贝尔集，且对于任意正数 ε 有

$$\int |f - g| \mathrm{d}\mu_0 \leqslant \varepsilon.$$

证明　记 $f = \sum_{i=1}^{n} \alpha_i \chi_{E_i}$，令 c 是一个正数，使得对于所有 $x \in X$ 有 $|f(x)| \leqslant c$（即对于 $i = 1, \cdots, n$ 有 $|\alpha_i| \leqslant c$）. 因为 μ_0 是正则的，所以对于 $i = 1, \cdots, n$，存在紧贝尔集 C_i 使得

$$C_i \subseteq E_i \quad \text{且} \quad \mu_0(E_i) \leqslant \mu_0(C_i) + \frac{\varepsilon}{nc}.$$

因此，若 $g = \sum_{i=1}^{n} \alpha_i \chi_{C_i}$，则

$$\int |f - g| \mathrm{d}\mu_0 = \sum_{i=1}^{n} |\alpha_i| \mu_0(E_i - C_i) \leqslant \varepsilon. \qquad \blacksquare$$

定理 D　若 μ_0 是贝尔测度，$g = \sum_{i=1}^{n} \alpha_i \chi_{C_i}$ 是简单函数，其中 C_i（$i = 1, \cdots, n$）是紧贝尔集，则对于任意正数 ε，存在函数 $h \in \mathcal{L}$ 使得

$$\int |g - h| \mathrm{d}\mu_0 \leqslant \varepsilon.$$

证明　因为 $\{C_1, \cdots, C_n\}$ 是有限个不相交的紧集，所以存在有限个不相交的有界贝尔开集 $\{U_1, \cdots, U_n\}$ 使得 $C_i \subseteq U_i$（$i = 1, \cdots, n$）. 由于 μ_0 是正则的，不失一般性，假定

$$\mu_0(U_i) \leqslant \mu_0(C_i) + \frac{\varepsilon}{nc}, \quad i = 1, \cdots, n,$$

其中 c 是正数，使得对于所有 $x \in X$ 有 $|g(x)| \leqslant c$. 对于 $i = 1, \cdots, n$，存在函数 $h_i \in \mathcal{F}$，使得当 $x \in C_i$ 时有 $h_i(x) = 1$，当 $x \in X - U_i$ 时有 $h_i(x) = 0$. 记 $h = \sum_{i=1}^{n} \alpha_i h_i$. 因为对于 $i = 1, \cdots, n$ 有 $h_i \in \mathcal{L}_+$，所以显然有 $h \in \mathcal{L}$. 又因为 U_i 是不相交的，所以对于所有 $x \in X$ 有 $|h(x)| \leqslant c$. 我们有

$$\int |g - h| \mathrm{d}\mu_0 = \sum_{i=1}^{n} \int_{U_i - C_i} |h| \mathrm{d}\mu_0 \leqslant \sum_{i=1}^{n} c \mu_0(U_i - C_i) \leqslant \varepsilon. \qquad \blacksquare$$

习题

1. 若 μ 是正则博雷尔测度, 则由紧集的特征函数的所有有限线性组合构成的类在 $\mathcal{L}_p(\mu)$ $(1 \leqslant p < \infty)$ 中稠密.

2. 若 μ 是正则博雷尔测度, 则 $\mathcal{L}$ 在 $\mathcal{L}_p(\mu)$ $(1 \leqslant p < \infty)$ 中稠密.

3. 若 μ 是正则博雷尔测度, E 是具有有限测度的博雷尔集, f 是定义在 E 上的博雷尔可测函数, 则对于任意正数 ε, 存在 E 中的紧集 C 使得 $\mu(E-C) \leqslant \varepsilon$ 且 f 在 C 上连续. 这个结果称为**卢辛定理**. 提示: 若 f 是简单函数, 利用定理 C 中的方法来证明这个命题. 在一般情况下, 存在收敛于 f 的简单函数序列 $\{f_n\}$, 根据叶戈罗夫定理和 μ 的正则性, 在 E 中存在紧集 C_0, 使得 $\mu(E) \leqslant \mu(C_0) + \varepsilon/2$, 并使得 $\{f_n\}$ 在 C_0 上一致收敛到 f. 设 C_n 是 E 的紧子集, 使得 $\mu(E) \leqslant \mu(C_n) + \varepsilon/2^{n+1}$, 并使得 $\{f_n\}$ 在 C_n 上连续. 因此, 集合

$$C = \bigcap_{n=0}^{\infty} C_n$$

满足命题中所要求的条件.

§56. 线性泛函

设 Λ 是定义在 $\mathcal{L}$ 上的实值函数, 若对于所有函数 $f,g \in \mathcal{L}$ 及任意实数 α 和 β 有

$$\Lambda(\alpha f + \beta g) = \alpha \Lambda(f) + \beta \Lambda(g),$$

则称 Λ 是 $\mathcal{L}$ 上的**线性泛函**. 设 Λ 是 $\mathcal{L}$ 上的线性泛函, 若对于所有 $f \in \mathcal{L}_+$ 都有 $\Lambda(f) \geqslant 0$, 则称 Λ 是**正的**. 注意, 正线性泛函 Λ 具有单调性, 即, 若对于所有 $f,g \in \mathcal{L}$ 有 $f \geqslant g$, 则 $\Lambda(f) \geqslant \Lambda(g)$. 容易验证, 若 μ_0 是 X 中的贝尔测度, 对于所有 $f \in \mathcal{L}$ 记 $\Lambda(f) = \int f \mathrm{d}\mu_0$, 则 Λ 是正线性泛函. 本节的主要目的在于证明, 每一个正线性泛函都可以如此获得.

我们发现, 定义一些记号的不常见用法有时是方便的, 而且很有建设性意义. 设 E 是 X 的子集, f 是定义在 X 上的任意实值函数, 若对于所有 $x \in X$ 有 $\chi_E(x) \leqslant f(x)$ (或 $\chi_E(x) \geqslant f(x)$), 则记 $E \subseteq f$ (或 $E \supseteq f$).

定理 A 若 Λ 是 $\mathcal{L}$ 上正线性泛函, 且对于所有 $C \in \mathbf{C}$ 有

$$\lambda(C) = \inf\{\Lambda(f) : C \subseteq f \in \mathcal{L}_+\},$$

则 λ 是正则容度. 若 μ 是由 λ 导出的博雷尔测度, 则对于任意有界开集 U 和 $\mathcal{L}_+$ 中满足 $U \subseteq f$ 的任意 f 有

$$\mu(U) \leqslant \Lambda(f).$$

证明　事实上, Λ 是正的意味着对于所有 $C \in \mathbf{C}$ 有 $\lambda(C) \geqslant 0$. 为了证明 λ 是有限的, 令 C 是任意紧集, U 是包含 C 的任意有界开集. 因为存在函数 $f \in \mathcal{L}_+$, 使得当 $x \in C$ 时有 $f(x) = 1$, 当 $x \in X - U$ 时有 $f(x) = 0$, 因此 $C \subseteq f \in \mathcal{L}_+$, 从而有

$$\lambda(C) \leqslant \Lambda(f) < \infty.$$

若 C 和 D 是紧集, $C \supseteq D$ 且 $C \subseteq f \in \mathcal{L}_+$, 则 $D \subseteq f$, 因此 $\lambda(D) \leqslant \Lambda(f)$. 所以 $\lambda(D) \leqslant \inf \Lambda(f) = \lambda(C)$, 即 λ 是单调的.

若 C 和 D 是紧集, $C \subseteq f \in \mathcal{L}_+$ 且 $D \supseteq g \in \mathcal{L}_+$, 则

$$C \cup D \subseteq f + g \in \mathcal{L}_+,$$

因此 $\lambda(C \cup D) \leqslant \Lambda(f + g) = \Lambda(f) + \Lambda(g)$. 于是,

$$\lambda(C \cup D) \leqslant \inf \Lambda(f) + \inf \Lambda(g) = \lambda(C) + \lambda(D),$$

即 λ 是次可加的.

若 C 和 D 是不相交的紧集, 则存在不相交的有界开集 U 和 V 使得 $C \subseteq U$ 且 $D \subseteq V$. 令 f 和 g 是 $\mathcal{L}_+$ 中的函数, 使得当 $x \in C$ 时有 $f(x) = 1$, 当 $x \in X - U$ 时有 $f(x) = 0$; 当 $x \in D$ 时有 $g(x) = 1$, 当 $x \in X - V$ 时有 $g(x) = 0$. 若 $C \cup D \subseteq h \in \mathcal{L}_+$, 则

$$\lambda(C) + \lambda(D) \leqslant \Lambda(hf) + \Lambda(hg) = \Lambda\big(h(f + g)\big) \leqslant \Lambda(h).$$

因此,

$$\lambda(C) + \lambda(D) \leqslant \inf \Lambda(h) = \lambda(C \cup D),$$

再由 λ 的次可加性, 即得 λ 是可加的.

因此, 我们已经证明了 λ 是一个容度. 接下来, 证明 λ 是正则的. 对于所有 $C \in \mathbf{C}$ 及任意正数 ε, 存在函数 $f \in \mathcal{L}_+$ 使得

$$C \subseteq f \quad \text{且} \quad \Lambda(f) \leqslant \lambda(C) + \frac{\varepsilon}{2}.$$

若实数 γ 满足 $0 < \gamma < 1$, 且 $D = \{x : f(x) \geqslant \gamma\}$, 则

$$C \subseteq \{x : f(x) \geqslant 1\} \subseteq \{x : f(x) > \gamma\} \subseteq D^0 \subseteq D \in \mathbf{C}.$$

因为 $D \subseteq \frac{1}{\gamma} f \in \mathcal{L}_+$, 所以

$$\lambda(D) \leqslant \frac{1}{\gamma} \Lambda(f) \leqslant \frac{1}{\gamma}\left(\lambda(C) + \frac{\varepsilon}{2}\right).$$

因为可以选择 γ 使得

$$\frac{1}{\gamma}\left(\lambda(C)+\frac{\varepsilon}{2}\right) \leqslant \lambda(C)+\varepsilon,$$

所以 $\lambda(D) \leqslant \lambda(C)+\varepsilon$. 再由 ε 的任意性, 可知 λ 是正则的.

定理的最后一部分结论由 μ 的正则性很容易推得. 事实上, 若 C 是满足 $C \subseteq U$ 的紧集, 则 $C \subseteq f$, 因此

$$\mu(C) = \lambda(C) \leqslant \Lambda(f),$$

所以 $\mu(U) = \sup \mu(C) \leqslant \Lambda(f)$. ∎

定理 B 设 Λ 是 $\mathcal{L}$ 上正线性泛函, 对于所有 $C \in \mathbf{C}$, 令

$$\lambda(C) = \inf\{\Lambda(f) : C \subseteq f \in \mathcal{L}_+\}.$$

若 μ 是由容度 λ 导出的博雷尔测度, 则对于所有 $f \in \mathcal{L}_+$ 有

$$\int f \mathrm{d}\mu \leqslant \Lambda(f).$$

证明 因为 $\int f \mathrm{d}\mu$ 和 $\Lambda(f)$ 都线性地依赖于 f, 所以只需对满足对于所有 $x \in X$ 有 $0 \leqslant f(x) \leqslant 1$ 的函数 f 证明这个不等式.

设 n 是一个固定的正整数, 对于 $i = 1, \cdots, n$ 记

$$f_i(x) = \begin{cases} 0, & \text{若 } f(x) < \frac{i-1}{n}, \\ \dfrac{f(x) - \frac{i-1}{n}}{\frac{1}{n}} = nf(x) - (i-1), & \text{若 } \frac{i-1}{n} \leqslant f(x) \leqslant \frac{i}{n}, \\ 1, & \text{若 } \frac{i}{n} < f(x). \end{cases}$$

因为对于 $i = 1, \cdots, n$ 有

$$f_i = \Big(\big[nf - (i-1)\big] \cup 0\Big) \cap 1 = \Big(\big[nf - (i-1)\big] \cap 1\Big) \cup 0,$$

所以函数 f_i 都属于 $\mathcal{L}_+$. 对于满足 $\frac{i-1}{n} \leqslant f(x) \leqslant \frac{i}{n}$ 的任意 x, 我们有

$$f_i(x) = \begin{cases} 1, & \text{若 } 1 \leqslant i \leqslant j-1, \\ 0, & \text{若 } j+1 \leqslant i \leqslant n. \end{cases}$$

因此对于所有 $x \in X$ 有 $f(x) = \frac{1}{n}\sum_{i=1}^{n} f_i(x)$.

对于 $i = 1, \cdots, n$, 若 $U_i = \{x : f(x) > \frac{i}{n}\}$, 则 U_i 是满足 $U_i \subseteq f_i$ 的有界开集, 因此根据定理 A 有 $\mu(U_i) \leqslant \Lambda(f_i)$. 因为 $U_0 \supseteq U_1 \supseteq \cdots \supseteq U_n = \varnothing$, 所以

$$
\Lambda(f) = \frac{1}{n} \sum_{i=1}^{n} \Lambda(f_i) \geqslant \frac{1}{n} \sum_{i=1}^{n} \mu(U_i) = \sum_{i=1}^{n} \left(\frac{i}{n} - \frac{i-1}{n} \right) \mu(U_i)
$$

$$
= \sum_{i=1}^{n-1} \frac{i}{n} \big[\mu(U_i) - \mu(U_{i+1}) \big] = \sum_{i=1}^{n-1} \frac{i+1}{n} \mu(U_i - U_{i+1}) - \frac{1}{n} \mu(U_1)
$$

$$
\geqslant \sum_{i=1}^{n-1} \int_{U_i - U_{i+1}} f \mathrm{d}\mu - \frac{1}{n} \mu(U_1) = \int_{U_1} f \mathrm{d}\mu - \frac{1}{n} \mu(U_1) \geqslant \int f \mathrm{d}\mu - \frac{1}{n} \mu(U_0).
$$

由 n 的任意性及 $\mu(U_0)$ 的有限性, 即得定理的结论. ∎

定理 C　设 Λ 是 $\mathcal{L}$ 上正线性泛函, 对于所有 $C \in \mathbf{C}$, 令

$$
\lambda(C) = \inf\{\Lambda(f) : C \subseteq f \in \mathcal{L}_+\}.
$$

若 μ 是由容度 λ 导出的博雷尔测度, 则对于任意紧集 C 及任意正数 ε, 存在函数 $f_0 \in \mathcal{L}_+$ 使得 $C \subseteq f_0$, $f_0 \leqslant 1$ 且

$$
\Lambda(f_0) \leqslant \int f_0 \mathrm{d}\mu + \varepsilon.
$$

证明　设 g_0 是 $\mathcal{L}_+$ 中的函数, 使得

$$
C \subseteq g_0 \quad \text{且} \quad \Lambda(g_0) \leqslant \lambda(C) + \varepsilon.
$$

若 $f_0 = g_0 \cap 1$, 则有

$$
\Lambda(f_0) \leqslant \Lambda(g_0) \leqslant \mu(C) + \varepsilon \leqslant \int f_0 \mathrm{d}\mu + \varepsilon. ∎
$$

定理 D　若 Λ 是 $\mathcal{L}$ 上正线性泛函, 则存在博雷尔测度 μ, 使得对于所有 $f \in \mathcal{L}$ 有

$$
\Lambda(f) = \int f \mathrm{d}\mu.
$$

证明　对于所有 $C \in \mathbf{C}$ 记 $\lambda(C) = \inf\{\Lambda(f) : C \subseteq f \in \mathcal{L}_+\}$, 令 μ 是由容度 λ 导出的博雷尔测度, f 是 $\mathcal{L}$ 中的一个给定的函数.

设 C 是满足 $\{x : f(x) \neq 0\}$ 的紧集, ε 是任意正数. 根据定理 C, 存在函数 $f_0 \in \mathcal{L}_+$ 使得 $C \subseteq f_0$, $f_0 \leqslant 1$ 且 $\Lambda(f_0) \leqslant \int f_0 \mathrm{d}\mu + \varepsilon$.

我们观察到, 由于 $C \subseteq f_0$, 所以 $ff_0 = f$. 若 c 是正数, 使得对于所有 $x \in X$ 有 $|f(x)| \leqslant c$, 则函数 $(f + c)f_0 \in \mathcal{L}_+$, 因此, 根据定理 B 有

$$\Lambda(f) + c\Lambda(f_0) = \Lambda((f + c)f_0) \geqslant \int (f + c)f_0 \mathrm{d}\mu = \int f \mathrm{d}\mu + c \int f_0 \mathrm{d}\mu.$$

因此,

$$\Lambda(f) \geqslant \int f \mathrm{d}\mu + c \left[\int f_0 \mathrm{d}\mu - \Lambda(f_0) \right] \geqslant \int f \mathrm{d}\mu - c\varepsilon,$$

再由 ε 的任意性, 可得 $\Lambda(f) \geqslant \int f \mathrm{d}\mu$, 即, 定理 B 对于所有 $f \in \mathcal{L}$ 都成立. 对函数 $-f$ 应用这个不等式, 即得到反向的不等式. ∎

定理 E 若 μ 是正则博雷尔测度, 对于所有 $f \in \mathcal{L}$ 令 $\Lambda(f) = \int f \mathrm{d}\mu$, 对于所有 $C \in \mathbf{C}$ 令

$$\lambda(C) = \inf \left\{ \Lambda(f) : C \subseteq f \in \mathcal{L}_+ \right\},$$

则对于所有 $C \in \mathbf{C}$ 有 $\mu(C) = \lambda(C)$. 因此, 正线性泛函可以表示为正则博雷尔测度的积分, 其表示形式是唯一的.

证明 显然, $\mu(C) \leqslant \lambda(C)$. 对于所有 $C \in \mathbf{C}$ 及任意正数 ε, 由 μ 的正则性, 必存在包含 C 的有界开集 U 使得 $\mu(U) \leqslant \mu(C) + \varepsilon$. 设函数 $f \in \mathcal{F}$, 满足当 $x \in C$ 时 $f(x) = 1$, 当 $x \in X - U$ 时 $f(x) = 0$, 则 $C \subseteq f \in \mathcal{L}_+$, 且

$$\lambda(C) \leqslant \Lambda(f) = \int f \mathrm{d}\mu \leqslant \mu(U) \leqslant \mu(C) + \varepsilon.$$

由 ε 的任意性, 定理得证. ∎

习题

1. 设 $x_0 \in X$, 对于所有 $f \in \mathcal{L}$ 令 $\Lambda(f) = f(x_0)$, 对于每一个博雷尔集 E, 若 $\mu(E) = \chi_E(x_0)$, 则 $\Lambda(f) = \int f \mathrm{d}\mu$.

2. 设 μ_0 是贝尔测度, 对于所有 $f \in \mathcal{L}$ 令 $\Lambda(f) = \int f \mathrm{d}\mu_0$, 设 μ 是博雷尔测度, 满足 $\Lambda(f) = \int f \mathrm{d}\mu$, 则对于每一个贝尔集 E 有 $\mu(E) = \mu_0(E)$.

3. 设 μ_0 是贝尔测度, 对于所有 $f \in \mathcal{L}$ 记 $\Lambda(f) = \int f \mathrm{d}\mu_0$. 对于所有 $U \in \mathbf{U}$ 记

$$\lambda_*(U) = \sup \left\{ \Lambda(f) : U \supseteq f \in \mathcal{L}_+ \right\},$$

对于每一个 σ 有界集 E 令

$$\mu^*(E) = \inf \left\{ \lambda_*(U) : E \subseteq U \in \mathbf{U} \right\},$$

则对于每一个贝尔集 E 有 $\mu^*(E) = \mu_0(E)$.

4. 在所有正整数组成的可数离散空间中填上点 ∞, 得到紧化空间 X. 此时, $\mathcal{L}$ 中的函数 f 为收敛实数列 $\{f(n)\}$, 满足 $f(\infty) = \lim_n f(n)$, 最一般的正线性泛函 Λ 定义为

$$\Lambda(f) = \sum_{1 \leqslant n \leqslant \infty} f(n) \Lambda_n,$$

其中 $\sum_n \Lambda_n$ 是收敛的正数级数.

5. 设 Λ 是 $\mathcal{L}$ 上的线性泛函, 若存在常数 k, 使得对于所有 $f \in \mathcal{L}$ 都有 $|\Lambda(f)| \leqslant k \sup \{|f(x)| : x \in X\}$, 则称 Λ 是**有界的**. 任意有界 (不一定是正的) 线性泛函都可以表示为两个有界的正线性泛函之差. 可以仿照广义测度若尔当分解的推导过程来证明这个命题.

6. 若 X 是紧空间, 则 $\mathcal{L}$ 上的每一个正线性泛函都是有界的.

第 11 章　哈尔测度

§57.　全子群

在研究拓扑群中的测度论之前, 本节简短地给出拓扑方面的两个结果的证明, 这些结果在测度论中有很重要的应用, 与全子群有关. 若拓扑群 X 的子群 Z 有非空的内部, 则称 Z 为**全子群**. 我们要证明, 拓扑群 X 的全子群 Z 拥有 X 的全部拓扑性质——超出 Z 所能表达的 X 的性质, 可以通过 Z 的左陪集类的结构来揭示, 这个左陪集的拓扑结构是离散的. 我们还要证明, 每一个局部紧拓扑群必有充分小的完全子群, 即一定存在这样的全子群, 其中的测度在无穷远点处无反常现象.

定理 A　若 Z 是拓扑群 X 的全子群, 则 Z 的左陪集的并集在 X 中既是开集又是闭集.

证明　因为左陪集的并集的补集还是左陪集的并集, 并且, 以开集为补集的集合一定是闭集, 所以只需证明, 每个这样的并集都是开集. 因为开集的并仍是开集, 所以只需证明 Z 的每一个左陪集都是开集, 为此, 只需证明 Z 是开集.

因为 $Z^0 \neq \varnothing$, 所以存在 $z_0 \in Z^0$, 对于所有 $z \in Z$ 有 $zz_0^{-1} \in Z$, 因此 $zz_0^{-1}Z = Z$. 于是 $zz_0^{-1}Z^0 = Z^0$, 从而

$$z = (zz_0^{-1})z_0 \in Z^0.$$

由于 z 是 Z 中的任意元素, 因此 $Z \subseteq Z^0$. 换句话说, Z 是开集. ■

定理 B　若 E 是局部紧拓扑群 X 中的任意一个博雷尔集, 则存在 X 的 σ 紧全子群 Z 使得 $E \subseteq Z$.

证明　根据定理 51.A, 只需证明, 若 $\{C_n\}$ 是 X 中的紧集序列, 则存在 X 的 σ 紧全子集 Z, 使得对于 $n = 1, 2, \cdots$ 有 $C_n \subseteq Z$.

设 D 是包含单位元素 e 的某个邻域的紧集. 记 $D_0 = D$, 令

$$D_{n+1} = D_n^{-1}D_n \cup C_{n+1}, \quad n = 0, 1, 2, \cdots.$$

若 $Z = \bigcup_{n=0}^{\infty} D_n$, 则 Z 是内部非空 σ 的紧集, 且 Z 包含所有 C_n. 为了证明定理, 我们只需证明 $Z^{-1}Z \subseteq Z$.

首先，我们证明，对于 $n = 0, 1, 2, \cdots$，若 $e \in D_n$ 则 $D_n \subseteq D_{n+1}$. 事实上，若 $e \in D_n$ 则 $e \in D_n^{-1}$，因此，若 $x \in D_n$ 则

$$x \in \left(D_n^{-1}\right)x \subseteq D_n^{-1}D_n \subseteq D_{n+1}.$$

因为 $e \in D_0$，所以，由数学归纳法，对于 $n = 0, 1, 2, \cdots$ 有 $D_n \subseteq D_{n+1}$.

现在，设 x 和 y 是 Z 的两个元素，由前述可知，x 和 y 同属于某一个 D_n，因此

$$x^{-1}y \in D_n^{-1}D_n \subseteq D_{n+1} \subseteq Z. \qquad \blacksquare$$

§58.   哈尔测度的存在性

若局部紧拓扑群 X 中的博雷尔测度 μ 满足以下条件：对于每一个非空博雷尔开集 U 有 $\mu(U) > 0$，对于每一个博雷尔集 E 有 $\mu(xE) = \mu(E)$，则称 μ 为**哈尔测度**. 本节的目的是证明，每一个局部紧拓扑群中至少存在一个哈尔测度.

哈尔测度定义中的第二个条件称为左不变性（或者称为在左平移下的不变性），定义中的第一个条件等价于 μ 不恒为零. 的确，若对某个非空的博雷尔开集 U 有 $\mu(U) = 0$，又令 C 是任意紧集，则集类 $\{xU : x \in C\}$ 是 C 的一个开覆盖. 因为 C 是紧集，所以存在 C 的有限子集 $\{x_1, \cdots, x_n\}$ 使得 $C \subseteq \bigcup_{i=1}^n x_i U$. 然而，由 μ 的左不变性可得 $\mu(C) \leqslant \sum_{i=1}^n \mu(x_i U) = n\mu(U) = 0$. 因此，$\mu$ 在所有紧集的类 **C** 上等于零意味着 μ 在所有博雷尔集的类 **S** 上也等于零，我们得到所期待的结论：哈尔测度就是不恒为零、左不变的博雷尔测度.

在给出哈尔测度的结构之前，我们还要注意哈尔测度定义中的非对称性. 左平移和右平移在群中扮演着完全对称的角色. 我们只强调左不变性存在着某种"不公平". 我们所定义的概念，实际上应该称为"左哈尔测度"；我们还应类似地给出"右哈尔测度"，并对二者之间的关系进行彻底的研究. 的确，我们在后面有时需要引入这个修正（从而更加精确）的概念，但在大多数情形，特别是讨论哈尔测度的存在性，由于左、右哈尔测度的完全对称性，我们只需针对左哈尔测度进行讨论就足够了. 因为将 X 中的任意 x 映为 x^{-1} 的映射能够实现"左右的转换"，并且保持所有拓扑和群论的性质不变，所以每一个"左定理"可以推出相应的"右定理"，反之亦然. 特别地，容易验证，若 μ 是左哈尔测度，则对于每一个博雷尔集 E，由 $\nu(E) = \mu\left(E^{-1}\right)$ 定义的集函数 ν 是右哈尔测度，反之亦然.

设 E 是任意有界集，F 是内部非空的集合，我们定义"比" $E : F$ 为 E 能被 n 个 F 的左平移所覆盖的最小正整数 n，换句话说，存在 X 中的 n 个元素组成的集合 $\{x_1, \cdots, x_n\}$，使得 $E \subseteq \bigcup_{i=1}^n x_i F$. 容易验证，$E : F$ 必为有限数（因为

E 是有界集，而 F^0 非空），并且，若 A 是内部非空的有界集，则

$$E : F \leqslant (E : A)(A : F).$$

我们建立哈尔测度基于如下考虑．为了在局部紧豪斯多夫空间中构造博雷尔测度，以上一章的结果来看，只需建构造一个容度 λ，即在 $\mathbf{C}$ 上定义带有某种可加性质的一个集函数．若 C 是紧集，U 是非空开集，则 $C : U$ 可以用来比较 C 和 U 的大小．将 $C : U$ 乘以依赖于 U 的大小的合适因子，那么当 U 越来越小时，所得乘积的极限值应该就是 λ 在 C 上的值．

上面给出的想法并不十分准确，为了展示这种不准确之处，使我们的思考过程更加直观，现在给出一个例子．假设 X 是欧几里得平面，μ 是勒贝格测度，C 是任意一个紧集，U_r 是半径为 r 的圆的内部，若对于任意正数 r，记 $n(r) = C : U_r$，则显然有 $n(r)\pi r^2 \geqslant \mu(C)$．事实上，尽管 $\lim_{r\to 0} n(r)\pi r^2$ 存在，但其不等于 $\mu(C)$，而等于 $\frac{2\pi\sqrt{3}}{9}\mu(C)$．换句话说，给出一个 U_r 上取值 πr^2 的通常测度，我们的计算过程产生了一个不同的测度，其与原测度相差一个常数因子．基于这种原因，为了消去这个比例因子，我们将用两个比的比值 $(C:U)/(A:U)$ 来取代 $C:U$，其中 A 是已知的内部非空的紧集．

定理 A　给定非空开集 U 及内部非空的紧集 A，对于任意紧集 C，定义集函数

$$\lambda_U(C) = \frac{C : U}{A : U},$$

则集函数 λ_U 是非负、有限、单调、次可加和左不变的．λ_U 在限制意义下具有可加性，即，若 C 和 D 是紧集，且 $CU^{-1} \cap DU^{-1} = \varnothing$，则

$$\lambda_U(C \cup D) = \lambda_U(C) + \lambda_U(D).$$

证明　除了最后一部分外，定理的其余部分都可由比 $C:U$ 的定义直接验证．为了证明定理的最后一部分，令 xU 是 U 的左平移，并注意：若 $C \cap xU \neq \varnothing$ 则 $x \in CU^{-1}$；若 $D \cap xU \neq \varnothing$ 则 $x \in DU^{-1}$．因此，不存在 U 的任何左平移与 C 和 D 的交集同时为空，所以 λ_U 具有上述的限制可加性．■

定理 B　每一个局部紧拓扑群 X 中至少存在一个正则哈尔测度．

证明　根据定理 53.E 和定理 53.F，只需构造一个不恒为零的左不变容度，再由定理 53.C 可知，这个容度导出的测度也不恒为零，所以是一个正则哈尔测度．

已知 A 是内部非空的紧集，$\mathbf{N}$ 是单位元素的所有邻域构成的类．对于每一个 $U \in \mathbf{N}$，我们在所有紧集 C 上定义集函数 $\lambda_U(C) = (C:U)/(A:U)$．因为 $C:U \leqslant (C:A)(A:U)$，所以对于每一个 $C \in \mathbf{C}$ 有 $0 \leqslant \lambda_U(C) \leqslant C:A$．根据定

理 A，每一个 λ_U "几乎" 就是一个容度，只是不一定满足可加性. 我们应用康托尔对角线法的近代形式，即齐霍诺夫关于乘积空间紧性的定理，得出 λ_U 的一个极限，由此确定的这个极限有可加性在内的容度的全部性质.

对于每一个集合 $C \in \mathbf{C}$，令相应的闭区间为 $[0, C:A]$，记为 Φ 所有这些区间的（拓扑学意义下的）笛卡儿积，则 Φ 是紧豪斯多夫空间，Φ 中的点就是定义在 $\mathbf{C}$ 上的实值函数 ϕ，使得对于每一个 $C \in \mathbf{C}$ 有 $0 \leqslant \phi(C) \leqslant C:A$. 对于每一个 $U \in \mathbf{N}$，函数 λ_U 就是这个空间中的一个点.

对于每一个 $U \in \mathbf{N}$，记 $\Lambda(U)$ 是所有函数 λ_V 组成的集合，其中 $V \subseteq U$，即

$$\Lambda(U) = \left\{ \lambda_V : U \supseteq V \in \mathbf{N} \right\}.$$

若 $\{U_1, \cdots, U_n\}$ 是由单位元素的邻域组成的任意有限类，即 $\mathbf{N}$ 的任意有限子类，则 $\bigcap_{i=1}^n U_i$ 也是单位元素的一个邻域，另外

$$\bigcap_{i=1}^n U_i \subseteq U_j, \quad j = 1, \cdots, n.$$

因此

$$\Lambda\left(\bigcap_{i=1}^n U_i \right) \subseteq \bigcap_{i=1}^n \Lambda(U_i),$$

因为 $\Lambda(U)$ 总是包含 λ_U，所以 $\Lambda(U)$ 非空，由所有 $\Lambda(U)$ 组成的类满足有限交的性质，其中 $U \in \mathbf{N}$. Φ 的紧性意味着，所有 $\Lambda(U)$ 的闭包的交集中存在一点 λ，即

$$\lambda \in \bigcap \left\{ \overline{\Lambda(U)} : U \in \mathbf{N} \right\}.$$

我们要证明，λ 就是所求的容度.

显然，对于每一个 $C \in \mathbf{C}$ 有 $0 \leqslant \lambda(C) \leqslant C:A < \infty$. 为了证明 λ 是单调的，注意到，对于 $\mathbf{C}$ 中的每一个固定的 C，令 $\xi_C(\phi) = \phi(C)$，则 ξ_C 是定义在 Φ 上的连续函数，因此，对于任意两个紧集 C 和 D，集合

$$\Delta = \left\{ \phi : \phi(C) \leqslant \phi(D) \right\} \subseteq \Phi$$

是闭的. 若 $C \subseteq D$ 且 $U \in \mathbf{N}$，则 $\lambda_U \in \Delta$，从而 $\Lambda(U) \subseteq \Delta$. 事实上，$\Delta$ 是闭集意味着 $\lambda \in \overline{\Lambda(U)} \subseteq \Delta$，即 λ 是单调的.

关于 λ 的次可加性的证明与上述讨论类似，在此略去. 现在证明 λ 具有可加性. 设 C 和 D 是满足 $C \cap D = \varnothing$ 的紧集，则存在 e 的邻域 U 使得 $CU^{-1} \cap DU^{-1} = \varnothing$. 若 $V \in \mathbf{N}$ 且 $V \subseteq U$，则 $CV^{-1} \cap DV^{-1} = \varnothing$. 因而，由定理 A 有

$$\lambda_V(C \cup D) = \lambda_V(C) + \lambda_V(D).$$

这就意味着，当 $V \subseteq U$ 时 λ_V 属于闭集 $\Delta = \{ \phi : \phi(C \cup D) = \phi(C) + \phi(D) \}$，因此 $\Lambda(U) \subseteq \Delta$，进而 $\lambda \in \overline{\Lambda(U)} \subseteq \Delta$，即 λ 是可加的.

再一次应用同样的讨论可以证明 $\lambda(A) = 1$（因为对于每一个 $U \in \mathbf{N}$ 有 $\lambda_U(A) = 1$），因此，集函数 λ（已知其是一个容度）不恒等于零. 事实上，再由同样的讨论可得，λ 的左平移不变性源于每一个 λ_U 的左平移不变性. ∎

习题

1. 考虑群 X 的对偶群 $\hat{X}$，由左哈尔测度的存在性即可推出右哈尔测度的存在性. 按照定义，群 $\hat{X}$ 与 X 有相同的元素和拓扑结构，$\hat{X}$ 中两个元素 x 与 y 的乘积（即 xy）定义为 X 中的 y 与 x 的乘积（即 yx）.

2. 哈尔测度显然不是唯一的. 对于任意哈尔测度 μ 及任意正数 c，乘积 $c\mu$ 也是哈尔测度.

3. 对于每一个 $U \in \mathbf{N}$，令 λ_U 是定理 A 中所述的集函数，则对于满足 $C^0 \neq \varnothing$ 的任意紧集 C 有 $0 < 1/(A:C) \leqslant \lambda_U(C)$. 因此，当 $C^0 \neq \varnothing$ 时有 $\lambda(C) > 0$.

4. 下面是一个著名的群的例子，其左、右哈尔测度存在本质差别. 令 X 是由所有形如

$$\begin{pmatrix} x & y \\ 0 & 1 \end{pmatrix}$$

的矩阵组成的集合，其中 $0 < x < \infty$ 且 $-\infty < y < +\infty$. 容易验证，对于通常的矩阵乘法，X 构成一个群. 若用显然的方式将 X 拓扑化，即将其视为欧几里得平面的一个子集（半平面），则 X 是一个局部紧拓扑群. 对于 X 中每一个博雷尔集 E，记

$$\mu(E) = \iint_E \frac{1}{x^2} \mathrm{d}x \mathrm{d}y \quad \text{和} \quad \nu(E) = \iint_E \frac{1}{x} \mathrm{d}x \mathrm{d}y$$

（对半平面中的勒贝格测度求积分），则 μ 和 ν 分别是 X 中的左、右哈尔测度. 因为 $\mu(E^{-1}) = \nu(E)$，这个例子表明，可以存在可测集 E 满足 $\mu(E) < \infty$ 且 $\mu(E^{-1}) = \infty$.

5. 设 C 和 D 是两个紧集，若 $\mu(C) = \mu(D) = 0$，则一定有 $\mu(CD) = 0$ 吗？

6. 若 μ 是 X 中的哈尔测度，则 X 为离散的当且仅当 X 中至少存在一个点 x 使得 $\mu(\{x\}) \neq 0$.

7. 每一个具有哈尔测度的局部紧拓扑群 X 满足习题 31.10 中所述的条件（见第 57 节）.

8. 若 X 中的哈尔测度 μ 是有限的，则 X 是紧的.

9. 若 μ 是 X 中的哈尔测度，则下面四个断言是相互等价的：(a) X 是 σ 紧的；(b) μ 是全 σ 有限的；(c) 每一个不相交的非空博雷尔开集类都是可数的；(d) 对于每一个非空博雷尔开集 U，存在 X 中的元素序列 $\{x_n\}$，使得

$$X = \bigcup_{n=1}^{\infty} x_n U.$$

§59.　可测群

按照定义, 所谓的拓扑群 X 首先是一个群, 其上的拓扑满足适当的分离公理, 使得 $X \times X$ 到 X 上的变换 $(x,y) \mapsto x^{-1}y$ 是连续的. 现在, 为了方便, 我们考虑拓扑群的等价定义, 即要求 ($X \times X$ 到其自身的) 变换 $S(x,y) = (x, xy)$ 是同胚的. 事实上, 若 X 是通常意义下的拓扑群, 则 S 是连续的. 又因为 S 显然是一一变换, 且 $S^{-1}(x,y) = (x, x^{-1}y)$, 同理, S^{-1} 也是连续的, 所以 S 是一个同胚. 反之, 若 S 是一个同胚, 则 S^{-1} 是连续的, 因此在第二个坐标上的投影变换 S^{-1} 也是连续的. (在 X 是实直线的情形下, 变换 S 是容易直观化的; 其使平面上的每一个点沿着铅直方面移动, 移动的量等于其到 y 轴的距离.)

根据上述讨论, 以及每一个局部紧拓扑群中都有一个哈尔测度, 我们就可以定义与拓扑群的概念类似的可测群的概念了. 所谓**可测群**, 就是一个 σ 有限的测度空间 $(X, \mathbf{S}, \mu)$, 满足 (a) μ 不恒为零; (b) X 是一个群; (c) σ 环 $\mathbf{S}$ 和测度 μ 在左平移下是不变的; (d) 由 $S(x,y) = (x, xy)$ 确定的 $X \times X$ 到其自身的变换 S 是保测的. ($\mathbf{S}$ 在左平移下是不变的, 说的是, 对于每一个 $x \in X$ 及对于每一个 $E \in \mathbf{S}$ 有 $xE \in \mathbf{S}$. $X \times X$ 的可测子集总是指 σ 环 $\mathbf{S} \times \mathbf{S}$ 中的一个集合.)

若 X 是局部紧群, $\mathbf{S}$ 是 X 中的所有贝尔集的类, μ 是哈尔测度, 则 S 是一个同胚 (保持贝尔可测性), 并且 $X \times X$ 中的所有贝尔集构成的类就是 $\mathbf{S} \times \mathbf{S}$ (见定理 51.E), 这意味着 $(X, \mathbf{S}, \mu)$ 是可测群. 下面对可测群进行讨论, 主要目的是看看, 对于局部紧拓扑群若仅关注测度论, 能得出多少结论.

若 X 是任意可测空间 (特别地, X 是任意可测群), 则由 $R(x,y) = (y,x)$ 确定的 $X \times X$ 到其自身的一一变换 R 是保测变换. 为此, 只需证明, 若 E 是可测矩形, 则 $R(E)$ 和 $R^{-1}(E)$ ($= R(E)$) 都是可测矩形. 因为保测变换的乘积仍是保测变换, 这个事实可以构造出可测群中的诸多保测变换, 比如, S 和 R 的幂的乘积. 另外, 对于变换 S, 我们还将特别频繁地用到其反射 $T = R^{-1}SR$. 可以观察到, $T(x,y) = (yx, y)$.

在本节的余下部分里, 我们假定

　　　　μ 和 ν (可能相等, 也可能不相等) 是两个测度, 使得 $(X, \mathbf{S}, \mu)$
和 $(X, \mathbf{S}, \nu)$ 是可测群, 且 R, S, T 是上述保测变换.

定理 A　若 E 是 $X \times X$ 的任意子集, 则对于每一个 $x, y \in X$ 有

$$\big(S(E)\big)_x = xE_x \quad \text{且} \quad \big(T(E)\big)^y = yE^y.$$

证明　因为

$$\chi_{S(E)}(x,y) = \chi_E(x, x^{-1}y),$$

以及 $y \in \big(S(E)\big)_x$ 当且仅当 $\chi_{S(E)}(x, y) = 1$，并且 $x^{-1}y \in E_x$ 当且仅当 $\chi_{S(E)}(x, x^{-1}y) = 1$，所以可得关于 S 的结论成立．同理，关于 T 的结论也成立．■

定理 B　变换 S 和 T 都是测度空间 $(X \times X, \mathbf{S} \times \mathbf{S}, \mu \times \nu)$ 到其自身的保测变换．

证明　设 E 是 $X \times X$ 的可测子集，则由富比尼定理和定理 A，有

$$(\mu \times \nu)\big(S(E)\big) = \int \nu\big(\big(S(E)\big)_x\big)\mathrm{d}\mu(x) = \int \nu(xE_x)\mathrm{d}\mu(x)$$
$$= \int \nu(E_x)\mathrm{d}\mu(x) = (\mu \times \nu)(E).$$

即得 S 具有保持测度不变的性质．考虑截口 $\big(T(E)\big)^y$，同理可得 T 具有保持测度不变的性质．■

定理 C　若 $Q = S^{-1}RS$，则

$$\big(Q(A \times B)\big)_{x^{-1}} = xA \cap B^{-1},$$
$$\big(Q(A \times B)\big)^{y^{-1}} = \begin{cases} Ay, & \text{若 } y \in B, \\ 0, & \text{若 } y \notin B. \end{cases}$$

证明　我们注意到 $Q(x, y) = (xy, y^{-1})$ 且 $Q^{-1} = Q$．因为

$$\chi_{Q(A \times B)}\big(x^{-1}, y\big) = \chi_{A \times B}\big(x^{-1}y, y^{-1}\big) = \chi_{xA}(y)\chi_B\big(y^{-1}\big),$$

且 $y \in \big(Q(A \times B)\big)_{x^{-1}}$ 当且仅当 $\chi_{Q(A \times B)}\big(x^{-1}, y\big) = 1$，$y \in xA \cap B^{-1}$ 当且仅当 $\chi_{xA}(y)\chi_B\big(y^{-1}\big) = 1$，从而可得定理中第一个结论．又因为

$$\chi_{Q(A \times B)}\big(x, y^{-1}\big) = \chi_{A \times B}\big(xy^{-1}, y\big) = \chi_{Ay}(x)\chi_B(y),$$

且 $x \in \big(Q(A \times B)\big)^{y^{-1}}$ 当且仅当 $\chi_{Q(A \times B)}\big(x, y^{-1}\big) = 1$，$x \in Ay$ 且 $y \in B$ 当且仅当 $\chi_{Ay}(x)\chi_B(y) = 1$，从而可得定理中第二个结论．■

定理 D　若 A 是 X 的（具有正测度的）可测子集，且 $y \in X$，则 Ay 是（具有正测度的）可测集，A^{-1} 也是（具有正测度的）可测集．若 f 是可测函数，A 是具有正测度的可测集，对于每一个 $x \in X$ 令 $g(x) = f\big(x^{-1}\big)/\mu(Ax)$，则 g 是可测函数．

证明　选取包含 y 的任意可测集 B，根据定理 C，Ay 是可测集 $Q(A \times B)$（其中 $Q = S^{-1}RS$）的一个截口，因此 Ay 是可测集．对于定理余下部分的证明，

我们利用以下事实: Q 是 $(X \times X, \mathbf{S} \times \mathbf{S}, \mu \times \mu)$ 到其自身的保测变换. 于是, 若 $\mu(A) > 0$, 根据定理 C 有

$$0 < \left(\mu(A)\right)^2 = (\mu \times \mu)\left(Q(A \times A)\right) = \int \mu(x^{-1}A \cap A^{-1}) \mathrm{d}\mu(x),$$

因而, 特别地, 至少存在一个 x 使得 $x^{-1}A \cap A^{-1}$ 是具有正测度的可测集. 换句话说, 我们已经证明了, 若 A 是具有正测度的可测集, 则必然存在具有正测度的可测集 B 使得 $B \subseteq A^{-1}$. (特别地, 这就意味着, 若我们证明了 A^{-1} 是可测集, 就自然可以得到 $\mu(A^{-1}) > 0$.) 因为当 $B \subseteq A^{-1}$ 时有 $y^{-1}B \subseteq y^{-1}A^{-1}$, 又因为 $\mu(y^{-1}B) = \mu(B)$, 所以再次应用上述结果可得, 必定存在具有正测度的可测集 C, 使得 $C \subseteq \left(y^{-1}B^{-1}\right)^{-1} \subseteq \left(y^{-1}A^{-1}\right)^{-1} = Ay$. 这就得到了定理中关于 Ay 的所有结论. 为了证明 A^{-1} 的可测性, 根据定理 C 和刚得到的结果, 我们注意到, 若 $\mu(A) > 0$, 则有

$$\left\{y : \mu\left(\left(Q(A \times A)\right)^y\right) > 0\right\} = A^{-1}.$$

这就证明了当 $\mu(A) > 0$ 时 A^{-1} 是可测的. 若 $\mu(A) = 0$, 我们可以选取一个具有正测度、与 A 不相交的可测集 B, 由等式 $A^{-1} = (A \cup B)^{-1} - B^{-1}$ 即可推出 A^{-1} 的可测性.

综上可知, 若 f 是可测函数, 且 $\hat{f}(x) = f(x^{-1})$, 则 $\hat{f}$ 也是可测函数. 若 A 和 B 是可测集, $f_0(y) = \mu\left(\left(Q(A \times B)\right)^y\right)$, $\hat{f}_0(y) = f_0(y^{-1})$, 则函数 f_0 和 $\hat{f}_0$ 都是可测的, 由定理 C, 我们有

$$\hat{f}_0(y) = \mu(Ay)\chi_B(y).$$

换句话说, 我们已经证明了, 若 $h(y) = \mu(Ay)$, 则函数 h 在每一个可测集上都是可测的, 因而 $\frac{1}{h}$ 也有同样的性质. ■

定理 E　若 A 和 B 是具有正测度的可测集, 则存在具有正测度的可测集 C_1 和 C_2 及元素 x_1, y_1, x_2, y_2, 使得

$$x_1C_1 \subseteq A, \quad y_1C_1 \subseteq B, \quad C_2x_2 \subseteq A, \quad C_2y_2 \subseteq B.$$

证明　因为 $\mu(B) > 0$ 意味着 $\mu(B^{-1}) > 0$, 所以 $(\mu \times \mu)(A \times B^{-1}) = \mu(A)\mu(B^{-1}) > 0$. 由定理 C 可知, 对于每一个 $x \in X$, 集合 $x^{-1}A \cap B$ 是可测的, 而对于 X 中的至少一个 x, 这个集合具有正测度. 令 x_1 使得 $\mu(x_1^{-1}A \cap B) > 0$, 并设 $y_1 = e$, 则对于 $C_1 = x^{-1}A \cap B$ 有 $x_1C_1 \subseteq A$ 且 $y_1C_1 \subseteq B$.

对集合 A^{-1} 和 B^{-1} 应用这个结果, 我们可以找到集合 C_0 和元素 x_0, y_0, 使得 $x_0C_0 \subseteq A^{-1}$ 且 $y_0C_0 \subseteq B^{-1}$, 然后令 $C_2 = C_0^{-1}$, $x_2 = x_0^{-1}$, $y_2 = y_0^{-1}$ 即可. ■

定理 F 若 A 和 B 是可测集，$f(x) = \mu(x^{-1}A \cap B)$，则 f 是可测函数，且

$$\int f\mathrm{d}\mu = \mu(A)\mu(B^{-1}).$$

若 $g(x) = \mu(xA\Delta B)$，$\varepsilon < \mu(A) + \mu(B)$，则集合 $\{x : g(x) < \varepsilon\}$ 是可测的.

这个定理的前半部分有时称为**平均值定理**.

证明 定理的前半部分来自于：若 $Q = S^{-1}RS$，则 Q 是 $(X \times X, \mathbf{S} \times \mathbf{S}, \mu \times \mu)$ 到其自身的一个保测变换，且

$$f(x) = \mu\Big(\big(Q(A \times B^{-1})\big)_x\Big).$$

若 $\hat{f}(x) = f(x^{-1})$，则 $\hat{f}$ 是可测函数. 利用这个结果及等式

$$\{x : g(x) < \varepsilon\} = \Big\{x : \hat{f}(x) > \tfrac{1}{2}\big(\mu(A) + \mu(B) - \varepsilon\big)\Big\},$$

即可得到定理后半部分的结论. ■

习题

1. 两个可测群的笛卡儿积是不是可测群？

2. 若 X 是紧群，其势大于连续统的势，μ 是 X 上的哈尔测度，则 $(X, \mathbf{S}, \mu)$ 不是可测群. 提示：令 $D = \{(x,y) : x = y\} = S(X \times \{e\})$. 若 $D \in \mathbf{S} \times \mathbf{S}$，则存在矩形的可数类 $\mathbf{R}$，使得 $D \in \mathbf{S}(\mathbf{R})$. 设 $\mathbf{E}$ 是由 $\mathbf{R}$ 中矩形的边组成的（可数）类，因为 $D \in \mathbf{S}(\mathbf{E}) \times \mathbf{S}(\mathbf{E})$，所以 D 的每一个截口都属于 $\mathbf{S}(\mathbf{E})$. 但根据习题 5.9c，$\mathbf{S}(\mathbf{E})$ 的势不大于连续统的势，这与假设 X 的势大于连续统的势矛盾.

3. 若 μ 是局部紧群 X 上的哈尔测度，则对于任意贝尔集 E 和任意 $x \in X$，下列四个数

$$\mu(E), \quad \mu(xE), \quad \mu(Ex), \quad \mu(E^{-1})$$

中任意一个为零意味着其余三个也为零.

4. 设 $(X, \mathbf{S}, \mu)$ 是可测群，使得 μ 是全有限测度，若 A 是可测集，并且对于任意 $x \in X$ 有 $\mu(xA - A) = 0$，则或者 $\mu(A) = 0$，或者 $\mu(X - A) = 0$.（提示：对 A 和 $X - A$ 应用平均值定理.）即使不假设 μ 为有限的，这个结果也成立. 用遍历论的语言来说，若将可测群视为自身上的保测变换群，则其度量具有平移性.

5. 若 μ 是紧群 X 上的哈尔测度，则对于任意贝尔集 E 和任意 $x \in X$，有

$$\mu(E) = \mu(xE) = \mu(Ex) = \mu(E^{-1}).$$

§60.　哈尔测度的唯一性

本节旨在证明, 可测群中的哈尔测度本质上是唯一的.

定理 A　设测度 μ 和 ν 使得 $(X, \mathbf{S}, \mu)$ 和 $(X, \mathbf{S}, \nu)$ 为可测群, 且对于 $\mathbf{S}$ 中的集合 E 有 $0 < \nu(E) < \infty$, 则 X 上的任意非负可测函数 f 满足

$$\int f(x) \mathrm{d}\mu(x) = \mu(E) \int \frac{f(y^{-1})}{\nu(Ey)} \mathrm{d}\nu(y).$$

在后面关于唯一性的证明中, 我们需要的是这个定理的本质, 即每一个 μ 积分都可以表示成 ν 积分的形式.

证明　设 $g(y) = f(y^{-1})/\nu(Ey)$, 由上节的结果可知, 若 f 是非负可测函数, 则 g 也是非负可测函数. 如前所述, 令

$$S(x, y) = (x, xy) \quad \text{且} \quad T(x, y) = (yx, y),$$

则 S 和 T 都是测度空间 $(X \times X, \mathbf{S} \times \mathbf{S}, \mu \times \nu)$ 中的保测变换, 因而 $S^{-1}T$ 也是保测变换. 又因为 $S^{-1}T(x, y) = (yx, x^{-1})$, 根据富比尼定理有

$$\mu(E) \int g(y) \mathrm{d}\nu(y) = \int \chi_E(x) \mathrm{d}\mu(x) \int g(y) \mathrm{d}\nu(y)$$

$$= \int \chi_E(x) g(y) \mathrm{d}(\mu \times \nu)(x, y)$$

$$= \iint \chi_E(yx) g(x^{-1}) \mathrm{d}\nu(y) \mathrm{d}\mu(x)$$

$$= \int g(x^{-1}) \nu(Ex^{-1}) \mathrm{d}\mu(x).$$

因为 $g(x^{-1})\nu(Ex^{-1}) = f(x)$, 所以观察上述等式两端即可证得定理.　∎

定理 B　若测度 μ 和 ν 使得 $(X, \mathbf{S}, \mu)$ 和 $(X, \mathbf{S}, \nu)$ 为可测群, 集合 $E \in \mathbf{S}$ 使得 $0 < \nu(E) < \infty$, 则对于任意 $F \in \mathbf{S}$ 有 $\mu(E)\nu(F) = \nu(E)\mu(F)$.

事实上, 这个结果就是唯一性定理, 其说明的是, 对于任意 $F \in \mathbf{S}$ 有 $\mu(F) = c\nu(F)$, 其中 $c = \mu(E)/\nu(E)$ 是非负有限常数, 即 μ 和 ν 只相差一个常数因子.

证明　设 f 是 F 的特征函数, 因为当测度 μ 和 ν 相等时定理 A 显然成立, 所以我们有

$$\int f(x) \mathrm{d}\nu(x) = \nu(E) \int \frac{f(y^{-1})}{\nu(Ey)} \mathrm{d}\nu(y),$$

上式两端同时乘以 $\mu(E)$, 并应用定理 A, 即得

$$\mu(E) \int f(x) \mathrm{d}\nu(x) = \nu(E) \int f(x) \mathrm{d}\mu(x).$$　∎

定理 C 若 μ 和 ν 是局部紧拓扑群 X 上的正则哈尔测度，则存在正的有限常数 c，使得对于任意博雷尔集 E 有 $\mu(E) = c\nu(E)$.

证明 若 $\mathbf{S}_0$ 是 X 中所有贝尔集的类，则 $(X, \mathbf{S}_0, \mu)$ 和 $(X, \mathbf{S}_0, \nu)$ 都是可测群，所以根据定理 B，对于每一个贝尔集 E 有 $\mu(E) = c\nu(E)$，其中 c 是非负有限常数. 事实上，取任意有界开的贝尔集作为 E，可得到 c 是正的. 若任意两个正则博雷尔测度（例如 μ 和 $c\nu$）在所有贝尔集上相等，则它们在所有博雷尔集上也是相等的（见定理 52.H）. ∎

习题

1. 全体非零实数关于乘法构成的群中的哈尔测度对于勒贝格测度是绝对连续的，它的拉东-尼科迪姆导数是什么呢？

2. 若 μ 和 ν 分别是局部紧群 X 和 Y 中的哈尔测度，λ 是 $X \times Y$ 中的哈尔测度，则在 $X \times Y$ 中的所有贝尔集的类上，λ 是 $\mu \times \nu$ 的常数倍.

3. 在习题 59.4 中给出的度量传递性，可以用来证明测度有限的可测群中的哈尔测度唯一性定理. 首先，设 μ 和 ν 是满足 $\nu \ll \mu$ 的左不变测度，则存在非负可积函数 f，使得对于每一个可测集 E 有

$$\nu(E) = \int_E f(x)\,\mathrm{d}\mu(x).$$

因此

$$\nu(yE) = \int_{yE} f(x)\,\mathrm{d}\mu(x) = \int_E f(y^{-1}x)\,\mathrm{d}\mu(x).$$

又因为 ν 是左不变的，所以 $f(x) = f(y^{-1}x)\,[\mu]$. 若 $N_t = \{x : f(x) < t\}$，则

$$\mu(yN_t - N_t) = \mu\Big(\big\{x : f(y^{-1}x) < t\big\} - \big\{x : f(x) < t\big\}\Big) = 0.$$

因此，对于任意实数 t，或者 $\mu(N_t) = 0$，或者 $\mu(N_t') = 0$. 这就说明了，f 几乎处处 $[\mu]$ 等于常数，所以 $\nu = c\mu$. 在一般的情况下，不必假定绝对连续，可以用 $\mu + \nu$ 代替 μ. 和在习题 59.4 中的讨论一样，这可以推广应用到测度不必有限的情形.

4. 若 $(X, \mathbf{S}, \mu)$ 是可测群，E 是 F 可测集，则存在 X 中的元素序列 $\{x_n\}$ 和 $\{y_n\}$ 以及可测集序列 $\{A_n\}$，使得 (a) $\{x_n A_n\}$ 和 $\{y_n A_n\}$ 分别是 E 的 F 不相交子集的序列，(b) 可测集

$$E_0 = E - \bigcup_{n=1}^{\infty} x_n A_n \quad \text{和} \quad F_0 = F - \bigcup_{n=1}^{\infty} y_n A_n$$

中至少有一个的测度为 0. 提示：若 E 和 F 之一的测度为 0，结论显然成立. 若 E 和 F 的测度都是正的，应用定理 59.E，选取 x_1, y_1, A_1，使得 $\mu(A_1) > 0$，$x_1 A_1 \subseteq E$，$y_1 A_1 \subseteq F$. 若 $E - x_1 A_1$ 和 $F - y_1 A_1$ 之一的测度为 0，则结论成立. 否则，再考虑定理 59.E，利用可数或超限归纳法可以证明之.

这个结果对于所有左不变测度都成立，因此可以用来给出唯一性定理的另外一种证明. 设 μ 和 ν 都是左不变测度，对于每一个可测集 E，将 $\mu(E)$ 与 $\nu(E)$ 相对应，可以

证明，这个对应关系是 μ 的所有值的集合与 ν 的所有值的集合之间的一一对应，并且是毫无歧义地确定的. 对这个对应关系进行更详尽、不太困难的验证，就可以得出唯一性定理.

5. 设 μ 是局部紧群 X 上的正则哈尔测度. 因为对于任意 $x \in X$ 和任意博雷尔集 E，由 $\mu_x(E) = \mu(Ex)$ 确定的集函数 μ_x 也是正则哈尔测度，所以，由唯一性定理可知 $\mu(Ex) = \Delta(x)\mu(E)$，其中 $0 < \Delta(x) < \infty$.

(5a) $\Delta(xy) = \Delta(x)\Delta(y)$, $\Delta(e) = 1$.

(5b) 若 x 属于 X 的中心，则 $\Delta(x) = 1$.

(5c) 若 x 是一个换位子，或者更一般地，x 属于由 X 中的所有换位子构成的子群，则 $\Delta(x) = 1$.

(5d) 函数 Δ 是连续的. 提示：令 C 是具有正测度的紧集，ε 是任意正数. 由测度的正则性可知，存在有界开集 U 使得 $C \subseteq U$ 且 $\mu(U) \leqslant (1+\varepsilon)\mu(C)$. 若 V 是 e 的一个邻域，满足 $V = V^{-1}$ 且 $CV \subseteq U$，则对于 $x \in V$ 有

$$\Delta(x)\mu(C) = \mu(Cx) \leqslant \mu(U) \leqslant (1+\varepsilon)\mu(C),$$
$$\frac{\mu(C)}{\Delta(x)} = \mu(Cx^{-1}) \leqslant \mu(U) \leqslant (1+\varepsilon)\mu(C),$$

因此 $1/(1+\varepsilon) \leqslant \Delta(x) \leqslant 1 + \varepsilon$.

(5e) 习题 (5a) 和 (5d) 的结果给出了紧群 X 上的左、右不变测度相等的另一种证明方法. 事实上，这些结果表明 $\Delta(X)$ 是正实数乘法群的一个紧子群.

(5f) 对于任意博雷尔集 E 有

$$\mu(E^{-1}) = \int_E \frac{1}{\Delta(x)} \mathrm{d}\mu(x).$$

提示：根据右不变测度的唯一性定理，对于某个正的常数 c 有

$$\mu(E^{-1}) = c \int_E \frac{1}{\Delta(x)} \mathrm{d}\mu(x).$$

这意味着，对于任意可积函数 f 有

$$\int f(x^{-1}) \mathrm{d}\mu(x) = c \int \frac{f(x)}{\Delta(x)} \mathrm{d}\mu(x).$$

把 $f(x)$ 替换为 $f(x^{-1})$，记 $g(x^{-1}) = f(x^{-1})/\Delta(x)$，对 g 作为 f 应用上面的等式，即得

$$\frac{1}{c} \int g(x^{-1}) \mathrm{d}\mu(x) = c \int g(x^{-1}) \mathrm{d}\mu(x).$$

(5g) 若 $\Gamma(x)$ 是 $\Delta(x)$ 右相似数，即 Γ 由等式 $\nu(xE) = \Gamma(x)\nu(E)$ 定义，其中 ν 是右不变测度，则 $\Gamma(x) = 1/\Delta(x)$.

6. 考虑局部紧群 X 上的不恒为零的贝尔测度 ν，若其满足对于 X 中的每一个固定的 x，由等式 $\nu_x(E) = \nu(xE)$ 确定的测度 ν_x 与 ν 相差一个非零常数因子，则称 ν 为**相对不变测度**. 测度 ν 为相对不变测度的充分必要条件是 $\nu(E) = \int \phi(y)\mathrm{d}\mu(y)$，其中 μ 是哈尔测度，ϕ 是 X 在正实数乘法群中的一个连续表示. 提示：若 ϕ 是非负的、连续的，满足 $\phi(xy) = \phi(x)\phi(y)$，且 $\nu(E) = \int_E \phi(y)\mathrm{d}\mu(y)$，则

$$\nu(xE) = \int_{xE} \phi(y)\mathrm{d}\mu(y) = \int_E \phi(xy)\mathrm{d}\mu(y) = \int_E \phi(x)\phi(y)\mathrm{d}\mu(y) = \phi(x)\nu(E).$$

反之，若 $\nu(xE) = \phi(x)\nu(E)$，则 $\phi(xy) = \phi(x)\phi(y)$，并且 ϕ 是连续的（见习题 5）. 于是，存在 $\tilde{\mu}(E) = \int_E \phi(y^{-1})\mathrm{d}\nu(y)$，再由唯一性定理，有 $\tilde{\mu} = \mu$.

7. 若 μ 是定义在局部紧群 X 中的所有贝尔集的类 $\mathbf{S}_0$ 上的 σ 有限左不变测度，则 μ 是哈尔测度的贝尔限制与一个常数因子的乘积. 由此可知，特别地，μ 在紧集上有限. 提示：若 μ 不恒为零，则 $(X, \mathbf{S}_0, \mu)$ 是一个可测群.

第 12 章　群中的测度和拓扑

§61.　以测度表示拓扑

在上一章中我们已经证明，在每一个局部紧群中可以引入一个左不变的贝尔测度（或左不变的正则博雷尔测度），且这个测度本质上是唯一的. 在本章中我们将证明，局部紧群的测度论和拓扑结构之间存在非常紧密的联系. 特别地，本节中的一些结果将告诉我们，不仅测度可以由拓扑来描述，而且拓扑中的所有概念都可以反过来用测度论的语言来描述. 本节中我们假定：

X 是局部紧拓扑群，μ 是 X 上的正则哈尔测度，对于任意博雷尔集 E 和 F 有 $\rho(E,F) = \mu(E\Delta F)$.

定理 A　若 E 是具有有限测度的博雷尔集，对于每一个 $x \in X$ 令 $f(x) = \rho(xE, E)$，则 f 是连续函数.

证明　由于 μ 是正则的，因此对于任意正数 ε，存在紧集 C 使得 $\rho(E, C) < \varepsilon/4$，且存在包含 C 的博雷尔开集 U 使得 $\rho(U, C) < \varepsilon/4$. 令 V 是 e 的一个邻域，使得 $V = V^{-1}$ 且 $VC \subseteq U$. 若 $y^{-1}x \in V$，则 $x^{-1}y \in V$，因而

$$\rho(xC, yC) = \mu(xC - yC) + \mu(yC - xC)$$
$$= \mu(y^{-1}xC - C) + \mu(x^{-1}yC - C)$$
$$\leqslant 2\mu(VC - C) \leqslant 2\mu(U - C) < \frac{\varepsilon}{2}.$$

所以

$$|\rho(xE, E) - \rho(yE, E)| \leqslant \rho(xE, yE) \leqslant \rho(xE, xC) + \rho(xC, yC) + \rho(yC, yE) < \varepsilon. \quad \blacksquare$$

根据定理 A，对于具有有限测度的任意博雷尔集 E 及任意正数 ε，集合 $\{x : \rho(xE, E) < \varepsilon\}$ 是开集. 接下来的定理说明，存在足够多的这种类型的开集.

定理 B　若 U 是 e 的任意邻域，则存在具有有限正测度的贝尔集 E 及正数 ε 使得

$$\{x : \rho(xE, E) < \varepsilon\} \subseteq U.$$

证明　令 V 是 e 的一个邻域，使得 $VV^{-1} \subseteq U$，令 E 是具有有限正测度的贝尔集，使得 $E \subseteq V$. 若 $0 < \varepsilon < 2\mu(E)$，则

$$\{x : \rho(xE, E) < \varepsilon\} \subseteq \{x : xE \cap E \neq 0\} = EE^{-1} \subseteq VV^{-1} \subseteq U. \quad \blacksquare$$

根据定理 A 和定理 B 可得，形如 $\{x : \rho(xE, E) < \varepsilon\}$ 的集类是在 e 处的一组基，因此，确实可以用测度论的语言来描述拓扑的所有概念. 为了详细展示如何描述，我们对有界性加以测度论语言的刻画.

定理 C　集合 A 是有界的当且仅当存在具有有限正测度的贝尔集 E 及满足条件 $0 \leqslant \varepsilon < 2\mu(E)$ 的数 ε 使得

$$A \subseteq \{x : \rho(xE, E) \leqslant \varepsilon\}.$$

证明　为了证明充分性，我们要证明，若 E 是具有有限正测度的贝尔集，且 $0 \leqslant \varepsilon < 2\mu(E)$，则集合 $\{x : \rho(xE, E) \leqslant \varepsilon\}$ 是有界的. 令 δ 是满足 $4\delta < 2\mu(E) - \varepsilon$ 的正数，C 是 E 的满足 $\mu(E) - \delta < \mu(C)$ 的紧子集. 因此

$$\rho(xC, C) \leqslant \rho(xC, xE) + \rho(xE, E) + \rho(E, C) \leqslant 2\delta + \rho(xE, E),$$

从而

$$\{x : \rho(xE, E) \leqslant \varepsilon\} \subseteq \{x : \rho(xC, C) \leqslant \varepsilon + 2\delta\}.$$

因为 $\varepsilon + 2\delta < 2\mu(C)$，所以

$$\{x : \rho(xE, E) \leqslant \varepsilon\} \subseteq \{x : \mu(xC \cap C) \neq 0\} \subseteq CC^{-1}.$$

为了证明必要性，设 C 是满足 $A \subseteq C$ 的紧集，令 D 是具有正测度的紧集. 选定具有有限正测度的贝尔集 E，使得 $E \supseteq C^{-1}D \cup D$. 因为 $D \subseteq E$，当 $x \in C$ 时有 $D \subseteq xC^{-1}D \subseteq xE$，所以当 $x \in C$ 时有 $D \subseteq xE \cap E$. 这就意味着

$$A \subseteq C \subseteq \{x : D \subseteq xE \cap E\} \subseteq \{x : \rho(xE, E) \leqslant \varepsilon\},$$

其中 $\varepsilon = 2\big(\mu(E) - \mu(D)\big)$. ∎

习题

1. 若将 $\rho(xE, E)$ 替换为 $\mu(xE \cap F)$，其中 E 和 F 是具有有限正测度的贝尔集，则有与定理 A、定理 B 和定理 C 相类似的定理成立.

2. 若 E 是给定的具有有限测度的博雷尔集，令 $f(x) = xE$，则 f 是从 X 到所有具有有限测度的可测集组成的度量空间的连续函数.

3. 若 E 是具有正测度的任意博雷尔集，则存在 e 的邻域 U 使得 $U \subseteq EE^{-1}$.

4. X 为可分空间，当且仅当所有具有有限测度的可测集组成的度量空间是可分的.

5. 若 E 是任意有界博雷尔集，对于每一个 $x \in X$ 及 e 的每一个有界邻域 U 令

$$f_U(x) = \frac{\mu(E \cap Ux)}{\mu(Ux)},$$

则当 $U \to e$ 时 f_U 平均收敛（因而，依测度收敛）于 χ_E. 换句话说，对于任意正数 ε，存在 e 的有界邻域 V 使得当 $U \subseteq V$ 时有

$$\int |f_U - \chi_E| \mathrm{d}\mu < \varepsilon.$$

这个结果称为拓扑群的**稠密性定理**. 提示：设 V 是 e 的邻域，使得当 $y \in V$ 时有 $\rho(yE, E) < \varepsilon/2$. 若 $U \subseteq V$，且 F 是任意博雷尔集，则

$$\frac{\varepsilon}{2} > \frac{1}{\mu(U)} \int_U \int_F |\chi_E(yx) - \chi_E(x)| \mathrm{d}\mu(x)\mathrm{d}\mu(y)$$
$$\geqslant \left| \int_F \mathrm{d}\mu(x) \int_U \frac{1}{\mu(U)} \chi_{E_x^{-1}}(y)\mathrm{d}\mu(y) - \int_F \chi_E(x)\mathrm{d}\mu(x) \int_U \frac{\mathrm{d}\mu(y)}{\mu(U)} \right|$$
$$= \left| \int_F (f_U(x) - \chi_E(x))\mathrm{d}\mu(x) \right|.$$

（回忆一下，对于任意博雷尔集 A 和 B 及任意 $x \in X$ 有 $\dfrac{\mu(A)}{\mu(B)} = \dfrac{\mu(Ax)}{\mu(Bx)}$. 见习题 60.5 ）首先对

$$F = \{x : f_U(x) - \chi_E(x) > 0\}$$

应用这个结果，然后对

$$F = \{x : f_U(x) - \chi_E(x) < 0\}$$

应用这个结果，即得到命题的结论.

6. 若 ν 是定义在 X 中的所有贝尔集的类上的任意有限广义测度，则（见习题 17.3）存在贝尔集 N_ν，使得对于每一个贝尔集 E 有 $\nu(E) = \nu(E \cap N_\nu)$. 若 λ 和 ν 是两个这样的广义测度，对于每一个贝尔集 E，称

$$(\lambda * \nu)(E) = \iint_{N_\lambda \times N_\nu} \chi_E(xy)\mathrm{d}(\lambda \times \nu)(x, y)$$

为 λ 和 ν 的**卷积**. 若 λ 和 ν 分别是可积函数 f 和 g（对于哈尔测度 μ）的不定积分，则 $\lambda * \nu$ 是函数 h 的不定积分，其中

$$h(y) = \int f(x)g(x^{-1}y)\mathrm{d}\mu(x).$$

7. 若 λ 和 ν 是有限广义测度（见习题 6），则

$$(\lambda * \nu)(E) = \int_{N_\lambda} \nu(x^{-1}E)\mathrm{d}\lambda(x).$$

若 X 是阿贝尔群，则 $\lambda * \nu = \nu * \lambda$.

8. 若 X 是局部紧的、σ 紧的阿贝尔群，λ 和 ν 是定义在 X 中的所有贝尔集的类上的有限测度，则 $\int \lambda(xE)\mathrm{d}\nu(x) = \int \nu(xE^{-1})\mathrm{d}\lambda(x)$. 提示：若 $\bar\nu(E) = \nu(E^{-1})$，则

$$\int \lambda(xE)\mathrm{d}\nu(x) = \int \lambda(x^{-1}E)\mathrm{d}\bar\nu(x) \quad \text{且} \quad \int \nu(xE^{-1})\mathrm{d}\lambda(x) = \int \bar\nu(x^{-1}E)\mathrm{d}\lambda(x).$$

由关系式 $\lambda * \bar\nu = \bar\nu * \lambda$ 即得所需结论.

9. 若 f 和 g 是定义在实直线上的两个有界连续单调函数，则（见习题 25.4）

$$\int_a^b f\mathrm{d}g + \int_a^b g\mathrm{d}f = f(b)g(b) - f(a)g(a).$$

也就是说，通常的分部积分的等式成立. 提示：设 λ 和 ν 分别是由 f 和 g 导出的测度，对 λ 和 ν 应用习题 8，其中 $E = \{x : -\infty < x < 0\}$.

§62. 韦伊拓扑

我们已经看到，若把局部紧群里的可测性理解为按照贝尔意义的可测性，则每一个局部紧群是一个可测群. 此外，局部紧群的拓扑由它的测度论结构唯一确定. 在本节里我们要考虑反面的问题：能不能在可测群里引进一种自然的拓扑结构，使它成为一个局部紧拓扑群？我们将看到，这个问题的答案实质上是肯定的. 下面进入对细节的精确描述.

在本节中，我们假定所考虑的是一个固定的可测群 $(X, \mathbf{S}, \mu)$. 和通常一样，令 $\rho(E, F) = \mu(E\Delta F)$，其中 E 和 F 是任意可测集. 以记号 $\mathbf{A}$ 表示由所有形如 EE^{-1} 的集合构成的类，其中 E 是具有有限正测度的可测集；以记号 $\mathbf{N}$ 表示由所有形如 $\{x : \rho(xE, E) < \varepsilon\}$ 的集合构成的类，其中 E 是具有有限正测度的可测集，ε 是满足 $0 < \varepsilon < 2\mu(E)$ 的实数.

定理 A 若 $N = \{x : \rho(xE, E) < \varepsilon\} \in \mathbf{N}$，则每一个具有正测度的可测集 F 都包含具有有限正测度的可测子集 G，使得 $GG^{-1} \subseteq N$.

证明 考虑 F 是有限测度的情形就可以了. 若 $T(x, y) = (yx, y)$，则 $T(E \times F)$ 是 $X \times X$ 中具有有限测度的可测集. 因此，存在 $X \times X$ 中的集合 A，使得 A 是可测矩形的有限并集，且

$$\frac{\varepsilon}{4}\mu(F) > \rho\big(T(E \times F), A\big)$$
$$= \iint \big|\chi_{T(E\times F)}(x, y) - \chi_A(x, y)\big|\mathrm{d}\mu(x)\mathrm{d}\mu(y)$$
$$\geqslant \int_F \int \big|\chi_E(y^{-1}x) - \chi_A(x, y)\big|\mathrm{d}\mu(x)\mathrm{d}\mu(y).$$

若记 $C = \big\{y : \int \big|\chi_E(y^{-1}x) - \chi_A(x, y)\big|\mathrm{d}\mu(x) \geqslant \frac{\varepsilon}{2}\big\}$，则 $\mu(F \cap C) \leqslant \frac{1}{2}\mu(F)$，因此

$$\mu(F - C) \geqslant \frac{1}{2}\mu(F) > 0.$$

若 $y \in F - C$，则

$$\rho(yE, A^y) = \int \big|\chi_E(y^{-1}x) - \chi_A(x, y)\big|\mathrm{d}\mu(x) < \frac{\varepsilon}{2}.$$

因为 A 是可测矩形的有限并集，所以形如 A^y 的集合中只有有限个是不同的，将其记为 $A_1, \cdots, A_n$. 我们已经证明的结果可以表示为

$$F - C \subseteq \bigcup_{i=1}^{n} \left\{ y : \rho(yE, A_i) < \frac{\varepsilon}{2} \right\}.$$

由于 $\varepsilon/2 < \mu(E) = \mu(yE)$，根据定理 59.F，$\{y : \rho(yE, A_i) < \varepsilon/2\}$ 中的每一个都是可测集. 又因为 $\mu(F - C) > 0$，所以上面这些集合中至少有一个与 $F - C$ 交于一个具有正测度的集合. 我们选取一个 i，满足若

$$G_0 = (F - C) \cap \{y : \rho(yE, A_i) < \varepsilon/2\},$$

则 $\mu(G_0) > 0$. 显然，G_0 是具有有限正测度的可测集，且 $G_0 \subseteq F$. 若 $y_1 \in G_0^{-1}$ 且 $y_2 \in G_0^{-1}$，则

$$\rho(y_1 y_2^{-1} E, E) = \rho(y_2^{-1} E, y_1^{-1} E) \leqslant \rho(y_2^{-1} E, A_i) + \rho(y_1^{-1} E, A_i) < \varepsilon,$$

因此 $G_0^{-1} G_0 \subseteq N$. 换句话说，我们已经证明了，存在集合 G_0，满足定理的结论中除去 $GG^{-1} \subseteq N$ 以外的性质，取而代之的是 $G_0^{-1} G_0 \subseteq N$. 若用 F^{-1} 替换 F 应用这个结果，我们得到 F^{-1} 的一个子集，记为 G^{-1}，那么，集合 G 满足定理结论中的所有条件. ∎

定理 A 说明，特别地，$\mathbf{N}$ 中的每一个集合都包含 $\mathbf{A}$ 中的某个集合. 我们也需要如下的逆定理.

定理 B 若 $A = EE^{-1} \in \mathbf{A}$，$0 < \varepsilon < 2\mu(E)$，且

$$N = \{x : \rho(xE, E) < \varepsilon\},$$

则 $N \in \mathbf{N}$ 且 $N \subseteq A$.

证明 $N \in \mathbf{N}$ 是显然的. 要证明 $N \subseteq A$，只需注意 $N \subseteq \{x : xE \cap E \neq 0\} = EE^{-1}$. ∎

定理 C 若 $N = \{x : \rho(xE, E) < \varepsilon\} \in \mathbf{N}$，则 N 是具有正测度的可测集. 若 $\mu(E^{-1}) < \infty$，则 $\mu(N) < \infty$.

证明 因为 $N = \{x : \mu(xE \cap E) > \mu(E) - \varepsilon/2\}$，由定理 59.F 即得 N 的可测性. 为了证明 $\mu(N) > 0$，我们应用定理 A. 若 G 是满足 $GG^{-1} \subseteq N$ 的具有正测度的可测集，则对于任意 $y \in G$ 有 $Gy^{-1} \subseteq N$. 定理的最后一部分来自于关系式

$$\left(\mu(E) - \frac{\varepsilon}{2}\right) \mu(N) \leqslant \int_N \mu(xE \cap E) \mathrm{d}\mu(x) \leqslant \int \mu(xE \cap E) \mathrm{d}\mu(x) = \mu(E)\mu(E^{-1}). \quad ∎$$

定理 D 若 A 和 B 是 $\mathbf{A}$ 中的任意两个集合，则存在 $\mathbf{A}$ 中的集合 C 使得 $C \subseteq A \cap B$.

证明 设 E 和 F 是具有有限正测度的可测集，使得 $A = EE^{-1}$，$B = FF^{-1}$. 根据定理 59.E，存在具有有限正测度的可测集 G 和 X 中的元素 x 和 y，使得

$$Gx \subseteq E \quad \text{且} \quad Gy \subseteq F.$$

若 $C = GG^{-1}$，则 $C \in \mathbf{A}$，且

$$C = (Gx)(Gx)^{-1} \subseteq A \quad \text{且} \quad C = (Gy)(Gy)^{-1} \subseteq B. \quad \blacksquare$$

在 X 中引入的拓扑之前，我们还要定义一个概念. 回忆一下，我们的可测群的定义源于拓扑群的连续性，完全忽略分离公理，但分离公理是拓扑群定义中的本质部分. 拓扑群中的分离公理的一种表述是：对于群中不同于 e 的元素 x，存在 e 的邻域 U 使得 $x \notin U$. 根据上述考虑及定理 61.A 和定理 61.B，若对于 X 中不同于 e 的任意元素 x，存在具有有限正测度的可测集 E 使得 $\rho(xE, E) > 0$，则称可测群 X 是分离的.

定理 E 设 X 是分离的，若取类 $\mathbf{N}$ 作为在 e 处的基，则对于如此导出的拓扑，X 是拓扑群.

我们称可测群 X 的这个拓扑为**韦伊拓扑**.

证明 我们将验证，$\mathbf{N}$ 满足第 0 节中的条件 (a)(b)(c)(d)(e).

假设 $x_0 \in X$ 且 $x_0 \neq e$，E 是满足 $\rho(x_0 E, E) > 0$ 的具有有限正测度的可测集. 若 ε 是满足 $\varepsilon < \rho(x_0 E, E)$ 的正数，则 $\varepsilon < 2\mu(E)$. 因此，若 $N = \{x : \rho(xE, E) < \varepsilon\}$，则 $N \in \mathbf{N}$，显然有 $x_0 \notin N$.

若 $N, M \in \mathbf{N}$，则由定理 A 可知，存在 $\mathbf{A}$ 中的集合 A 和 B 使得 $A \subseteq N$ 且 $B \subseteq M$. 由定理 D 可知，存在 $\mathbf{A}$ 中的集合 C 使得 $C \subseteq A \cap B$. 应用定理 B，我们得到 $\mathbf{N}$ 中的集合 K，使得

$$K \subseteq C \subseteq A \cap B \subseteq N \cap M.$$

若 $N = \{x : \rho(xE, E) < \varepsilon\}$，记 $M = \{x : \rho(xE, E) < \varepsilon/2\}$. 对于 M 中任意两个元素 x_0 和 y_0，有

$$\rho(x_0 y_0^{-1} E, E) \leqslant \rho(y_0^{-1} E, E) + \rho(x_0^{-1} E, E) = \rho(y_0 E, E) + \rho(x_0 E, E) < \varepsilon,$$

因此 $MM^{-1} \subseteq N$.

若 $N \in \mathbf{N}$ 且 $x \in X$，则由定理 A 可知，存在具有有限正测度的可测集 E 使得 $EE^{-1} \subseteq N$. 对 $\mathbf{A}$ 中的集合 $(xE)(xE)^{-1}$ 应用定理 B，可以找到 $\mathbf{N}$ 中的集合 M 使得

$$M \subseteq (xE)(xE)^{-1} = xEE^{-1}x^{-1} \subseteq xNx^{-1}.$$

最后，$N = \{x : \rho(xE, E) < \varepsilon\} \in \mathbf{N}$. 若 $x_0 \in N$，则 $\rho(x_0E, E) < \varepsilon$. 又因为 $\varepsilon < 2\mu(E)$，所以 $\varepsilon - \rho(x_0E, E) < 2\mu(x_0E)$. 从而，若

$$M = \{x : \rho(xx_0E, x_0E) < \varepsilon - \rho(x_0E, E)\},$$

则 $M \in \mathbf{N}$. 因为

$$Nx_0^{-1} = \left\{ xx_0^{-1} : \rho(xE, E) < \varepsilon \right\} = \{x : \rho(xx_0E, E) < \varepsilon\},$$

所以对于任意 $x \in M$ 有

$$\rho(xx_0E, E) \leqslant \rho(xx_0E, x_0E) + \rho(x_0E, E) < (\varepsilon - \rho(x_0E, E)) + \rho(x_0E, E) = \varepsilon.$$

这就得到 $x \in Nx_0^{-1}$，因此 $Mx_0 \subseteq N$. ■

定理 F　若 X 是分离的可测群，则相应于它的韦伊拓扑，X 是局部有界的. 若可测集 E 的内部非空，则 $\mu(E) > 0$；若可测集 E 是有界的，则 $\mu(E) < \infty$.

证明　设 N_0 是 $\mathbf{N}$ 中具有有限测度的任意集合（见定理 C），令 M_0 是 $\mathbf{N}$ 中满足 $M_0M_0^{-1} \subseteq N_0$ 的集合. 我们将证明 M_0 是有界的. 假定 M_0 是无界的，则存在 $\mathbf{N}$ 中的集合 N 及 M_0 中的元素序列 $\{x_n\}$ 使得

$$x_{n+1} \notin \bigcup_{i=1}^{n} x_i N, \quad n = 1, 2, \cdots.$$

根据定理 A，存在具有有限正测度的可测集 E 使得 $E \subseteq M_0^{-1}$ 且 $EE^{-1} \subseteq N$. 根据 $\{x_n\}$ 的取法可得，$\{x_nE\}$ 是不相交集合的序列. 又因为 $x_nE \subseteq M_0M_0^{-1} \subseteq N_0$，所以 $\mu(N_0) = \infty$. 因为这与定理 C 矛盾，所以我们证明了定理的第一部分.

事实上，根据定理 C 可得，内部非空的可测集有正测度. 定理的最后一部分源于定理 C 及以下事实：有界集能被 $\mathbf{N}$ 中任意集合的有限个左平移覆盖. ■

在某种意义下，定理 F 是最好的结果了. 然而，若利用每一个局部有界群可以视为局部紧群的稠密子群这一事实，就可以把这个结果改写成更有用的形式. 这将在下面的定理 H 中完成. 我们先来证明有关局部紧群中任意（不一定是右或左不变的）贝尔测度的一个辅助定理.

定理 G　若 μ 是局部紧拓扑群 X 中的任意贝尔测度，Y 是由满足对于任意贝尔集 E 都有 $\mu(yE) = \mu(E)$ 的所有元素构成的集合，则 Y 是 X 的闭子群.

证明　Y 显然是 X 的子群. 为了证明 Y 是闭的，设 y_0 是 $\overline{Y}$ 中固定的任意元素，并设 C 是任意紧贝尔集. 若 U 是包含 y_0C 的任意贝尔开集，则存在 e 的

邻域 V 使得 $Vy_0C \subseteq U$. 因为 Vy_0 是 y_0 的邻域, 所以存在 Y 中的元素 y 使得 $y \in Vy_0$. 因为 $yC \subseteq Vy_0C \subseteq U$, 所以

$$\mu(C) = \mu(yC) \leqslant \mu(U),$$

根据 μ 的正则性就有 $\mu(C) \leqslant \mu(y_0C)$. 对 y_0^{-1} 和 y_0C（代替 y_0 和 C）应用这个结果, 我们得到逆不等式. 于是, 对于任意 C, 我们有 $\mu(C) = \mu(y_0C)$. 由此可见, 对于每一个贝尔集 E 有 $\mu(E) = \mu(y_0E)$, 因而 $y_0 \in Y$. ∎

若可测群的一个子群是浓厚集（见第 17 节）, 则称这个子群为**浓厚子群**.

定理 H 若 $(X, \mathbf{S}, \mu)$ 是分离的可测群, 则存在局部紧拓扑群 $\hat{X}$ 及定义在所有贝尔集的类 $\hat{\mathbf{S}}$ 上的哈尔测度 $\hat{\mu}$, 使得 X 是 $\hat{X}$ 的浓厚子群, $\mathbf{S} \supseteq \hat{\mathbf{S}} \cap X$, 且当 $\hat{E} \in \hat{\mathbf{S}}$ 及 $E = \hat{E} \cap X$ 时有 $\mu(E) = \hat{\mu}(\hat{E})$.

证明 设 $\hat{X}$ 是 X 关于其韦伊拓扑的完备化, 即 $\hat{X}$ 是一个局部紧群, 以 X 作为一个稠密子群. 考虑由 $\hat{X}$ 的所有子集 $\hat{E}$ 组成的类, 满足 $\hat{E} \cap X \in \mathbf{S}$. 显然, 这个类是 σ 环. 为了证明这个 σ 环包含所有贝尔集, 我们将证明, 它包含群 $\hat{X}$ 的拓扑的一个基.

假设 $\hat{x}$ 是 $\hat{X}$ 的任意元素, $\hat{U}$ 是 $\hat{X}$ 中的单位元素 $\hat{e}$ 的任意邻域. 令 $\hat{V}$ 是 $\hat{e}$ 的邻域, 使得 $\hat{V}^{-1}\hat{V} \subseteq \hat{U}$. 因为 $\hat{V} \cap X$ 是 X 中的开集, 所以存在 X 中的可测开集 W 使得 $W \subseteq \hat{V} \cap X$. 又由于（根据 $\hat{X}$ 的定义）X 中的拓扑是 X 作为 $\hat{X}$ 的子空间得到的相对拓扑, 因此存在 $\hat{X}$ 中的开集 $\hat{W}$ 使得 $W = \hat{W} \cap X$. 因为我们可以用 $\hat{W} \cap \hat{V}$ 取代 W, 不失一般性, 假定 $\hat{W} \subseteq \hat{V}$. 由于 X 在 $\hat{X}$ 中稠密, 因此存在 X 中的点 x 使得 $x \in \hat{x}\hat{W}^{-1}$. 所以有

$$\hat{x} \in x\hat{W} \subseteq \hat{x}\hat{W}^{-1}\hat{W} \subseteq \hat{x}\hat{V}^{-1}\hat{V} \subseteq \hat{x}\hat{U}.$$

对于 $\hat{\mathbf{S}}$ 中的每一个 $\hat{E}$, 我们用 $\hat{\mu}(\hat{E}) = \mu(\hat{E} \cap X)$ 来定义 $\hat{\mu}$, 容易验证, $\hat{\mu}$ 是 $\hat{X}$ 中的贝尔测度. 根据定理 G, 以及当 $x \in X$ 且 $\hat{E} \in \hat{\mathbf{S}}$ 时有 $\hat{\mu}(x\hat{E}) = \hat{\mu}(\hat{E})$, 可知 $\hat{\mu}$ 是左不变的. 再由唯一性定理可知, $\hat{\mu}$ 在 $\hat{\mathbf{S}}$ 上与 $\hat{X}$ 中的一个哈尔测度相同. 因此, 当 $\hat{E} \in \hat{\mathbf{S}}$ 且 $\hat{E} \cap X = \varnothing$ 时有 $\hat{\mu}(\hat{E}) = \mu(\hat{E} \cap X) = 0$, 即 X 在 $\hat{X}$ 中是浓厚的. ∎

习题

1. 设 X 是局部紧拓扑群, μ 是所有贝尔集的类 $\mathbf{S}$ 上的哈尔测度. 若 $\tilde{X} = X \times X$, $\tilde{\mathbf{S}}$ 是由所有形如 $E \times X$ 的集合组成的类, 其中 $E \in \mathbf{S}$, 令 $\tilde{\mu}(E \times X) = \mu(E)$, 则 $(\tilde{X}, \tilde{\mathbf{S}}, \tilde{\mu})$ 是不分离的可测群. 这个例子多大程度上展现了一般不分离的可测群的典型性?

2. 设 X 是分离的可测群，则集合 E 对于 X 的韦伊拓扑是有界的，当且仅当存在具有有限正测度的可测集 A，使得 EA 包含于一个具有有限测度的可测集.

3. 定理 G 对于博雷尔测度成立吗？

4. 定理 G 中描述的子群 Y 是否必须是不变的？

5. 在定理 G 的假设条件下，对于任意 $x \in X$ 及任意贝尔集 E，记 $f(x) = \mu(xE)$. f 是连续函数吗？

6. 下面的一系列考虑是为了给出浓厚子群的一个例子. 设 X 是实直线，考虑局部紧拓扑群 $X \times X$. 对于 X 的子集 B，若 $\sum_{i=1}^{n} r_i x_i = 0$ 意味着 $r_1 = \cdots = r_n = 0$，其中 $x_i \in B$ 且 r_i 是有理数（$i = 1, \cdots, n$），则 B 称为**线性无关的**.

(6a) 若 E 是 $X \times X$ 中具有正测度的博雷尔集，B 是 X 中线性无关的集合，其势小于连续统的势，则在 E 中存在点 (x, y) 使得 $B \cup \{x\}$ 是线性无关的. 提示：存在 y 的值使得 B^y 有正的测度，因此，其势为连续统的势.

(6b) 在 $X \times X$ 中存在点集 C 使得 (i) 对于 $X \times X$ 中具有正测度的任意博雷尔集 E 有 $C \cap E \neq \varnothing$，(ii) 由 C 中的点的第一个坐标组成的集合 B 是线性无关的，(iii) 集合 C 与任何铅直线至多有一个交点. 提示：把 $X \times X$ 中具有正测度的所有博雷尔集的类排序，利用 (6a)，用超限归纳法构造集合 C.

(6c) 设 B 是 X 中的线性无关集，且对于任意 $x \in X$ 存在 B 的有限子集 $\{x_1, \cdots, x_n\}$ 及相应的有理数的有限集 $\{r_1, \cdots, r_n\}$ 使得 $x = \sum_{i=1}^{n} r_i x_i$. 此时，我们称 B 是一个**哈梅尔基**. x 表示为 B 中元素的有理线性组合的方式是唯一的. 每一个线性无关集都包含在一个哈梅尔基中. 提示：利用超限归纳法或佐恩引理.

(6d) 根据 (6b) 和 (6c)，存在 $X \times X$ 中的集合 C 满足 (6b) 中的性质 (i)(ii)(iii)，且使得由 C 中的点的第一个坐标组成的集合 B 是一个哈梅尔基. 设 $x = \sum_{i=1}^{n} r_i x_i$，其中 r_i 是有理数且 $(x_i, y_i) \in C$（$i = 1, \cdots, n$），记 $f(x) = \sum_{i=1}^{n} r_i y_i$. 若 $Z = \{(x, y) : y = f(x)\}$（即 Z 是 f 的图像），则 Z 是 $X \times X$ 的浓厚子群.

§63. 商群

本节中，我们假定：

> X 是局部紧拓扑群，μ 是 X 中的哈尔测度；Y 是 X 的紧不变子群，ν 是 Y 中满足 $\nu(Y) = 1$ 的哈尔测度. π 是 X 到商群 $\hat{X} = X/Y$ 上的投影.

本节的大部分重要结果对于闭的（但未必是紧的）子群成立. 我们仅限于关注紧子群的情形，因为对我们来说这就足够了，此时的证明更加简单.

定理 A   若紧集 C 是 Y 的陪集的并集，U 是包含 C 的开集，则在 $\hat{X}$ 中存在开集 $\hat{V}$ 使得

$$C \subseteq \pi^{-1}(\hat{V}) \subseteq U.$$

证明 不失一般性, 假设 U 是有界集. 若 $X_0 = \overline{UY}$, 则 X_0 是紧集. 我们断言, 与 UY 一样, X_0 也是 Y 的陪集的并. 为此, 假定 $x_1 \in X_0$ 且 $\pi(x_1) = \pi(x_2)$ (因而 $x_1^{-1}x_2 \in Y$). 我们将证明 $x_2 \in X_0$. 若 V 是 x_2 的任意邻域, 则 $Vx_2^{-1}x_1$ 是 x_1 的邻域, 因此 $UY \cap Vx_2^{-1}x_1 \neq \varnothing$. 因为 $x_1^{-1}x_2 \in Y$, 所以

$$UY \cap V = UYx_1^{-1}x_2 \cap Vx_2^{-1}x_1x_1^{-1}x_2 = (UY \cap Vx_2^{-1}x_1)x_1^{-1}x_2 \neq \varnothing.$$

由于 V 是任意的, 这就意味着 $x_2 \in X_0$.

C 是 Y 的陪集的并这一事实意味着 $\pi(X_0-U) \cap \pi(C) = \pi((X_0-U) \cap C) = \varnothing$. 因为 $\pi(X_0-U)$ 和 $\pi(C)$ 都是紧集, $\pi(U)$ 是包含 $\pi(C)$ 的开集, 所以存在 $\hat{X}$ 中的开集 $\hat{V}$ 使得

$$\pi(C) \subseteq \hat{V} \subseteq \pi(U) \subseteq \pi(X_0) \quad 且 \quad \hat{V} \cap \pi(X_0-U) = \varnothing.$$

若 $x \in \pi^{-1}(\hat{V})$, 从而 $\pi(x) \in \hat{V}$, 则 $\pi(x) \notin \pi(X_0-U)$, 因此 $x \notin X_0-U$. 然而 $x \in X_0$, 因此 $x \in U$, 从而 $C \subseteq \pi^{-1}(\hat{V}) \subseteq U$. ■

定理 B 若 $\hat{C}$ 是 $\hat{X}$ 的紧子集, 则 $\pi^{-1}(\hat{C})$ 是 X 的紧子集; 若 $\hat{E}$ 是 $\hat{X}$ 中的贝尔集 (或博雷尔集), 则 $\pi^{-1}(\hat{E})$ 是 X 中的贝尔集 (或博雷尔集).

证明 设 $\mathbf{K}$ 是 $\pi^{-1}(\hat{C})$ 的一个开覆盖. 因为对于 $\hat{C}$ 中的任意 $\hat{x}$, $\pi^{-1}(\{\hat{x}\})$ 是 Y 的陪集, 因而是紧集, 所以 $\mathbf{K}$ 包含有限子类 $\mathbf{K}(\hat{x})$ 使得 $\pi^{-1}(\{\hat{x}\}) \subseteq U(\hat{x}) = \bigcup \mathbf{K}(\hat{x})$. 根据定理 A, 存在 $\hat{X}$ 中的开集 $\hat{V}(\hat{x})$ 使得

$$\pi^{-1}(\{\hat{x}\}) \subseteq V(\hat{x}) = \pi^{-1}\big(\hat{V}(\hat{x})\big) \subseteq U(\hat{x}).$$

因为 $\hat{C}$ 是紧集, 所以存在 $\hat{C}$ 的有限子集 $\{\hat{x}_1, \cdots, \hat{x}_n\}$ 使得 $\hat{C} \subseteq \bigcup_{i=1}^{n} \hat{V}(\hat{x}_i)$, 从而

$$\pi^{-1}(\hat{C}) \subseteq \bigcup_{i=1}^{n} V(\hat{x}_i) \subseteq \bigcup_{i=1}^{n} \bigcup \mathbf{K}(\hat{x}_i),$$

因此 $\pi^{-1}(\hat{C})$ 是紧集.

定理中关于贝尔集和博雷尔集的结论可由上述结果及 G_δ 集的逆像 (对于 π) 是 G_δ 集, 且 $\hat{X}$ 中逆像属于某个指定的 σ 环的所有集合组成的类是一个 σ 环而推得. ■

定理 B 意味着, 若 X 和 $\hat{X}$ 中贝尔可测性或博雷尔可测性都理解为可测性, 则变换 π 也是可测的. 也就是说, π^{-1} 映射可测集的结果是令人满意的. π^{-1} 对测度的结果是怎么样的呢?

定理 C　若 $\hat{\mu} = \mu\pi^{-1}$，则 $\hat{\mu}$ 是 $\hat{X}$ 中的哈尔测度.

证明　因为紧集或非空开集的逆像（对于 π）分别是紧集或非空开集，所以 $\hat{\mu}$ 在紧集上是有限的，在非空博雷尔开集上是正的. 余下只需证明 $\hat{\mu}$ 的左不变性.

设 $\hat{E}$ 是 $\hat{X}$ 中的博雷尔集，且 $\hat{x}_0 \in \hat{X}$，令 $x_0 \in X$ 使得 $\pi(x_0) = \hat{x}_0$. 若 $x \in x_0\pi^{-1}(\hat{E})$，则（因为 π 是一个同态）$\pi(x) \in \hat{x}_0\hat{E}$，因此，

$$x_0\pi^{-1}(\hat{E}) \subseteq \pi^{-1}(\hat{x}_0\hat{E}).$$

反之，若 $x \in \pi^{-1}(\hat{x}_0\hat{E})$，则 $\pi(x) \in \hat{x}_0\hat{E}$，因而 $\pi(x_0^{-1}x) = \hat{x}_0^{-1}\pi(x) \in \hat{E}$. 这就意味着 $x_0^{-1}x \in \pi^{-1}(\hat{E})$，从而 $x \in x_0\pi^{-1}(\hat{E})$. 因此，我们就证明了

$$\pi^{-1}(\hat{x}_0\hat{E}) \subseteq x_0\pi^{-1}(\hat{E}).$$

因此，

$$\hat{\mu}(\hat{x}_0\hat{E}) = \mu\pi^{-1}(\hat{x}_0\hat{E}) = \mu\big(x_0\pi^{-1}(\hat{E})\big) = \mu\pi^{-1}(\hat{E}) = \hat{\mu}(\hat{E}). \qquad\blacksquare$$

定理 D　若 $f \in \mathcal{L}_+(X)$ 且

$$g(x) = \int_Y f(xy)\mathrm{d}\nu(y),$$

则 $g \in \mathcal{L}_+(X)$，且存在 $\mathcal{L}_+(\hat{X})$ 中的（唯一确定的）函数 $\hat{g}$ 使得 $g = \hat{g}\pi$.

证明　若 $f_x(y) = f(xy)$，那么根据 f 的连续性可知 f_x 在 Y 上连续，因此是可积的. 因为 f 是一致连续的，所以对于任意正数 ε，存在 e 的邻域 U，使得当 $x_1x_2^{-1} \in U$ 时有 $|f(x_1) - f(x_2)| < \varepsilon$. 若 $x_1x_2^{-1} \in U$，则

$$(x_1y)(x_2y)^{-1} = x_1x_2^{-1} \in U,$$

因此，

$$|g(x_1) - g(x_2)| \leqslant \int_Y |f(x_1y) - f(x_2y)|\mathrm{d}\nu(y) < \varepsilon,$$

所以 g 是连续的. 显然 g 是非负的，又因为 $\{x : g(x) \neq 0\} \subseteq \{x : f(x) \neq 0\} \cdot Y$，所以 $g \in \mathcal{L}_+(X)$.

若 $\pi(x_1) = \pi(x_2)$，则 $x_1x_2^{-1} \in Y$，再由 ν 的左不变性可得

$$g(x_1) = \int_Y f(x_1y)\mathrm{d}\nu(y) = \int_Y f\big(x_1(x_1^{-1}x_2y)\big)\mathrm{d}\nu(y) = g(x_2).$$

因此，记 $\hat{g}(\hat{x}) = g(x)$，其中 $\hat{x} = \pi(x)$，则在 $\hat{X}$ 上无歧义地定义了一个函数 $\hat{g}$.
显然 $g = \hat{g}\pi$. 根据定理 39.A，对于实直线上的每一个开集 M，我们有

$$\{\hat{x} : \hat{g}(\hat{x}) \in M\} = \pi(\{x : g(x) \in M\}),$$

因为 π 是开映射，所以 $\hat{g}$ 是连续的. 由于 π 将有界集 $\{x : g(x) \neq 0\}$ 映为 $\hat{X}$ 中
的有界集，因此 $\hat{g} \in \mathcal{L}_+(\hat{X})$. 又因为 π 将 X 映满 $\hat{X}$，所以 $\hat{g}$ 是唯一的. ■

定理 E　若 C 是 X 中的紧贝尔集，$g(x) = \nu(x^{-1}C \cap Y)$，则存在（唯一确
定的）$\hat{X}$ 上的贝尔可测的可积函数 $\hat{g}$ 使得 $g = \hat{g}\pi$. 若 C 是 Y 的陪集的并，则
$\int \hat{g}\mathrm{d}\hat{\mu} = \mu(C)$.

证明　设 $\{f_n\}$ 是 $\mathcal{L}_+(X)$ 中函数的递减序列，使得对于任意 $x \in X$ 有
$\lim_n f_n(x) = \chi_C(x)$. 若

$$g_n(x) = \int_Y f_n(xy)\mathrm{d}\nu(y), \qquad n = 1, 2, \cdots,$$

则 $\{g_n\}$ 是 $\mathcal{L}_+(X)$ 中函数的递减序列（见定理 D），因此，（例如，根据有界收敛
定理）对于任意 $x \in X$ 有

$$\lim_n g_n(x) = \int_Y \chi_C(xy)\mathrm{d}\nu(y) = \int_Y \chi_{x^{-1}C}(y)\mathrm{d}\nu(y) = \nu(x^{-1}C \cap Y) = g(x).$$

根据定理 D，对于任意正整数 n，存在 $\mathcal{L}_+(X)$ 中的函数 $\hat{g}_n$ 使得 $g_n = \hat{g}_n\pi$.
因为序列 $\{\hat{g}_n\}$ 是递减的，我们可以记 $\hat{g}(\hat{x}) = \lim_n \hat{g}_n(\hat{x})$. 显然有 $g = \hat{g}\pi$. 因为
（定理 39.C）

$$\int \hat{g}\mathrm{d}\hat{\mu} = \int g\mathrm{d}\mu = \int \nu(x^{-1}C \cap Y)\mathrm{d}\mu(x),$$

且 $\{x : \nu(x^{-1}C \cap Y) \neq 0\} \subseteq \{x : x^{-1}C \cap Y \neq \varnothing\} = CY$，再由 ν 的有限性可得
g 是可积的.

最后，若 C 是 Y 的陪集的并，则

$$x^{-1}C \cap Y = \begin{cases} Y, & \text{若 } x \in C, \\ \varnothing, & \text{若 } x \notin C. \end{cases}$$

从而我们有

$$\int \hat{g}\mathrm{d}\hat{\mu} = \int g\mathrm{d}\mu = \int \nu(x^{-1}C \cap Y)\mathrm{d}\mu(x) = \mu(C). \qquad ■$$

定理 F　若对于 X 中的任意贝尔集 E，

$$g_E(x) = \nu(x^{-1}E \cap Y),$$

则存在（唯一确定的）$\hat{X}$ 上的贝尔可测函数 $\hat{g}_E$ 使得 $g_E = \hat{g}_E \pi$.

证明　首先，注意到（根据 Y 中拓扑的定义），集合 $x^{-1}E \cap Y$ 总是 Y 中的贝尔集，因此 $g_E(x)$ 总是可定义的.

记 **E** 是使定理成立的所有集合 E 组成的类，根据定理 E 可得每一个紧贝尔集属于 **E**. 根据（有限）测度 ν 的基本性质，可得 **E** 对正常差、不相交有限并、单调并及单调交运算封闭，因此，**E** 包含所有贝尔集. ■

定理 G　设 E 是 X 中的任意贝尔集，若 $\hat{g}_E$ 是 $\hat{X}$ 上唯一确定的贝尔可测函数，满足对于任意 $x \in X$ 有

$$\hat{g}_E\big(\pi(x)\big) = \nu\big(x^{-1}E \cap Y\big) = g_E(x),$$

则对于任意贝尔集 E 有

$$\int \hat{g}_E \mathrm{d}\hat{\mu} = \mu(E).$$

证明　对于 X 中的任意贝尔集 E，记 $\lambda(E) = \int \hat{g}_E \mathrm{d}\hat{\mu} = \int \nu(x^{-1}E \cap Y)\mathrm{d}\mu(x)$. 因为对于任意紧贝尔集 C，$\lambda(C)$ 是有限的（定理 E），又因为 λ 显然是非负的，所以 λ 是 X 中的贝尔测度. 若 $x_0 \in X$，则

$$\lambda(x_0 E) = \int g_{x_0 E}(x)\mathrm{d}\mu(x) = \int \nu(x^{-1}x_0 E \cap Y)\mathrm{d}\mu(x)$$
$$= \int \nu\big((x_0^{-1}x)^{-1}E \cap Y\big)\mathrm{d}\mu(x) = \int g_E(x_0^{-1}x)\mathrm{d}\mu(x)$$
$$= \int g_E(x)\mathrm{d}\mu(x) = \lambda(E),$$

所以 λ 是左不变的. 再由唯一性定理可得 $\lambda(E) = c\mu(E)$，其中 c 是恰当的常数. 若 C 是紧贝尔集，且是 Y 的陪集的并，则根据定理 E 有 $\lambda(C) = \mu(C)$，又因为存在使得 $\mu(C) > 0$ 的集合 C，所以 $c = 1$. ■

§64.　哈尔测度的正则性

本节的目的是要证明每一个哈尔测度都是正则的. 本节中，除了最后一个定理外，我们都假定：

　　　　X 是局部紧且 σ 紧的拓扑群，μ 是 X 中不恒为零的左不变贝尔
　　　　测度（因而，其在所有非空的、开的贝尔集上取正值）.

为方便起见，我们引入一个辅助概念. 设 **T** 是由贝尔集组成的 σ 环，满足当 $E \in \mathbf{T}$ 且 $x \in X$ 时有 $xE \in \mathbf{T}$，则称 **T** 是**不变 σ 环**. 因为所有贝尔集的类是不变 σ 环，

并且任意多个不变 σ 环的交仍是不变 σ 环，所以我们可以定义由任意贝尔集类 **E** 生成的不变 σ 环，即包含 **E** 的所有不变 σ 环的交集.

定理 A 若 **E** 是贝尔集类，**T** 是由 **E** 生成的不变 σ 环，则 **T** 与由集类 $\{xE : x \in X,\ E \in \mathbf{E}\}$ 生成的 σ 环 $\mathbf{T}_0$ 相同.

证明 因为对于任意 $x \in X$ 及任意 $E \in \mathbf{E}$ 有 $xE \in \mathbf{T}$，所以 $\mathbf{T}_0 \subseteq \mathbf{T}$. 于是只需证明 $\mathbf{T}_0$ 是不变的. 令 x_0 是 X 中的任意给定的元素. 由满足 $x_0F \in \mathbf{T}_0$ 的所有贝尔集 F 组成的类是 σ 环. 因为对于任意 $x \in X$ 及任意 $E \in \mathbf{E}$ 有 $x_0(xE) = (x_0x)E \in \mathbf{T}_0$，所以这个 σ 环包含 $\mathbf{T}_0$. 也就是说，我们已经证明了，若 $F \in \mathbf{T}_0$ 则 $x_0F \in \mathbf{T}_0$. ∎

定理 B 若 **E** 是具有有限测度的贝尔集构成的可数类，**T** 是由 **E** 生成的不变 σ 环，则 **T** 中具有有限测度的所有集合构成的度量空间（度量 ρ 定义为 $\rho(E, F) = \mu(E \Delta F)$）是可分的.

证明 因为可分的度量空间的每一个子空间仍是可分的，所以只需证明，存在贝尔集构成的 σ 环 $\mathbf{T}_0$ 使得 $\mathbf{T} \subseteq \mathbf{T}_0$，且 $\mathbf{T}_0$ 由具有有限测度的可数集生成（见定理 40.B）. 由于 X 是贝尔集，因此对于任意 $E \in \mathbf{E}$，$X \times E$ 是 $X \times X$ 中的贝尔集. 如前，我们记 $S(x, y) = (x, xy)$，则对于任意 $E \in \mathbf{E}$，$S(X \times E)$ 也是 $X \times X$ 中的贝尔集. 因此，对于任意 $E \in \mathbf{E}$，存在具有有限测度的矩形的可数类 $\mathbf{R}_E$ 使得 $S(X \times E) \in \mathbf{S}(\mathbf{R}_E)$. 记 $\mathbf{T}_0$ 是 $\mathbf{R}_E$ 中的所有矩形的所有边组成的类所产生的 σ 环，其中 $E \in \mathbf{E}$，则对于任意 $E \in \mathbf{E}$ 显然有

$$S(X \times E) \in \mathbf{T}_0 \times \mathbf{T}_0.$$

因为 $\mathbf{T}_0 \times \mathbf{T}_0$ 中的集合的每一个截口属于 $\mathbf{T}_0$，所以，对于任意 $X \in \mathbf{X}$ 和任意 $E \in \mathbf{E}$ 有

$$xE = x(X \times E)_x = \big(S(X \times E)\big)_x \in \mathbf{T}_0,$$

因此（根据定理 A）$\mathbf{T} \subset \mathbf{T}_0$. ∎

定理 C 若 **T** 是不变 σ 环，f 是 $\mathcal{L}$ 中的（**T**）可测函数，y 是 X 中的元素，使得对于任意 $E \in \mathbf{T}$ 有 $\rho(yE, E) = 0$，则对于任意 $x \in X$ 有 $f(y^{-1}x) = f(x)$.

证明 若 E 是 **T** 中具有有限测度的任意集合，则

$$0 = \rho(yE, E) = \int \big|\chi_{yE}(x) - \chi_E(x)\big|\mathrm{d}\mu(x) = \int \big|\chi_E(y^{-1}x) - \chi_E(x)\big|\mathrm{d}\mu(x).$$

因此，对于每一个（**T**）可测的可积简单函数 g 有

$$\int \big|g(y^{-1}x) - g(x)\big|\mathrm{d}\mu(x) = 0.$$

因为 f 可以由这类函数逼近，所以 $\int \left| f\left(y^{-1}x\right) - f(x) \right| \mathrm{d}\mu(x) = 0$. 由于这个积分的被积函数属于 $\mathcal{L}_+$，由定理 55.B 可知结论成立. ■

定理 D　设 **T** 是它的具有有限测度的所有集合生成的不变 σ 环，且 **T** 中至少包含一个具有正测度的有界集. 若 **E** 是一个集类，在由 **T** 中的具有有限测度的所有集合组成的度量空间中稠密，令

$$Y = \{y : \rho(yE, E) = 0, \ E \in \mathbf{E}\},$$

则 Y 是 X 的紧不变子群.

证明　若 $Y_0 = \{y : \rho(yE, E) = 0, \ E \in \mathbf{T}\}$，则显然有 $Y_0 \subseteq Y$. 此外，若 E_0 是 **T** 中具有有限测度的集合，则对于任意正数 ε，存在 **E** 中的集合 E 使得 $\rho(E_0, E) < \varepsilon/2$. 因此，若 $y \in Y$，则

$$0 \leqslant \rho(yE_0, E_0) \leqslant \rho(yE_0, yE) + \rho(yE, E) + \rho(E, E_0) < \varepsilon.$$

由 ε 的任意性可得 $y \in Y_0$，因而 $Y = Y_0$.

若 $y_1, y_2 \in Y$ 且 $E \in \mathbf{T}$，则

$$0 \leqslant \rho\left(y_1^{-1}y_2E, E\right) \leqslant \rho\left(y_1^{-1}y_2E, y_2E\right) + \rho(y_2E, E).$$

因为 $y_2E \in \mathbf{T}$ 且 $\rho\left(y_1^{-1}y_2E, y_2E\right) = \rho(y_2E, y_1y_2E)$，所以 $y_1^{-1}y_2 \in Y$. 因此，Y 确实是 X 的子群. 若 $y \in Y$，$x \in X$，$E \in \mathbf{T}$，则 $xE \in \mathbf{T}$，因此 $\rho\left(x^{-1}yxE, E\right) = \rho(yxE, xE) = 0$，所以 Y 是不变的.

若 E_0 是 **T** 中具有正测度的有界集，则对于任意 $y \in Y$ 有 $\rho(yE_0, E_0) = 0$ 这一事实蕴涵 $yE_0 \cap E_0 \neq \varnothing$. 因此 $y \in E_0 E_0^{-1}$，从而 Y 包含在有界集 $E_0 E_0^{-1}$ 中. 最后，我们来证明 Y 是闭的（因而是紧的）. 注意到

$$Y = \bigcap_{E \in \mathbf{E}} \{y : \rho(yE, E) = 0\},$$

由定理 61.A 可知结论成立. ■

定理 E　若 E 是 X 中的任意贝尔集，则存在 X 的紧不变贝尔子群 Y 使得 E 是 Y 的陪集的并.

证明　设 $\{C_i\}$ 是满足 $E \in \mathbf{S}(\{C_i\})$ 的紧贝尔集的序列，其中至少存在一个集合具有正测度. 对于每一个 i，令 $\{f_{ij}\}$ 是 $\mathcal{L}_+(X)$ 中的函数的递减序列，使得对于任意 $x \in X$ 有 $\lim_j f_{ij}(x) = \chi_{C_i}(x)$. 对于任意正有理数 r，集合 $\{x : f_{ij}(x) \geqslant r\}$ 是紧贝尔集. 设 **T** 是由所有这种形式的集类生成的不变 σ 环. 由定理 B 可知 **T**

中具有有限测度的所有集合组成的度量空间是可分的. 令 $\{E_n\}$ 是这个度量空间中的稠密序列. 若

$$Y = \bigcap_{n=1}^{\infty} \{y : \rho(yE_n, E_n) = 0\},$$

则由定理 D 可知 Y 是 X 的紧不变子群, 由定理 61.A 可知 Y 是贝尔集.

因为每一个 f_{ij} 都是 (**T**) 可测的, 所以由定理 C 可知, 对于任意 $y \in Y$ 和任意 $x \in X$ 有 $f_{ij}(y^{-1}x) = f_{ij}(x)$. 因此, 对于任意 $y \in Y$ 和 $i = 1, 2, \cdots$ 有 $\chi_{C_i}(y^{-1}x) = \chi_{C_i}(x)$, 即 $yC_i = C_i$. 因为对于任意 $y \in Y$, 满足 $yF = F$ 的所有集合 F 的类是一个 σ 环, 所以对于任意 $y \in Y$ 有 $yE = E$. 因此 $E = YE = \bigcup_{x \in E} Yx$. 也就是说, E 是不变子群 Y 的陪集的并. ■

定理 F　若 $\{e\}$ 是贝尔集, 则 X 是可分的.

证明　设 $\{U_n\}$ 是满足 $\{e\} = \bigcap_{n=1}^{\infty} U_n$ 的有界开集序列. 我们在前面已经看到, 不失一般性, 可以假定

$$\overline{U}_{n+1} \subseteq U_n, \quad n = 1, 2, \cdots.$$

存在满足 $X = \bigcup_{i=1}^{\infty} C_i$ 的紧集序列 $\{C_i\}$. 因为每一个 C_i 是紧的, 所以对于每一个 i 和 n, 存在 C_i 的有限子集 $\{x_{ij}^{(n)}\}$ 使得 $C_i \subseteq \bigcup_j x_{ij}^{(n)} U_n$. 我们现在证明, 可数类 $\{x_{ij}^{(n)} U_n\}$ 是一组基.

首先, 我们证明, 若 U 是 e 的任意邻域, 则存在正整数 n 使得 $e \in U_n \subseteq U$. 的确, 因为

$$\{e\} = \bigcap_n U_n = \bigcap_n \overline{U}_n \quad \text{且} \quad e \in U,$$

所以

$$\bigcap_n (\overline{U}_n - U) = \left(\bigcap_n \overline{U}_n \right) - U = \varnothing.$$

由于 $\{\overline{U}_n - U\}$ 是交集为空的紧集的递减序列, 因此至少存在一个 n 的值使得集合 $U_n - U (\subseteq \overline{U}_n - U)$ 是空的.

现在, 设 x 是 X 的任意元素, V 是 x 的任意邻域. 因为 $x^{-1}V$ 是 e 的邻域, 所以存在 e 的邻域 U 使得 $U^{-1}U \subseteq x^{-1}V$. 又由前述可知, 存在正整数 n 使得 $e \in U_n \subseteq U$. 由于 $x \in \bigcup_{i=1}^{\infty} C_i$, 所以存在某个 i 的值使得 $x \in C_i$, 因此存在某个 j 的值使得 $x \in x_{ij}^{(n)} U_n$. 由此可得 $x_{ij}^{(n)} \in x U_n^{-1}$, 所以我们有

$$x \in x_{ij}^{(n)} U_n \subseteq x U_n^{-1} U_n \subseteq x U^{-1} U \subseteq x x^{-1} V = V.$$ ■

由定理 E 和定理 F 可得如下令人惊奇且有用的结果.

定理 G   若 E 是 X 中的任意贝尔集，则存在 X 的紧不变子群 Y，使得 E 是 Y 的陪集的并，且商群 X/Y 是可分的.

证明   由定理 E 可知，存在紧不变贝尔子群 Y 使得 E 是 Y 的陪集的并. 若 $\{U_n\}$ 是满足 $Y = \bigcap_{n=1}^{\infty} U_n$ 的开集序列，则对于任意正整数 n，存在商群 $\hat{X} = X/Y$ 中的开集 $\hat{U}_n$ 使得

$$Y \subseteq \pi^{-1}(\hat{U}_n) \subseteq U_n,$$

其中 π 是 X 到 $\hat{X}$ 上的投影（见定理 63.A）. 因此 $Y = \bigcap_{n=1}^{\infty} \pi^{-1}(\hat{U}_n)$，从而 $\{\hat{e}\} = \bigcap_{n=1}^{\infty} \hat{U}_n$. 由定理 F 可知 $\hat{X}$ 是可分的. ∎

定理 H X 中的每一个哈尔测度都是完备正则的.

证明   只需证明，若 U 是任意有界开集，则存在包含在 U 中的贝尔集 E，使得 $U - E$ 能被一个零测度的贝尔集所覆盖. 对于给定的 U，我们选择使得 $\mu(E)$ 取得最大值的贝尔集 E（$\subseteq U$）. 根据定理 G，存在 X 的紧不变子群 Y 使得 E 是 Y 的陪集的并，且商群 $\hat{X}$（$= X/Y$）是可分的.

设 π 是 X 到 $\hat{X}$ 上的投影，记 $F = \pi^{-1}\pi(U - E)$. 我们要证明，F 是测度为零的贝尔集. E 是 Y 的陪集的并这一事实蕴涵 $\pi(U - E) = \pi(U) - \pi(E)$. 因为 $\pi(U)$ 是可分空间中的开集，所以 $\pi(U)$ 是 $\hat{X}$ 中的贝尔集（见定理 50.E）. 由 $F = \pi^{-1}\pi(U) - E$ 可知 F 的确是贝尔集.

因为 X 中的博雷尔开集类形成一组基，所以对于任意 $x \in U - E$，存在贝尔开集 $V(x)$ 使得 $x \in V(x) \subseteq U$. 因为 $\{\pi(V(x)) : x \in U - E\}$ 是 $\pi(U - E)$ 的一个开覆盖，又因为 $\hat{X}$ 是可分的，所以存在 $U - E$ 中的点的序列 $\{x_i\}$ 使得

$$\pi(U - E) \subseteq \bigcup_i \pi(V(x_i)).$$

因为 $\pi(U - E) = \pi(U) - \pi(E)$，所以我们有

$$\pi(U - E) \subseteq \left(\bigcup_i \pi(V(x_i)) \right) - \pi(E) = \bigcup_i \pi(V(x_i) - E).$$

基于此，为完成本定理的证明，我们只需证明，对于包含在 U 中的每一个贝尔开集 V 有

$$\mu\Big(\pi^{-1}\big(\pi(V - E)\big)\Big) = 0.$$

现在我们来证明这个结果.（注意，上面说明 $\pi^{-1}\pi(U - E) = 0$ 是贝尔集的论证，把 U 换成 V 仍然可应用.）

若 V 是包含在 U 中的贝尔开集，则根据 E 的最大性质有 $\mu(V-E)=0$. 若 ν 是 Y 中满足 $\nu(Y)=1$ 的哈尔测度，记 $\hat{\mu}=\mu\pi^{-1}$ 和 $g(x)=\nu(x^{-1}(V-E)\cap Y)$，则（见定理 63.G）存在 $\hat{X}$ 上的（非负）贝尔可测函数 $\hat{g}$ 使得 $g=\hat{g}\pi$，且

$$0=\mu(V-E)=\int\hat{g}\mathrm{d}\hat{\mu}=\int g\mathrm{d}\mu\geqslant\int_{\pi^{-1}\pi(V-E)}\nu(x^{-1}(V-E)\cap Y)\mathrm{d}\mu(x)\geqslant 0.$$

我们有

$$x^{-1}(V-E)\cap Y=(x^{-1}V\cap Y)-(x^{-1}E\cap Y).$$

若 $x\in V$ 则 $e\in x^{-1}V\cap Y$，若 $x\notin E$ 则 $x^{-1}E\cap Y=\varnothing$. 因此，若 $x\in V-E$，则 $x^{-1}(V-E)\cap Y$ 是 Y 的非空开子集. 若 $x\in\pi^{-1}\pi(V-E)$，则对于 $V-E$ 中的某个 x_0 有 $\pi(x)=\pi(x_0)$，从而

$$g(x)=\hat{g}(\pi(x))=\hat{g}(\pi(x_0))=g(x_0)>0,$$

因此，根据定理 25.D 有 $\mu(\pi^{-1}\pi(V-E))=0$. ∎

定理 I 若 X 是任意（未必是 σ 紧的）局部紧拓扑群，μ 是 X 中的左不变博雷尔测度，则 μ 是完备正则的.

证明 给定 X 中的任意博雷尔集 E，存在 X 的 σ 紧全子群 Z 使得 $E\subseteq Z$. 由定理 H 可知 μ 在 Z 上是完备正则的，因此，存在 Z 的两个贝尔子集 A 和 B 使得

$$A\subseteq E\subseteq B\quad\text{且}\quad\mu(B-A)=0.$$

因为 Z 在 X 中是既开又闭的，所以 A 和 B 也是 X 的贝尔子集. ∎

参考文献索引

（圆括号内的数表示习题的序号，方括号内的数表示"参考文献"的序号）

§0.　(1)~(7)：[7][15]．拓扑：[1，第 1 章和第 2 章][42，第 1 章]．度量空间：[41]．齐霍诺夫定理：[14]．拓扑群：[58，第 1 章至第 3 章][73，第 1 章]．拓扑群的完备化：[72]．

§4.　环和代数：[27]．半环：[52]．

§5.　格：[6]．(3)：[52，第 70 页]．

§6.　(2)：[61，第 85 页]．

§7.　(5)：[52，第 77–78 页]．

§9.　(10)：[57，第 561 页]．

§11.　外测度和可测性：[12，第 5 章]．度量外测度：[61，第 43–47 页]，也见 [10]．

§12.　豪斯多夫测度：[29，第 7 章]．

§17.　浓厚集：[3，第 108 页]．定理 A 和 (1)：[19，第 109–110 页]．

§18.　(10)：[51，第 602–603 页][20，第 91–92 页]．分布函数：[16]．

§21.　叶戈罗夫定理：[61，第 18–19 页]．

§26.　(7)：[63]．

§29.　若尔当分解，(3)：[61，第 10–11 页]．

§31.　拉东-尼科迪姆定理：[56，第 168 页][61，第 32–36 页][74]．

§37.　(4)：[12，第 340–349 页]．

§38.　定理 B：[64]，也见 [32]．

§39.　[25]．

§40.　布尔环：[6，第 6 章][68]．(8)：[49]．(12)：[59][60]．(15a)：[21][66]．(15b)：[68][69]．(15c)：[47]．

§41.　定理 C：[22]．(2)：[50，第 85–87 页]．(1)(2)(3)(4)：[11][24][44]．定理 C 和 (7)：[48]，也见 [8]．

§42.　赫尔德不等式和闵可夫斯基不等式：[26，第 139–143 页和第 146–150 页]．函数空间：[5]．(3)：[54，第 130 页]．

§43.　点函数和集函数：[28]．定理 E：[28，第 338 页和第 603 页]．

§44.　[23][45][67]．

§46. [71]. 柯尔莫哥洛夫不等式：[37，第 310 页]. 柯尔莫哥洛夫三级数定理：[35][37][38].

§47. 大数定律：[30][39]. 正规数：[9，第 260 页].

§48. 条件概率和条件期望：[40，第 5 章]. (4)：[18][20，第 96 页].

§49. 定理 A：[40，第 24–30 页]. 定理 B：[43，第 129–130 页]. (3)：[20，第 92 页][65].

§51. 博雷尔集和贝尔集：[33][36].

§52. [55]. (10)：[17].

§54. 正则容度：[2].

§55. 卢辛定理：[61，第 72 页][62].

§56. 线性泛函：[5，第 61 页][31，第 1008 页].

§58. [73，第 33–34 页]. 覆盖平面的圆：[34].

§59. [73，第 140–149 页].

§60. [13][46][53].

§61. 分部积分：[61，第 102 页][70].

§62. (6)：[36，第 93 页].

§63. [4]，也见 [73，第 42–45 页].

§64. [33].

参考文献

[1] P. Alexandroff and H. Hopf, *Topologie*, Berlin, 1935.

[2] W. Ambrose, *Lectures on topological groups* (unpublished), Ann Arbor, 1946.

[3] W. Ambrose, *Measures on locally compact topological groups*, Trans. A.M.S. **61** (1947) 106–121.

[4] W. Ambrose, *Direct sum theorem for Haar measures*, Trans. A.M.S. **61** (1947) 122–127.

[5] S. Banach, *Théorie des opérations linéaires*, Warszawa, 1932.

[6] G. Birkhoff, *Lattice theory*, New York, 1940.

[7] G. Birkhoff and S. Maclane, *A survey of modern algebra*, New York, 1941.

[8] A. Bischof, *Beiträge zur Carathéodoryschen Algebraisierung des Integralbegriffs*, Schr. Math. Inst. u. Inst. Angew. Math. Univ. Berlin **5** (1941) 237–262.

[9] E. Borel, *Les probabilités dénombrables et leurs applications arithmétiques*, Rend. Circ. Palermo **27** (1909) 247–271.

[10] N. Bourbaki, *Sur un théorème de Carathéodory et la mesure dans les espaces topologiques*, C. R. Acad. Sci. Paris **201** (1935) 1309–1311.

[11] K. R. Buch, *Some investigations of the set of values of measures in abstract space*, Danske Vid. Selsk. Math.-Fys. Medd. **21** (1945) No. 9.

[12] C. Carathéodory, *Vorlesungen über reelle Funktionen*, Leipzig-Berlin, 1927.

[13] H. Cartan, *Sur la mesure de Haar*, C. R. Acad. Sci. Paris **211** (1940) 759–762.

[14] C. Chevalley and O. Frink, *Bicompactness of Cartesian products*, Bull. A.M.S. **47** (1941) 612–614.

[15] R. Courant, *Differential and integral calculus*, London-Glasgow, 1934.

[16] H. Cramér, *Random variables and probability distributions*, Cambridge, 1937.

[17] J. Dieudonné, *Un exemple d'espace normal non susceptible d'une structure uniforme d'espace complet*, C. R. Acad. Sci. Paris **209** (1939) 145–147.

[18] J. Dieudonné, *Sur le théorème de Lebesgue-Nikodym* (III), Ann. Univ. Grenoble **23** (1948) 25–53.

[19] J. L. Doob, *Stochastic processes depending on a continuous parameter*, Trans. A.M.S. **42** (1937) 107–140.

[20] J. L. Doob, *Stochastic processes with an integral-valued parameter*, Trans. A.M.S. **44** (1938) 87–150.

[21] O. Frink, *Representations of Boolean algebras*, Bull. A.M.S. **47** (1941) 755–756.

[22] P. R. Halmos and J. v. Neumann, *Operator methods in classical mechanics*, II, Ann. Math. **43** (1942) 332–350.

[23] P. R. Halmos, *The foundations of probability*, Amer. Math. Monthly **51** (1944) 493–510.

[24] P. R. Halmos, *The range of a vector measure*, Bull. A.M.S. **54** (1948) 416–421.

[25] P. R. Halmos, *Measurable transformations*, Bull. A.M.S., **55** (1949) 1015–1034.

[26] G. H. Hardy, J. E. Littlewood, and G. Pólya, *Inequalities*, Cambridge, 1934.

[27] F. Hausdorff, *Mengenlehre* (zweite Auflage), Berlin-Leipzig, 1927.

[28] E. W. Hobson, *The theory of functions of a real variable and the theory of Fourier's series* (vol. I, third edition), Cambridge, 1927.

[29] W. Hurewicz and H. Wallman, *Dimension theory*, Princeton, 1941.

[30] M. Kac, *Sur les fonctions indépendantes* (I), Studia Math. **6** (1936) 46–58.

[31] S. Kakutani, *Concrete representation of abstract (M)-spaces*, Ann. Math. **42** (1941) 994–1024.

[32] S. Kakutani, *Notes on infinite product measure spaces*, I, Proc. Imp. Acad. Tokyo **19** (1943) 148–151.

[33] S. Kakutani and K. Kodaira, *Über das Haarsche Mass in der lokal bikompakten Gruppe*, Proc. Imp. Acad. Tokyo **20** (1944) 444–450.

[34] R. Kershner, *The number of circles covering a set*, Am. J. Math. **61** (1939) 665–671.

[35] A. Khintchine and A. Kolmogoroff, *Über Konvergenz von Reihen, deren Glieder durch den Zufall bestimmt werden*, Mat. Sbornik **32** (1925) 668–677.

[36] K. Kodaira, *Über die Beziehung zwischen den Massen und Topologien in einer Gruppe*, Proc. Phys.-Math. Soc. Japan **23** (1941) 67–119.

[37] A. Kolmogoroff, *Über die Summen durch den Zufall bestimmter unabhängiger Grössen*, Math. Ann. **99** (1928) 309–319.

[38] A. Kolmogoroff, *Bemerkungen zu meiner Arbeit "Über die Summen zufälliger Grössen,"* Math. Ann. **102** (1930) 484–488.

[39] A. Kolmogoroff, *Sur la loi forte des grandes nombres*, C. R. Acad. Sci. Paris **191** (1930) 910–912.

[40] A. Kolmogoroff, *Grundbegriffe der Wahrscheinlichkeitsrechnung*, Berlin, 1933.

[41] C. Kuratowski, *Topologie*, Warszawa-Lwów, 1933.

[42] S. Lefschetz, *Algebraic topology*, New York, 1942.

[43] P. Lévy, *Théorie de l'addition des variables aléatoires*, Paris, 1937.

[44] A. Liapounoff, *Sur les fonctions-vecteurs complétement additives*, Bull. Acad. Sci. URSS **4** (1940) 465–478.

[45] A. Lomnicki, *Nouveaux fondements du calcul des probability*, Fund. Math. **4** (1923) 34–71.

[46] L. H. Loomis, *Abstract congruence and the uniqueness of Haar measure*, Ann. Math. **46** (1945) 348–355.

[47] L. H. Loomis, *On the representation of σ-complete Boolean algebras*, Bull. A.M.S. **53** (1947) 757–760.

[48] D. Maharam, *On homogeneous measure algebras*, Proc. N.A.S. **28** (1942) 108–111.

[49] E. Marczewski, *Sur l'isomorphie des mesures séparables*, Colloq. Math. **1** (1947) 39–40.

[50] K. Menger, *Untersuchungen über allgemeine Metrik*, Math. Ann. **100** (1928) 75–163.

[51] J. v. Neumann, *Zur Operatorenmethode in der klassischen Mechanik*, Ann. Math. **33** (1932) 587–642.

[52] J. v. Neumann, *Functional operators*, Princeton, 1933–1935.

[53] J. v. Neumann, *The uniqueness of Haar's measure*, Mat. Sbornik **1** (1936) 721–734.

[54] J. v. Neumann, *On rings of operators*, III, Ann. Math. **41** (1940) 94–161.

[55] J. v. Neumann, *Lectures on invariant measures* (unpublished), Princeton, 1940.

[56] O. Nikodym, *Sur une généralisation des intégrales de M. J. Radon*, Fund. Math. **15** (1930) 131–179.

[57] J. C. Oxtoby and S. M. Ulam, *On the existence of a measure invariant under a transformation*, Ann. Math. **40** (1939) 560–566.

[58] L. Pontrjagin, *Topological groups*, Princeton, 1939.

[59] S. Saks, *On some functionals*, Trans. A.M.S. **35** (1933) 549–556.

[60] S. Saks, *Addition to the note on some functionals*, Trans. A.M.S. **35** (1933) 965–970.

[61] S. Saks, *Theory of the integral*, Warszawa-Lwów, 1937.

[62] H. M. Schaerf, *On the continuity of measurable functions in neighborhood spaces*, Portugaliae Math. **6** (1947) 33–44.

[63] H. Scheffé, *A useful convergence theorem for probability distributions*, Ann. Math. Stat. **18** (1947) 434–438.

[64] E. Sparre Andersen and B. Jessen, *Some limit theorems on integrals in an abstract set*, Danske Vid. Selsk. Math.-Fys. Medd. **22** (1946) No. 14.

[65] E. Sparre Andersen and B. Jessen, *On the introduction of measures in infinite product sets*, Danske Vid. Selsk. Math.-Fys. Medd. **25** (1948) No. 4.

[66] E. R. Stabler, *Boolean representation theory*, Amer. Math. Monthly **51** (1944) 129–132.

[67] H. Steinhaus, *Les probabilités dénombrables et leur rapport à la théorie de la mesure*, Fund. Math. **4** (1923) 286–310.

[68] M. H. Stone, *The theory of representations for Boolean algebras*, Trans. A.M.S. **40** (1936) 37–111.

[69] M. H. Stone, *Applications of the theory of Boolean rings to general topology*, Trans. A.M.S. **41** (1937) 375–481.

[70] G. Tautz, *Eine Verallgemeinerung der partiellen Integration; uneigentliche mehrdimensionale Stieltjesintegrale*, Jber. Deutsch. Math. Verein. **53** (1943) 136–146.

[71] E. R. Van Kampen, *Infinite product measures and infinite convolutions*, Am. J. Math. **62** (1940) 417–448.

[72] A. Weil, *Sur les espaces a structure uniforme et sur la topologie générale*, Paris, 1938.

[73] A. Weil, *L'intégration dans les groupes topologiques et ses applications*, Paris, 1940.

[74] K. Yosida, *Vector lattices and additive set functions*, Proc. Imp. Acad. Tokyo **17** (1941) 228–232.

常用记号表

（本表中的数表示记号定义所在的页数）

索　引